海技士1・2N口述対策問題集

藤本昌志 編

海文堂

はじめに

　この本は，一級海技士（航海），二級海技士（航海）の免許を受けようとする人を対象とした海技従事者国家試験の口述試験のための問題集です．内容は過去の問題を参考にしてあります．

　本書では口述試験で出題された問題を分析して，基本事項を問うものや特に出題頻度の高いものを中心にまとめました．また，口述試験は，実務的な事柄を中心に設問されるといわれます．したがって，実際の船舶運航において得られた知識・経験をよく思い出して，本書を通読してください．

　解答については，多少長めのものもありますが，簡潔を心掛けました．さらに詳しく知りたい場合は，巻末の参考文献を参考にしてください．

　口述試験では，設問の趣旨をよく把握し，簡潔，明瞭，論理的に回答することが大切です．まず，本書を通読してから，本書の解答を参考に解答を考え，次からは設問に対して声に出して回答の練習をすると，実際の試験のときにスムーズに回答できると思います．

　本書が少しでも皆さんのお役に立ち，見事合格の栄冠を勝ち取れることを願ってやみません．

　2023 年 11 月

藤本　昌志

目 次

Part 1 航 海

- ① 航海計器 ……………………………………………… 3
  - 1-1 マグネットコンパス／ジャイロコンパス ……… 3
  - 1-2 レーダー …………………………………………… 9
  - 1-3 オートパイロット／電磁ログ／ドップラーログ … 23
  - 1-4 ARPA ……………………………………………… 26
  - 1-5 無線方位探知機 …………………………………… 31
  - 1-6 GPS/DGPS ………………………………………… 32
  - 1-7 ECDIS ……………………………………………… 40
- ② 航路標識 ……………………………………………… 41
- ③ 地文航法 ……………………………………………… 47
  - 3-1 航法 ………………………………………………… 47
  - 3-2 水路図誌 …………………………………………… 51
  - 3-3 避険線 ……………………………………………… 53
  - 3-4 船位の誤差 ………………………………………… 56
  - 3-5 見張り／変針／変針目標 ………………………… 61
- ④ 天文航法 ……………………………………………… 67
- ⑤ 電波航法 ……………………………………………… 89
- ⑥ 航海計画 ……………………………………………… 92
  - 6-1 狭水道／珊瑚礁／出入港／河川 ………………… 92
  - 6-2 燃料消費 ……………………………………………106
  - 6-3 主要航路 ……………………………………………107

Part 2　運　用

- 1　船舶の構造 …………………………………………… 123
- 2　復原性／トリム …………………………………… 136
- 3　気象・海象 ………………………………………… 151
- 4　操船 ………………………………………………… 196
  - 4-1　操縦性能 …………………………………… 196
  - 4-2　一般運用 …………………………………… 207
  - 4-3　特殊運用 …………………………………… 238
- 5　船舶の出力装置 …………………………………… 268
- 6　貨物の取扱い及び積付け ………………………… 271
- 7　労働災害防止対策その他 ………………………… 282

Part 3　法　規

- 1　海上衝突予防法 …………………………………… 291
- 2　海上交通安全法 …………………………………… 336
- 3　港則法 ……………………………………………… 360
- 4　船員法関係 ………………………………………… 409
  - 4-1　船員法 ……………………………………… 409
  - 4-2　船員労働安全衛生規則 …………………… 419
- 5　船舶職員及び小型船舶操縦者法 ………………… 426
- 6　海難審判法 ………………………………………… 428
- 7　船舶のトン数の測度に関する法律 ……………… 432
- 8　船舶安全法関係 …………………………………… 433
  - 8-1　船舶安全法 ………………………………… 433
  - 8-2　船舶設備規定 ……………………………… 436
  - 8-3　危険物船舶運送及び貯蔵規則 …………… 437

vi　目次

　　8-4　海上における人命の安全のための国際条約等による証書に関する省令 …… *439*
⑨　**海洋汚染等及び海上災害の防止に関する法律** …………… *442*
⑩　**検疫法** ……………………………………………………………… *453*
⑪　**水先法** ……………………………………………………………… *458*
⑫　**関税法** ……………………………………………………………… *462*
⑬　**領海及び接続水域に関する法律** ……………………………… *465*
⑭　**商法 第三編 海商** ……………………………………………… *467*
⑮　**国際公法** …………………………………………………………… *472*
　　15-1　海洋法に関する国際連合条約 ………………………………… *472*
　　15-2　STCW条約 ……………………………………………………… *473*
　　15-3　国際保険規則 …………………………………………………… *474*
　　15-4　MARPOL 73/78条約 …………………………………………… *474*
　　15-5　国際海上危険物規定 …………………………………………… *474*
　　15-6　国際航海船舶及び国際港湾施設の保安の確保等に関する法律 … *475*

参考文献 ……………………………………………………………………… *476*

Part 1 航海

1 航海計器

1-1 マグネットコンパス／ジャイロコンパス

問1 船舶の艤装にあたり，マグネットコンパスの据え付け上，考慮すべき事項をあげよ。

答
- 船体の中央付近，船首尾線上の動揺や振動の最も少ない場所とする。
- 船橋付近で，方位測定にあたって視界を遮らない場所とする。
- 修正具以外の鉄器，磁気を帯びた物からなるべく離れた場所とする。
- 電線が近くにない場所とする。
- 具体的には，船橋上部の中央船首尾線上が最もよい。

問2 マグネットコンパスの自差係数Aの成因について述べよ。

答
- コンパス器差：製作上の欠陥から生じるもの。南北線の磁針が正しく，平行でない場合等に起因するコンパス自体の誤差。
- 観測上の誤差：方位鏡の誤差。羅盆が正しく，水平でないための誤差。
- 偏差の修正不良：観測に用いた偏差の不正による誤差。
- 水平軟鉄不斉による誤差：コンパス付近における水平軟鉄の配列非対称，不斉等による誤差。
- 基線誤差：コンパスの基線が正しく，船首尾線と平行でないために起こる。

問3 マグネットコンパスの自差係数Bの成因について述べよ。

答 船体を構成する硬鉄材料が磁性を帯び磁場を生じている船体永久磁気によるもの，および船体の軟鉄成分のうち，垂直軟鉄が，地磁気によって磁性を帯び磁場を生ずる垂直軟鉄感応磁気によるものの2種類がある。船首尾方向の分力を係数Bとし，船体永久磁気によるものをB_1，垂直軟鉄によるものをB_2としている。

B_1：船体永久磁気の船首尾方向の水平分力がその成分であり，船首に青

極がある場合は＋B（東方針路でE'ly，西方針路でW'lyの自差）形式となり，船首赤極の場合は－B（東方針路でW'ly，西方針路でE'lyの自差）形式となる。

　B_2：一般に係数Bを構成する垂直軟鉄はコンパスがある船橋より後部の煙突である。煙突に生じる感応磁気は，地磁気の垂直力に比例し，磁気赤道の北では－B形式，磁気赤道の南では＋B形式の自差となる。また地磁気垂直力は地理上の位置によって異なるので，B_2成分は地理上の位置の変化によって異なった値となる。

問4 マグネットコンパスの自差係数Bを修正する際の注意事項を述べよ。

答
- 係数BはB_1とB_2に分解して修正する。
- 任意の地点でBを分解することは困難であるから，自差修正を行うときは，B_1のみと考えB修正磁石で修正しておき，磁気赤道に行ったとき改めてB_1を完全に修正し，その後磁気赤道を離れた場合に生じるB成分自差はB_2であるから，これをフリンダースバーで修正すれば，完全にB_1とB_2を分解して修正したことになる。
- 建造時の船首方位（磁針方位）がわかっているときは，係数Cの値と建造方位角θから$B_1 = C \cot(180 - \theta)$により概略Bの分解ができる。
- B_1修正の際，修正磁石は，左右両側なるべく同数ずつ分けて入れる。また，C修正磁石と高さを多少変えるようにする。
- B_2修正のためのフリンダースバーを長短組み合わせて入れるときは，中央に対して対称に並ぶように入れる。

問5 磁気コンパスの自差を太陽方位により修正する方法を述べよ。

答　太陽の方位によって自差修正を行うには，自差を測定する場所と同じように，あらかじめ計算を行って時間に対して太陽の方位をグラフにしておく。このとき，偏差も加減して，太陽の磁針方位を算出しておけば，一層便利である。その時刻に応じた太陽磁針方位をグラフから求めながら，船首をその磁針方位に向けて修正を行う。
① 例えば，太陽の磁針方位を108°とし，船首を磁北に向けるには，バ

ウル上縁の目盛で右108°の方向に太陽が測定されるように船首を向ける。その針路を正確に保持しながら，C修正用磁石でラバーポイントにコンパスの北が一致するまで修正する。

② 次に，船を磁東に向けるには，そのときの太陽の磁針方位を111°とすれば，バウル上縁の目盛で太陽が$111°-90°=21°$，すなわち右21°の方向に測定されるまで船首を回す。その針路を正確に保持しながら，B修正用磁石でコンパスの東がラバーポイントに一致するまで修正する。

③ 次に，船を磁南東に向けてDを修正する。このとき，太陽の磁針方位を114°とすれば，バウル上縁の目盛で太陽が$114°-135°=-21°$，すなわち，左21°の方向に測定されるまで船首を回す。その針路を正確に保持しながら，軟鉄球またはパームアロイ板でコンパスの南東がラバーポイントに一致するまで修正する。

④ その後，同様の手段で船を磁南に向けて，C修正の検定と修正を行い，船を磁南西に向けてB修正の検定と修正を行う。

問6 偏針儀によるマグネットコンパスの自差修正の原理および自差修正時の注意事項を述べよ。

答 ＜自差修正の原理＞

マグネットコンパスの船首各点における自差を消滅させれば，磁針の指力は船首各点において同一となるから，逆に船首各点における磁針の指力を測り，これを同一にするように修正すれば，自差は消滅する。偏針儀は，この原理に基づいて，マグネットコンパスの磁針の指力を測定し，自差を修正する。

＜注意事項＞

・方位測定器を調整，校正し，精確な自差を測定すること。
・自差修正具は，検定付のものを用い，その使用方法を誤らないこと。
・自差修正は，磁針路で行うこと。ただし偏針儀を使用する場合は，羅針路で行うこと。
・自差修正後，船首各点における残存自差を測定し，羅針儀日誌（コンパスジャーナル）に記入しておく。
・針路保持のための補助コンパスを用いること。

問7 マグネットコンパスの自差修正後，自差が変化するのは，どのようなときか。また，どのような変化があるか。

答
・船体に衝突を受けたとき
・落雷を受けたとき
・日時の経過による変化
・積荷および荷役装置による変化
・地方磁気による変化

問8 ジャイロコンパスの原理について説明せよ。

答 ジャイロコンパスとは，ジャイロスコープの特性，地球の回転運動，重力の相互作用を応用したコンパスである。ジャイロスコープとは，ある質量を持つ物体が，その固定点のまわりに回転しているものである。ジャイロスコープは方向保持性（ジャイロの回転軸は空間の一定方向を保持し続ける）とプレセッションの性質（回転軸に力を加えると，普通の物体と異なり，力と直角の方向に軸の旋回が起こる。この旋回運動をプレセッション（Precession）という）を利用している。

いわゆる地球ゴマで，地球の自転のように，軸が傾いた状態で回転を続け，重力が働いても倒れない「歳差運動」をする。このように高速回転している物体は，加えられた力の方向には倒れないで，力に対して垂直な方向に回転軸が移動する。これをジャイロ効果という。このような高速回転するものを取り付けた船舶が回転するとき，コマの軸の部分の角度の変化を調べれば，どのような動きをしているかわかる。

このジャイロスコープの持っている方向保持性は宇宙という空間に対してであり，地球上でコンパスとして使用するためには"指北作用"を持たせる機能が必要である。つまり地球上で常に北を指したままでいるためには，その地点の地球の回転の割合（角速度）に等しい割合で，地球の自転と同方向にジャイロを回転させてやればよい。

問9 ジャイロコンパスのジャイロ軸の静止点について説明せよ。

答 起動後，ジャイロ軸は偏角や俯角を制振装置により減衰させながら北へ収斂していく。しかし，地球の自転により地盤の旋回と傾斜は続いているので，ジャイロ軸も子午線と同じ方向にプレセッションしていなければ，地球上にいる人から見て北を指して静止していることにはならない。つまり，人が見てジャイロ軸が静止しいるということは，空間（宇宙）から見たときは地盤とともにジャイロ軸が旋回していることになる。このように，ジャイロ軸が地盤に対して見かけ上，静止する点を静止点または見かけの静止点という。

問10 一般に，ジャイロコンパスは使用する何時間前に始動させるか。その理由も述べよ。

答 4時間前に始動させる。
　＜理由＞　ジャイロ軸が制振作用によって徐々に北に向いていくために要する時間が必要なため。

問11 ジャイロコンパスの誤差の種類をあげ，それぞれについて説明せよ。

答 ＜緯度誤差＞
　スペリー系のジャイロコンパスの制動装置では，見かけの静止点を得るためにジャイロ軸が俯角，子午線に対して偏角をもっている。この偏角が緯度誤差である。この誤差はスペリー系特有の誤差とされてきたが，現在の機器では，緯度誤差を生じないような工夫がなされている。
　＜速度誤差＞
　船舶が航行するときは地球の中心のまわりに回転運動をすることになり，ジャイロは地球自転のほかに，この回転運動の影響を受け，ジャイロ軸の静止点誤差を生じる。この誤差を速度誤差という。速度誤差は，船舶の速力のほか緯度および針路により変化する。一般に船舶の速度は小さいので，速度と緯度については手動で，針路については頻繁に変更するので自動で修正するのが普通である。なお，速度誤差は，針路が東西の場合にゼロ，北方針路では西偏，南方針路では東偏の誤差となる。

<変速度誤差>

　船舶が速度を変えると新しい速度誤差にすぐに対応せず，誤差を生じる。これを変速度誤差という。また，同じ速度で針路を変えたときにも，南北方向の分速度が変わるので速度誤差を生じる。

　船舶が航行しているときは，速度誤差をもってジャイロ軸は静止しており，変速や変針が行われた場合，すぐにジャイロ軸が新しい速度誤差に対応する方向に向いて静止すればよいが，加速度のため水平軸まわりおよび垂直軸まわりにトルクを生じる。これによってプレセッションをして，制振装置によって新しい静止点に収斂するようになる。静止までの時間は3時間を要するので，その間，不定誤差を生じる。

　この不定誤差を修正するには，スペリー系の場合は重心位置よりも支点を少し上方になるように調整する。アンシューツ系の場合は重心の位置を浮心の少し下方にとる。これにより，軸の振揺周期を適当にしている。

<動揺誤差>

　船舶が動揺するときは加速度や遠心力を伴い，これによってジャイロにトルクが作用して加速度誤差や遠心力誤差を生じる。これらを合わせて動揺誤差という。この誤差は4隅点で最大になり，4方点ではゼロになる。

　スペリー系の場合，容器内の液体の粘性により流動を抑制するとともにジャイロ球の重心が浮心（中心）と一致するように調整されているので，動揺誤差は生じない。アンシューツ系では，ジャイロ球が外球またはコンテナの支持液の中に浮かんでおり，ジャイロ球の内部にある2個のジャイロを連結し傾斜の周期を大きくしているので，短い動揺周期のトルクが作用しても影響がなく，ジャイロ軸がほぼ水平状態を保持できるようにして動揺誤差（加速度および遠心力）を防止している。

<旋回誤差>

　船舶が旋回したとき垂直軸まわりに摩擦などトルクを与える原因があると，このトルクによってプレセッションを起こして誤差を生じる。これを旋回誤差または摩擦誤差という。スペリー系で最新のものは，摩擦のない構造のため生じない。アンシューツ系では，センターピンなどの摩擦がなければ生じない。

> **問 12**　当直中におけるジャイロコンパスに対する注意事項をあげよ。

答
- 始動後，間もないときはジャイロをチェックし静定していることを確認する。
- 日出没時の太陽によるジャイロエラーのチェック
- 磁気コンパスとの示度の比較
- レピータコンパスの作動と追従の確認
- ジャイロが2台設置されている場合は，その偏差
- コンパスジャーナルへの記入

> **問 13**　ジャイロコンパスの警報がなるのは，どのような場合か。

答　＜スペリー系＞
- 電源に異常がある場合

＜アンシューツ系＞
- 指示液の液温が75°C以上になった場合
- ジャイロ駆動用三相電源のうち，一相（または第I相）が断線または0.4A以下になった場合

1-2　レーダー

> **問 1**　レーダー波の種類を2つあげ，それぞれの送信周波数，使い分けについて述べよ。また，どちらの方が良く映るか。

答
- 3 cm波（Xバンド）：9300〜9500MHz，通常時および晴天時
- 10 cm波（Sバンド）：2900〜3100MHz，雨雪のとき

　3 cm波（Xバンド）の方が映像は鮮明に映る。しかし雨雪による妨害を受けやすく，電波が減衰させられる。

> **問 2**　レーダーの偽像の種類をあげ，それぞれについて説明せよ。

答 <多重反射による偽像>

　自船と物標が1海里以内の距離に接近して並航すると，物標のレーダー電波の反射強度が強く，レーダー電波が自船と物標との間を2，3回往復することがある。この現象を，多重反射による偽像という。この偽像は正常の位置に現れる映像とその外側に，同一方向，同一間隔で現れる。

<サイドローブによる偽像>

　アンテナの向いている方向（掃引線上），主ローブの方向に現れる。著しい場合には，各サイドローブによって映像化されるため，円弧状や環状になって現れる。

　アンテナから発射される電波は，アンテナの向いている方向（主軸，主ローブ）以外にも，わずかではあるがサイドローブとして発射されている。このとき，比較的近距離に反射強度の強い物標があると，その強い反射波が受信されて映像となる。

<中間反射面（鏡現象）による偽像>

　船体構造物や陸上の建物等が反射面となって，鏡面反射をして，目標に達し，同じ経路をたどって反射波が戻り，物標の真の位置とは異なるところに映像を現す現象である。

<船体上の構造物>

　船体上にマスト，煙突等の電波を反射させる構造物がある場合，アンテナから発射された電波がこれらの面で反射して，方向を変えて物標に達し，同じ経路で戻ってくるために発生する。現れる場所は，船体構造物の方向で，実像までの距離とほぼ等しい場所に現れる。

<第2次（第3次）掃引偽像>

　スーパーリフラクション，ダクト状態で発生しやすい（これらは陸地に囲まれた海面で夏季に生じることが多い）。

　通常，最大探知距離範囲よりも遠い物標から反射波が帰ってきても，スコープ上の輝点は中心に戻っていて，掃引停止状態にあるから映像とはならない。しかし，さらに遠方の物標から強い反射波が帰ってきて，その時点で既に，次の掃引が行われていれば，次の掃引線上に輝点となって現れる。第2次掃引偽像は，方位は大体正しいが，距離は著しく小さく現れる。

《参考》
スーパーリフラクション：相対湿度が高さとともに減少したり，高さに対する温度低下率が標準状態より少なかったり，または，気温の逆転がある場合に生じる。このような場合，下層大気の屈折率が標準より大きくなって，電波は標準状態より下方に屈折して，レーダー直視距離が増大する。

ダクト：スーパーリフラクションを生じる状況がさらに著しくなると生じる。この場合，下方に屈折して海面に達した電波が上方に反射し，また下方に屈折するというふうにしながら，非常に遠くまで到達する現象。

サブリフラクション：大気の標準状態に対して高さに対する温度低下の割合が急激であったり，相対湿度が高さとともに増加したりすると，下層大気中の屈折率が高さに対して一定であったり，また逆に増加したりする。この場合，電波が直進したり，上方へ屈折して伝搬するために，レーダー直視距離が減少する。

問3 レーダーの波長と最大探知距離の関係について述べよ。

答 一般に波長が短いほど電波の直進性は良いが，その到達距離は光学的水平線に近くなって短くなる。また，降水の影響を受けて電波が減衰する。

問4 レーダーの原理について述べよ。

答 電波は一定の速度で直進し，物体に当たると反射する性質をもっている。特殊なアンテナから，電波をある方向に集束してごく短い時間だけ発射する（指向性パルス波という）と，その方向に物体があると，これに当たった電波は反射して，その一部は元の方向に帰ってくる。電波が発射された瞬間から反射波が帰りつくまでの時間を測ると，その物体までの距離を知ることができ，このときのアンテナの方向からその物体の方向が分かる。

問5 レーダーの距離の精度，方位の精度について，それぞれ説明せよ。

答 <距離分解能（距離の精度）>
- パルス幅，受信機の特性，ブラウン管の輝点の大きさ，物標の種類などが影響する。
- 大型舶用レーダーの場合の距離分解能は，近距離レンジで 10 m 程度。
- 同一方向の接近 2 物標を識別できる最短距離
- 距離分解能の式
    電波は 1μs に 150 m 往復する。パルス幅 τ とすると
    $r = τ \cdot 150$

	T丸の距離分解能とパルス幅の例	
	3 cm 波（X バンド）	10 cm 波（S バンド）
型　式	JRC：JMA-9832-9 XA	トキメック：3400 M-S 314
パルス幅	0.07 ～ 1.2 μs	0.07 ～ 1.0 μs
周波数	9410 ± 30 MHz	3050 ± 30 MHz
ビーム幅	水平 0.8°，垂直 25°	水平 0.8°，垂直 21°
距離分解能	10 m	10 m
方位分解能	1.1°	1.1°

<方位分解能（方位の精度）>
- 水平ビーム幅，波長，アンテナ幅，ブラウン管の輝点の大きさなどが影響する。
- 通常，大型舶用レーダーで，1 度以下程度。
- 等距離にある 2 つの物標がブラウン管上で 2 つに分かれて見える最小の角度。

問6　レーダー探知距離の算式（アンテナ高さと物標高さ）をあげよ。

答　$D = 2.23 \sqrt{(h_1) + (h_2)}$
　　h_1：アンテナ高さ（m）
　　h_2：物標高さ（m）

問7　最小探知距離の式をあげよ。

答 ＜アンテナ高さによる場合＞

$r = h / \tan\theta$

r：最小探知距離（m）

h：アンテナ高さ（m）

θ：垂直ビーム幅の俯角（度）

＜パルス幅による場合＞

電波は $1\mu s$ に 150 m 往復する。パルス幅 τ とすると

$r = \tau \cdot 150$

＜O 丸を例とした場合＞

・アンテナ高さによる場合

アンテナ高さ 27.5 m と 24.5 m，垂直ビームの俯角 12.5°と 10.5°とした場合

27.5／tan12.5 ＝ 121.7 m　　　24.5／tan10.5 ＝ 132.2 m

・パルス幅による場合

0.07 × 150 ＝ 10.5 m

問8 レーダーの性能を制限するものを述べよ。

答 最大探知距離：送信電力，受信感度，アンテナ高さ，アンテナ利得，使用波長，パルス幅，パルス繰返し数，物標の種類と高さ，大気の屈折率（120 マイル）

方位分解能：水平ビーム幅，波長，アンテナ幅，ブラウン管の輝点の大きさ（1 度以下）

距離分解能：パルス幅，受信機の特性，ブラウン管の輝点の大きさ，物標の種類（10 m）

最小探知距離：パルス幅，垂直ビーム幅，ブラウン管の輝点の大きさ，アンテナ高さ，送受切り替え回路の性能，海面や雨雪の状態

映像の鮮明度：パルス繰返し数，アンテナ回転数，水平ビーム幅，ブラウン管の特性，気象状態

問9 レーダーの最大探知距離に影響を及ぼす事項をあげよ。

答 送信電力，使用波長，大気の屈折率，受信機の感度，パルス幅，アンテナ高さ，パルス繰返し数，アンテナ利得，物標の種類と高さ

問 10 レーダーの最小探知距離に影響を及ぼす事項をあげよ。

答 パルス幅，ブラウン管の輝点の大きさ，垂直ビーム幅，送受切換え回路の特性，アンテナ高さ，海面・雨雪の状態

問 11 掃引とはどういうことか。また，トレースとスイープの違いについて説明せよ。

答 掃引とは，アンテナと同期して，ブラウン管上の掃引線を回転させること。
　トレースは，物標の痕跡，他船の航跡を表示すること。
　スイープは，メインビームが360°回転して電波を送受信すること。

問 12 方位分解能と方位誤差の違いについて説明せよ。

答 方位分解能とは，等距離にある2つの物標がブラウン管上で2つに分かれて見える最小の角度のこと。
　方位誤差とは，水平ビーム幅の影響（水平ビーム幅に相当する広がり），方位拡大効果（1/2水平ビーム幅分広い），視差（パララックス）による誤差，同期誤差および船首方位線の誤差，船体傾斜による誤差のこと。

問 13 レーダーの精度に影響を及ぼす要因をあげよ。

答
・電源変動
・他の航海計器による磁気
・船首方位線が正しく表示されていない
・可変マーカーの距離が正確でない，など

問 14 船舶が橋に接近する場合,偽像はどのように現れるか。

答 橋が鏡面の働きをして電波が反射し,物標に当たって,同じ経路で反射波が帰ってきたとき,自船と橋の反射点を結ぶ直線の延長線上で,橋から物標までの距離に等しいところに偽像が現れる。

問 15 水平および垂直ビーム幅の定義を述べよ。

答 ビーム幅とは,指向空中線の特性曲線(一平面上における方向とその方向の電磁波の電力密度の関係を表したもの)おいて,最大放射方向の電力密度を P_0 とした場合,電力密度が $P_0/2$ となる方向との角の2倍の角度をいう。水平面で考えたビーム幅を水平ビーム幅,垂直面で考えたビーム幅を垂直ビーム幅という。

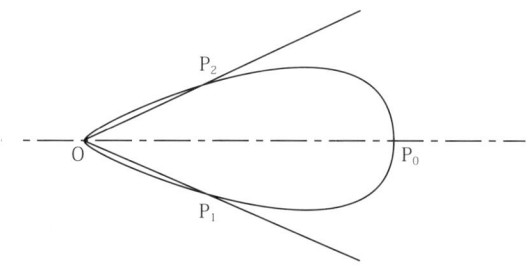

問 16 河川や狭水道を横切って張られた送電線は,レーダー画面上にどのように映るか。

答 電線によって反射された電波が,ちょうどアンテナに受信されるような点のみの映像として現れる。
　　スコープ上の映像は,点または線程度の大きさの映像として現れる。

問 17 レーダーの誤差要因について説明せよ。

答 <距離>
- 距離目盛による誤差

　　固定距離目盛は，一般にその距離の1％程度の誤差がある。可変距離目盛の誤差は，その距離の2％程度である。小レンジでは0.01海里，中・大レンジでは0.1海里程度である。

- パルス幅と輝点の大きさによる誤差

　　点物標であっても，CRT上ではある大きさを持つ輝点となって現れるので，最小輝点径程度の誤差を生じる。また，2物標が接近して存在しているとき，パルス幅と輝点の大きさによる分解能によって1物標として現れ，後ろの物標の距離誤差が大きくなる。

- 船体傾斜による誤差

　　船体が動揺することによって，最小探知距離や最大探知距離が垂直ビーム幅の影響により大きく変動する。

<方位>
- 水平ビーム幅の影響

　　ある広がりをもった物標の映像は，水平ビーム幅（θ）の半分ずつ外側へ広がった映像となる。

- 視差

　　カーソル線板とブラウン管の間は相当の空間があるので，方位を読みとるときには，目の位置を真上に置かないと誤差を生じる（旧タイプのレーダーの場合）。

- 中心差

　　ブラウン管上の掃引線の回転中心がカーソル線の中心と一致していない場合，方位に誤差を生じる（旧タイプのレーダーの場合）。

- 同期誤差および船首方位線の誤差

　　アンテナとブラウン管上の掃引線との回転を同期させるシンクロ発信器，差動発電機およびシンクロ制御変圧器が正しく取り付けられていないと，映像の方位や船首方位に誤差を生じる。

- 船体傾斜による誤差

　　船体が傾斜すると，電波の走査面が傾くために，アンテナが一定測度で回転しても，水平面内の電子ビームの回転速度が不規則となり，方位に誤差が生じる。

① 航海計器　17

問18　North up と Head up の違いとその使用方法について，それぞれ説明せよ。

答　＜North up（真方位方式）＞
　画面の上方を0°（北）にして表示する方式。映像と海図の対比が容易であり，船位の確認に都合が良い。変針の際にも映像は安定している。大洋航海中に採用する。
＜Head up（相対方位方式）＞
　船首方位を画面の上方にして表示する方式。自船から目視した物標とレーダー画面上の映像の方位関係（左右関係）が同じになるので，直感的な判断がしやすい。狭水道，出入港や船舶の輻輳する海域で使用する。変針の際，映像が回転し，残像が生じる。

問19　レーコン（レーダービーコン）は，レーダー画面上にどのように映るか。また，どのレーダーバンドに映るか。利用時の注意事項についても述べよ。

答　レーコンは，その位置から点（7つ）が表示され，方位と距離が分かる。沿岸・内海での概位の確認に便利。第二海堡，東京灯標，来島梶取鼻，地蔵埼等に設置されている。
　いずれも，3 cm波（Xバンド）に映る。
＜利用時の注意＞
　ビーコン信号はレーダー空中線の回転ごとに現れないので，数回転する間，映像を注意して見る必要がある。
　当該標識局に接近して航行する場合には，広角度にわたって破線が現れることがある。
　当該標識局に向かう場合，ヘディングマーカと重なり破線が見えにくいことがある。

問20　レーダーの誤差について説明せよ。

答　距離の誤差は3%とされているので，方位の方向に±3%の幅をとる。

方位の誤差は真方位指示で±2%である。
　一物標の方位・距離での誤差は，物標の方位の前後3%，物標と直角方向に左右5%の幅をもつ。

問21 レーダーにおいて，電波干渉によって起こる現象はCRT上にどのように現れるか。

答 他船が遠い場合は，自船と他船のレーダーアンテナが互いに向き合ったときに，その方向に点線が現れる。
　他船が近い場合は，自船と他船のレーダーアンテナが互いに向き合っていなくても，サイドローブによって電波がいろいろな方向に発射されているので，全周にわたって点線が現れる。

問22 乗船して，レーダーについて（船長として）確認すべき事項を述べよ。

答
・レーダーの起動方法
・XバンドとSバンドの機器の確認
・電子カーソル
・可変距離マーカーの使用方法
・ARPAの使用方法，真運動と相対運動の切り替え
・船体構造による遮蔽の有無
・最小探知距離
・映像の方位に誤差がないか，視認できる顕著なレーダー目標のレーダー方位と視方位を比較する
・可変距離マーカーの指示が固定距離マーカーの指示と一致しているか
・船体構造による反射映像の有無など

問23 レーダーのレンジの使い分けについて考慮すべき事項を述べよ。

答 周囲の状況に応じて適切に選択する必要がある。大洋航海中や陸地に接近する場合は大きいレンジとし，沿岸，狭水道，港域等では適宜小さいレ

問 24　STC, FTC とは何か。それぞれについて説明せよ。

答　＜STC（sensitivity time control）：海面反射抑制＞
　　レーダーに近い物標からの反射波を受信する間、感度を下げ、時間経過、即ち遠方物標の反射波を受信するようになるに従い、感度を回復させる回路である。これによって至近距離の海面からの反射波を除去し、レーダー画像を見やすくする。
＜FTC（fast time constant）：雨雪反射抑制＞
　　雨や雪などからの反射がレーダー画面上に現れると、他の物標の識別が困難となる。これを防止するための回路が FTC 回路である。雨や雪からの反射波は、一般の物標からの反射波に比べて、時間に対する急な変化のない独特な波形であることを利用し、時間について微分することにより、この種の反射波のみ除去する。

問 25　レーダーで物標の距離を測定する場合の注意事項を述べよ。

答
- 距離測定は、中心から物標の映像の CRT 上中心に近い端（物標映像前端）に至る距離を測定すること。
- 可変距離マーカーを用いるときは精密な測定ができるが、固定距離マーカーを用いるときは目分量で読み取らなければならないので、可変距離マーカーとの併用をする。
- 自船の水平線までの距離をよく知っておき、特に高さの低い物標を取り違えないように注意すること。また、地形が緩やかな海岸線などは映像として映りにくいので、見誤らないようにすること。
- その他、レーダーにおいては距離は方位に比べて正確に求まるが、可変距離マーカー、固定距離マーカーが正しく調整されていることを確認しておくこと。

問 26　沿岸航行中において、レーダーの可変距離マーカーのエラーをどのようにチェックするか。

[答] クロスベアリングで求めた位置を基準にして，レーダー映像上の明確な物標までの距離を可変距離マーカーで測定してチェックする。この場合，レーダー映像上の物標として浮標などを選ぶことは，それが移動していることも考えられるため避けるべきで，島などの動かないものを選ぶべきである。

問 27 レーダーで物標の方位を測定する場合の注意事項を述べよ。

[答]
- 視差の影響を避けるため，眼の位置をブラウン管中心上部において測定すること（旧タイプのレーダーの場合）。
- 単一物標を測定するときは，その映像の中心に方位線を合わせて測定すること。
- 島や岬角などの一端を測定するときは，水平ビーム幅の 1/2 だけ映像の内端で測定すること。
- 船体が動揺しているときは，船舶が水平にある瞬間に測定すること。
- 走査線の中心とスコープの中心が正しく一致していることを確認すること。
- その他，ジャイロコンパスからの針路信号が正しく同期していること，船首輝線が正しく船首方位と一致していること，アンテナと掃引線の方向が正しく一致していること等を確認しておく。

問 28 レーダーを 2 台装備する根拠は何か。また，その使用方法を述べよ。

[答] 船舶設備規程第 146 条の 12 において，船舶（総トン数 300 トン未満の船舶であって旅客船以外のものを除く。）には航海用レーダーの装備，総トン数 3000 トン以上の船舶にあっては独立に，かつ，同時に操作できる 2 つの航海用レーダーの装備が決められている。

　使用方法については，特に法的に定められていない。周波数の異なるレーダーの場合，通常は 3 cm 波（X バンド）のレーダーを用い，雨雪などの降水の影響のある場合には 10 cm 波（S バンド）のレーダーを用いるのがよい。同じ周波数のレーダーの場合には，使用時間を均一にするため両者を交互に使用し，また，長時間連続して使用している場合，一方を

スタンバイ状態にして適宜，使用を切り替えて用いるなどの方法が適切である。

> **問 29** レーダーで物標の映像を観測しているとき，その映像が消えた。この現象について，レーダーの特性に関して説明せよ。

答 レーダーの性能から生じたとすると，物標が接近して最小探知距離以内に入ったため，映像が消えたと考えられる。
　その他では，映像となる条件から考えて，その物標との間に電波を遮る何らかの構造物が生じた，見ていた映像が多重反射や鏡反射による偽像であったなどが考えられる。

> **問 30** 外洋から陸岸に接近するとき，レーダーの使用についての注意事項を述べよ。

答
- 外洋から陸岸に接近するときは，陸地の映像ははっきりした形で現れないことが多く，またはっきりした形であっても，それが陸岸のどの部分の映像であるのか簡単に判定できない場合が多いことを考慮しておく。
- 上記のように，陸岸の映像は判定しにくいので，風や波，潮流などを考慮しつつ自船の推定位置を決定し，特に激しい潮流が予想されるようなときは，必要に応じて1ヵ所以上の推定位置を想定する。
- 映像が2つ以上あるときは，概略の方位と距離により位置が推定できることが多いと考えられる。映像が1つのときは，それぞれの推定位置に当てはめて最も妥当と思われる推定位置を決定する。
- 仮定した推定位置により，その後も映像の変化を観測し，推定位置を確認する。その後，別の映像が現れると推定位置の判定が徐々に確実になるので，映像の変化に注意する必要がある。

> **問 31** マスト灯の船体構造物のため，レーダー表示画面に陰影領域（遮蔽区間）が生じる場合，その陰影領域（遮蔽区間）の中に映像が出現している場合，その映像が真像か偽像か，どのようにして判別するか。

答 小角度の変針を実施し，元の方向に映像が残っていれば新像，船首方位からの角度が同じで回頭に合わせて映像が追従してくるか消滅する場合は偽像。目視によって，直接確認できる場合もある。

問 32 船体が横傾斜した場合，レーダー表示面の映像の方位に誤差を生じる理由を述べよ。また，この誤差が最大となる場合と誤差が生じない場合の物標の方位を述べよ。

答 船体が横傾斜すると，電波の走査線が傾くためアンテナ回転速度は一定でも，水平面内では電波ビームの回転速度は一定でなくなる。そのため，水平面内での回転速度の不規則ため，方位誤差が生じる。
　この誤差が生じないのは，物標が船首尾又は正横にある場合，最大となるのは4偶点の場合。

問 33 レーダーを設置した後，その設置状況及び設定状況について調査確認すべき事項について述べよ。

答 方位誤差測定，VRM・EBLによる距離誤差，最小探知距離，陰影領域（遮蔽区間），他の計器（特にマグネットコンパス）への影響，船体構造物による偽造の有無，CCRPに関する設定

問 34 氷海域において，氷山や海氷の存在をレーダーで判断する場合，レーダーの特性上どのようなことを考慮しなければならないか述べよ。

答
・海面上の高さが十分でない氷，または表面が板状の滑らか氷の場合，早期発見が困難
・氷の上に積雪があるとレーダー電波の反射強度の低下が著しくさらに早期発見が困難
・氷の約9割は海中に存在しているので，レーダーで捉えているのは，ごくわずかな部分であることに注意

1-3 オートパイロット／電磁ログ／ドップラーログ

問1 オートパイロットには，どのような調整があるか。また，それらの調整はどのようなものか。

答 ＜舵角調整＞
　　偏角に比例した舵を取らせる場合，船舶が異なったり同じ船舶でも速力，トリム，喫水などの変化に応じて舵の効き方が異なることを考慮して，偏角に対する舵角の割合を決める調整のこと。
＜あて舵調整＞
　　偏角のみならず回頭角速度に比例した舵角を加味すると，実質的にあて舵として効果があるが，この場合も舵角調整と同様に，船型により，あるいは同じ船舶でも，速力，トリム，喫水などにより舵の効き方が異なるので，適切なあて舵の割合を決める調整のこと。
＜天候調整＞
　　船舶のヨーイングに対応して，舵角のあそび（不感帯）の幅を決める調整のこと。

問2 船員法施行規則において，長時間継続して自動操舵装置を使用するとき，正常に作動するかどうか検査することが義務付けられているが，この場合の「長時間」とは，どのように考えればよいか。

答 長時間の定義は必ずしも一義的に決定できない。少なくとも半日に一度は手動操舵について検査を行い，状況に応じて当直中，少なくとも一度は手動操舵を試すべきである。

問3 電磁ログの調整には，どのようなものがあるか。

答 ＜ゼロ点調整＞
　　①海水中の電磁ログの電源と同一周波数の電圧がある場合，②船底部の増幅器から船橋の速力航程発信器に至る配線に電磁誘導によって電圧が生じた場合，船舶の速力がゼロであってもログの表示値がゼロになら

ないので，これをゼロに調整する。①の場合，増幅器内のゼロ調整で，②の場合，速力航程発信器内のゼロ調整で調整する。
＜傾度調整＞
　速力に比例して現れる速力表示誤差を修正するための調整。
＜中間誤差調整＞
　速力に比例しない不均等な速力表示誤差を修正するための調整。
　傾度調整器とともに速力航程発信器内部に調整器があり，標柱間航走とダミー目盛により修正する。

問4 電磁ログの誤差について述べよ。

答 電磁ログによる速力検出精度は非常に良い。それは原理上，流体の圧力，密度，温度，電気伝導度などの流体の物理的性質などとは無関係であるからである。しかし，得られる速力は対水速力であるので，受感部取付位置の海水の流れが乱れているときは，誤差を生じる。

問5 ドップラー・ソナーの原理を述べよ。

答 比較的近いところを電車や救急車が警笛を鳴らしながら通過するとき，近づくときと遠ざかるときでは音色が変化することは，ドップラー現象としてよく知られている。このときの音色の変化，すなわち周波数の変化（ドップラー偏位量）が音源と観測者の距離の変化率に比例することを利用して音源の速さを求めることができる。
　この原理を利用して，船底に取り付けられた超音波送受波器から海中に向けて超音波を発射し，その反射音に含まれるドップラー周波数（偏位量）を測定して船舶の速力を測る。

問6 音響測深機やドップラー・ソナーで超音波が用いられる理由を述べよ。

答 海水中では，電波はほとんど伝搬しないため利用できないので，音波が利用される。
　音波には可聴音と超音波があるが，可聴音では雑音が大きいので効

率が悪く，音響測深機では送信パルス幅を必要なパルス幅にできず，またドップラー・ソナーではドップラー偏位量が少ないことから，周波数の高い超音波が用いられる。

問7 ドップラー・ソナーの誤差について述べよ。

答 ＜海水の温度，塩分，圧力＞
　これらによって超音波の伝搬速度が変化するために，伝搬径路が屈折し誤差を生じる。このため，温度については，振動子付近に温度検出器を設けて自動的に温度を検出し，演算部で自動的に補正している。塩分については，各海域でほぼ一定であるので，海域別の塩分表を用いて手動で補正するのが通常である。特に河川航行時には注意が必要である。圧力については影響が少ないので無視できる。
＜海底の傾斜＞
　海底が激しく変化していたり傾斜していたりすると誤差を生じる原因となる。しかし，一般的には対地速力を測定する水深域では海底も比較的平らであり，また，ある時間の平均値を表示するので，ほとんど実用上は問題ない。
＜船体の傾斜＞
　船体が傾斜していると，超音波発射ビームの方向が変化して誤差を生じる。一般的には2～3度のトリムやヒールは問題ない。ローリングやピッチングなどの動揺についても同じ理由で誤差を生じるが，一般的にはある時間の平均値が表示されるので，実用上は問題ない。
＜振動子の取付け不良＞
　振動子の取付けが正確でない場合，超音波発射ビームの方向が変化して誤差を生じる。
＜海水中の気泡＞
　気泡の影響のため，反射が得られなかったり，測定に影響を受けることがある。

問8 ドップラー・ソナーの精度はどれくらいか。

答 使用周波数や船体の動揺等の状況によっても異なるが，特に使用される

接岸時において，対地速度が検出可能であり，かつ，速度の精度は 0.02 ノットもしくは 1% 以下のいずれかの大きい値である．対地速度は機種にもよるが，おおよそ水深 150 ～ 250 m 未満の海域で検出可能である．

問9　ドップラー・ソナーでは対地速力および対水速力を測定することができるが，その原理を述べよ．

答　ドップラー・ソナーでは，ある一定以上の水深では，海底からの有効な反射が得られないので対地速力は得られない．この場合でも，海水中には密度や温度の異なる水塊の境界からの反射波が得られるので，これを利用して対水速力を算出することが可能である．
　表示器には，対地速力（例えば OG，B），対水速力（W）別の表示がされる．

1-4　ARPA

問1　ARPA の警報には，どのような種類があるか．

答　＜接近警報＞
　任意の距離に設定できるリング（ガードリング）に対して，外側から内側に向かって目標が侵入してきた場合に，警報音，☆マーク，警報ランプが点灯．
＜危険目標警報＞
　CPA，TCPA 共に設定値以下になった目標に対して，警報音，警報ランプが点灯．
　菱形（両方とも設定値以下），三角（どちらか一方が設定値以下）
＜目標見失い警報＞
　追尾されている物標がその指示器の距離範囲外に出た場合を除いて，追尾不能，見失った場合
＜入力目標数超過警報＞
　追尾中の目標数がその装置で追尾可能な最大数に達した場合
＜システム機能が劣化した場合＞
　レーダーからトリガ，ビデオ信号，ログ信号，ジャイロ信号が入って

こない場合，CPU の異常があった場合

> **問 2** ARPA の正式名称を記し，それがどのようなものかを述べよ。また，どのようにしてベクトルを計算するか。

答 Automatic Radar Plotting Aids（自動衝突予防援助装置）。航行中，レーダーにより物標を探知し，この情報を自動的にプロッティングし，この目標の相対運動や真運動を解析し，避航操船に必要な種々の情報を表示する。

A 船から見た B 船の運動は実際の運動 Vb（真ベクトル）とは異なり，Vr（相対ベクトル）の方向に走っているように見える。Vr（相対ベクトル（相対針路，相対速力））と自船の針路，速力によって構成させる速力三角形から Vb（真ベクトル）を求める。

> **問 3** CPAD, CPAT の設定（TCPA, DCPA）について述べよ。

答 第一優先区域：船首から左右約 45°，CPA1 海里以内
第二優先区域：左右正横より前方約 45°，CPA1.5 海里以内かつ TCPA 12 分以内
第三優先区域：正横より後方，CPA1.5 海里以内

> **問 4** ARPA の設置義務を規定している法規について述べよ。

答 船舶設備規定第 146 条の 16

> **問 5** ARPA の性能基準について述べよ。

答 ＜追尾できる物標の数＞
自動捕捉機能を有する場合，自動的に 20 物標を追尾し，処理し，同時に表示できなければならない。手動捕捉のみの場合，10 物標を追尾できればよい。
＜追尾物標の過去の位置の表示＞
少なくとも 8 分間以上追尾しているいかなる物標についても，少な

くとも4つの等時間間隔の過去の位置を表示できなければならない。
　　＜距離及び方位の誤差＞
　　　距離：物標と自船との距離は，50mまたは物標との距離の1％のい
　　　　　　ずれかの大きい方の値以下
　　　方位：2度以内
　　＜補足した物標を継続して追尾する条件＞
　　　連続する10回の走査において，5回以上表示されるとき

問6　ARPAにおいて，目標を捕捉してからベクトル表示するまでのIMO性能基準について述べよ。

答　物標捕捉後，定常状態で追尾している場合，1分以内に物標の運動傾向（相対運動のこと），3分以内に物標の予測運動（真運動および相対運動のこと）を表示しなければならない。

問7　PAD，PPC（PCP），AEBS（ARBS）とは何か。また，ゲートとは何か。

答　＜PAD（Predicted Area of Danger）＞
　　　衝突予測危険範囲表示方式。予測される危険領域（六角形）を示す。
　　＜PPC（Possible Point of Collision）または
　　　PCP（Potential Collision Point）＞
　　　衝突予測点表示方式。この方式は速度ベクトルに重点がおかれ，速度ベクトルの延長線上に付加的に衝突予測点が表示されている。誤差がかなりある。
　　＜AEBS（Area Elimination BoundarieS）または
　　　ARBS（Area of Rejection BoundarieS）＞
　　　捕捉除去外領域。自動捕捉の場合において，海面反射や雨雪あるいはレーダー干渉などをできる限り除去するように考慮されているが，なおそれらの反射が残る場合，そのような物標以外のものを捕捉，追跡することを防ぐために設定する領域。
　　＜ゲート＞
　　　ARPA処理回路で目標を監視している領域のこと。ゲートが大きすぎると，目標を失うことはないが，他の接近した目標に乗り移る（スワッ

ピング）ことがある。ゲートが小さすぎると，スワッピングしにくくなるが，急旋回や急加速した場合に目標を失うことがある。

問8 PADの大きさは何によって決まるか。

答 設定したCPAの距離と目標の速度によって決まる。PADの中心から側面までの距離はCPAと同じ距離である。PADの長さは設定したCPA，目標の速度，自船の速力によって決まる。

問9 ARPAに入力する信号にはどのようなものがあるか。

答
・船首方位（ジャイロコンパスより）
・速力（手動の場合。対水または対地速力）
・潮流補正（方位，速力）
・GPS等の信号
・AISの信号

問10 システムアラームはどのような場合に鳴るか。

答
・レーダーからトリガ信号が入ってこない場合
・レーダーからビデオ信号が入ってこない場合
・船速距離計から信号が入ってこない場合
・ジャイロコンパスから信号が入ってこない場合
・CPUの異常時

問11 ロストターゲットはどのような場合に発生するか。

答
・物標のエコーが非常に弱くなった場合
・レーダーの同調調整やゲイン調整が悪い場合
・島や大型船の反対側に入って，エコーがなくなった場合
・海面反射に物標のエコーが埋もれた場合
・強い雨雪の反射に物標のエコーが埋もれた場合

・追尾されていない，エコーの強い他船に接近した場合
・2つ以上の追尾されている船が互いに接近して通過する場合

問12 ARPAの表示誤差の修正の調整について述べよ。

答 ＜方位調整＞
　船のコンパスで測定した物標とレーダーの画面上に表示された映像の方位が一致するようにする。
　AZI MODEにして方位表示は相対表示して，MENU画面からADJUST画面を表示し，BEARINGを選択し，正しい方位を入力する。
＜距離調整＞
　あらかじめ距離の判明している物標をレーダー画面上で測定し，実際の距離と一致するようにする。
　MENUからADJUST，RANGEを選択し，正しい距離を入力する。

問13 ARPAの警報の種類をあげ，それぞれについて説明せよ。

答 ＜危険目標警報＞
　設定したCPA以内に接近すると予測される場合に，識別マーク，警報ランプおよび音により警報を発する。
＜ロストターゲット警報＞
　目標が距離範囲外に出た場合を除き，数回の掃引で探知されなかったとき，警報ランプおよび音により警報を発する。目標の最後の追尾位置は表示器上に示される（点滅表示等）。
＜侵入警報＞
　ガードリングに侵入した場合に，識別マーク，警報ランプおよび音により警報を発する。

問14 ARPAの捕捉ベクトルの変化の時間遅れについて述べよ。

答 ヨーイングなどによる船首方向の変化でベクトル表示がふらつくのを防止するため，ターゲットの処理に平均化処理を採用している。そのため，

この平均化により時間遅れが生じる。したがって，ベクトルは実際の変針よりも遅れて変化する。

> **問 15** ARPAの真運動表示において，海面安定（対水安定）と陸地安定（対地安定）について述べよ。また，他船との衝突の危険を判断する場合，どちらを使用するのがよいか，理由とともに述べよ。

答 海面安定：水面に対する真運動を表示
陸地安定：地面に対する真運動を表示
衝突危険の判定は，海面安定を使用すべき。理由は，海面安定では，表示される対水真速度ベクトルと目視による見合い関係は同一であるが，陸地安定ではARPAに他船の対地新速度ベクトルが表示されるので海面上の見合い関係とは異なった表示になる可能性があるため。

1-5 無線方位探知機

> **問 1** 無線方位探知機の使用方法，有効範囲，垂直アンテナが設けられる理由，使用時の注意について述べよ。

答 ＜使用方法＞
ジャイロと方位探知機の方位盤を同調させておく。灯台表により測定しようとする局の電波の周波数にダイアルを合わせる。8の字特性により，電波の到来方向の最大感度を測定する。さらにセンス決定（単方向決定）スイッチにより，電波到来方向を識別する（位置の線，ホーミング（帰港法），遭難信号発射の遭難船方位の測定，漁船の母船への集結，ラジオ・ブイの使用として利用することが可能である）。
＜有効範囲＞
±2度以内の誤差で測定できる範囲として
・無指向式無線標識の有効距離は通常，昼間約150海里，夜間約50海里
・中波または中短波を使用する指向性回転式無線標識の有効距離は通常，昼間約100海里，夜間約50海里
＜垂直アンテナが設けられる理由＞

最小感度の方向が 360 度の方向について 2 つあるうち，電波到来の真方向を決定する（sense：センス）のため
＜使用時の注意＞
- 海岸線に沿って来る電波は避ける。電波が海岸線を横切る場合に，屈折してその方向が変化する。その程度は，電波と海岸線とがなす角が小さいほど大きい。20 度以下で 2 ～ 3 度になる。また，電波の周波数が大きいほど屈折は大きい。
- 方位測定中は，なるべく直線コースを航走する。
- 夜間は夜間誤差が混入するので，数回測定し平均をとる。電離層で反射された空間波と地表波が同時に受信されると，電波干渉のためフェージングが発生する。夜間誤差は距離 15 海里以内では発生しない。100 海里以内でもあまり発生しない。100 海里を超えると急激に大きく発生する。
- 船体の動揺が激しい場合，船体がなるべく水平になった瞬間に測定する。ローリングによる方位誤差は船首尾方向または正横方向から来る電波に対してはなく，その中間の方向から来る電波に対して最大となる（象限誤差を考慮する）。

1-6 GPS/DGPS

問1　GPS の測位原理，精度，必要最低衛星数について述べよ。

答　＜ GPS ＞

6 つの軌道面（昇交点傾斜角約 55 度，昇交点経度約 60 度）に 4 機ずつ人工衛星を配置し，24 機（その他予備衛星 3 機）の衛星で全地球をカバーし，地球上のどこでもいつでも高精度の三次元位置の測定が可能。

測位は，衛星から発射された電波が利用者受信機に到達するまでの時間を測定し，衛星までの距離を測定する。2 衛星からの距離の差を求めることにより，等距離差の点は 2 つの衛星を焦点とする回転双曲面になり，もう一組の衛星対からなる回転双曲面との地球上における交点から位置を求める。精度は数十 m 程度，必要最低衛星数は，二次元測位の場合は 3 個，三次元の位置の場合は 4 個。

問2　GPSの長所と短所について述べよ。

答　＜長所＞
- 全天候，全世界的な電波航法である。
- 精度が良い。
- 受信機が完全に自動化されており，船位が緯度，経度で表示される。
- アンカーワッチ機能やオートパイロットと連動させることも可能。

＜欠点＞
- アメリカが開発したものであり，管理上，恣意的な操作（SA等）が可能。

問3　GPSにおいて，2つの衛星で2次元位置の決定は可能か。また，その理由を述べよ。

答　できない。

＜理由＞
　受信機側の時計が衛星の時計と精密に合致していないので，衛星から測定された距離は正しい値とはならない。この距離を擬似距離（擬似距離を半径とした球面を位置の線とする）と呼んでいる。擬似距離によって位置を求める場合，時計の進み遅れの未知数を取り除く必要があるので，2次元の場合は3つの衛星（3次元の場合は4つの衛星）からの電波を同時に測定する必要がある。

＜補足＞
　2衛星からの距離の差を求めることにより，等距離差の点は2つの衛星を焦点とする回転双曲面にとなり，もう一組の衛星対からなる回転双曲面との地球上における交点から位置を求める。よって衛星は最低3つ必要である。

問4　GPSにおいて，捕捉中の衛星の配置と測位精度との関係を述べよ。

答　測定した衛星の位置の線の交わり方に関係する。衛星が観測地の上空で密集している場合は精度が悪くなり，上空で適当に広がっている場合は精

度が良い。

問5 ジオイドとは何か。また，太平洋において最大高低差はどれだけあるか。

答 ジオイドとは，地球の各地の重力分布の違いによって，その重力の強弱による海面の凹凸のことである。ジオイド高さは，回転楕円体面からの±で表される。

太平洋中央部で－18m，北米より西経120度付近で－64m，東経160度付近で＋20m。

問6 測地系の定義を述べよ。また，日本測地系（Tokyo Datum）と世界測地系（WGS-84）についてそれぞれ説明し，その違いについても述べよ。

答 ＜測地系の定義＞
地上の点を経緯度と高さで記述するための座標系のこと。
＜日本測地系＞
地上に緯度経度と高さの原点（東京・麻布にある日本経緯度原点）を設け，そこから三角測量により経緯度，水準測量により高さを決めている。

原点から遠ざかるにつれて測量の誤差によって精度が悪くなり，北海道や南西諸島では10mを超える測地網の歪みがある。

ベッセル楕円体を使用しており，現在知られている地球の赤道半径や扁平率とはかなり異なる。
＜世界測地系＞
人工衛星によって求めた地心を原点とする測地系（WGS-84）のこと。アメリカ国防省が維持している。座標系内の誤差は数cmと言われている。

・地心を原点とする。
・グリニッジ方向の子午線を経度の0度とする。
・地軸方向をz軸とする。
＜違い＞
日本測地系と世界測地系とでは，北西方向に400〜500mの違いが

ある。

問7 GPSの擬似符号（PN（Pseudo Noise）コードまたはPRN（Pseudo Random Noise）コード）について述べよ。

答 GPSの衛星毎に別々のPNコードが割り当てられており，この衛星毎のPNコードを送信している。このPNコードを，受信機側で各衛星のPNコードと比較照合して衛星の識別を行う。

また，受信機のPNコードと衛星からのPNコードとを照合することは，受信信号のタイミングを測定していることになるので，電波の到来時刻の測定が，測距となる。

問8 GPSの誤差と誤差界について述べよ。

答 ＜擬似距離に含まれる誤差＞
- 受信機の時計がGPSシステムの基準時間からずれていることによる距離誤差
- 各衛星の時計がGPSシステムの基準時間からずれていることによる距離誤差：GPS衛星は極めて安定度の高い原子時計を使用しているが，わずかながら誤差がある。この誤差を，世界5カ所に配置された地上の監視局でモニターして，時計の補正量を決めている。
- 電離層や対流圏を電波が通過するときの電波伝搬遅延による距離誤差：電波が電離層を通過するとき，電子密度に比例して，電波の周波数の2乗に反比例するある量だけ電波の速度が遅くなる。その遅延量を補正する。
- マルチパス誤差：GPS衛星のアンテナから発射された電波は，受信機のアンテナに直接到達したものと，衛星本体や受信機のアンテナ付近の地面や構造物等で反射された電波（マルチパス）がある。受信機ではこれらが混ざったものを受信する。
- 衛星の位置誤差：刻々の衛星の位置は，衛星から送信される16個の軌道係数によって計算され，決定される。これらの値は時計の修正量と同様に，世界5カ所に配置された地上の監視局でモニターし，修正される。

＜SA（Selective Availability）：選択利用性＞
　故意に測位精度を劣化させる信号が送信されていた。2000年5月1日で廃止された。
＜DOP（Dilution of Precision）：精度の劣化係数＞
　測位点の分布は，位置の線の交角が狭いと大きく広がり，測位精度が劣化することが分かるが，その程度を表わす指標のようなものである。位置の線の交角は送信源すなわち，衛星の分布に依存する。上空に一様に衛星が分布するときは，水平方向のDOP（HDOP）は小さい。垂直方向のDOP（VDOP）は，おおむねHDOPの1.5倍といわれている。HDOPは1.0～1.5。
＜2drms＞
　定点にGPS受信機を設置しても，ランダムな測距誤差により測位点は散らばる。その程度や方向はDOPと関係があるが，平均位置から各測位点までの距離dを2乗平均して平方根をとったものがdrmsである。平均値を中心にして，その2倍すなわち2drmsが測位誤差の目安とされている。これを半径とする円内に95％の測位点が入るといわれている。2drmsは通常50m程度。SPS（Standard Positioning Service）で21.2m，DGPSで6～8m，PPS（Precise Positioning Service）で14.4m。

問9 GPS船位の精度を示す表示であるGDOPとは何か。GDOPのほかに同様なものがあるが，それは何か。

答　GDOP（Geometric Dilution of Precision）：3次元測位の場合の位置精度指標
　　　PDOP（Position Dilution of Precision）：2次元測位の場合の位置精度指標
　　　VDOP：高さに関するもの
　　　TDOP：時間に関するもの
　　　HDOP：PDOPの水平方向成分（水平精度劣化指数）
　　　＜補足＞
　　　　DOP（Dilution of Precision）：精度の幾何学的低下率（受信位置からみた測位に利用する衛星の幾何学的配置。位置の線の交わりに相当）

<解説>
　GPSで最小限の衛星を受信して高精度の位置を求める場合，衛星の幾何学的な位置関係が大事である。捕捉中の衛星の中から衛星を選ぶ場合，衛星の組み合わせによる測位精度劣化指標が最小限となるように衛星を選択するのがよい。4つの衛星を選ぶ場合，選択した4つの衛星の位置を頂点とする四面体の体積が最大となる組み合わせである。

問10 GPSの電波の送信方法は何か。またその効果と利点を述べよ。

答 スペクトル拡散方式
　<効果>
　・通信において妨害を受けにくい。
　・同一周波数帯を使用できる。
　・情報の秘匿性がある。
　・PRN符号（Pseudo Random Noise code：擬似符号）の使用によりランダムアクセスが可能。
　・相関受信することで高精度の測距が可能。
　<利点>
　・同じパターンの拡散符号を持ったものだけが通信可能であり，秘匿性が高い。
　・雑音（ノイズ）が多かったり妨害波があっても，これらの影響を受けにくいため，高品質の通信が可能。
　・受信信号レベルの変動（フェージング）に強く，高速伝送が可能。
　・複数の衛星の距離データから受信位置を算出するため，高分解能測距が可能。
　・符号分割多重接続方式が採用され，衛星からは同一周波数が送信されているので，複数の送信局（衛星）が運用できる。

問11 DGPSについて，運用されている局を述べ，誤差，有効範囲がどれくらいか述べよ。また，日本以外でも利用可能か。

答 運用局：27局（釧路埼，網走，宗谷岬，積丹岬，松前，浜田，丹後，舳倉島，酒田，尻屋崎，金華山，犬吠崎，浦安，剱崎，八丈島，名古

屋，大王埼，室戸岬，江埼，大浜，瀬戸，若宮，大瀬埼，都井岬，トカラ中之島，慶佐次，宮古島）
誤差：一般に1m以下といわれている。
有効範囲：DGPS局から200km以内の海上。
日本以外でも利用可能（アメリカ，イギリス等）。

問12 DGPSの2つの方式について，それぞれ述べよ。

答 ＜中波ビーコンによるもの＞
　日本列島沿岸に設置された中波ビーコン網を利用して，300 kHzの中波にDGPSの補正情報を重畳して発信している。ビーコン局は27局。
＜FM多重によるもの＞
　FM放送の音声周波数領域は，ステレオ放送の主・副音声の他に76 kHzを副搬送波とするデータ通信用のチャンネルがある。この副搬送波にDGPS補正データが挿入されて，主にカーナビゲーション用のGPSを対象として約5秒毎のデータ更新周期で送信されている。基準局は全国で7カ所（北海道，東北，関東，上越，近畿－東海，中国－四国，九州）。

問13 DGPSについて説明せよ。

答 GPS信号をあらかじめ正確に位置が分かっている場所で受信し，その場所の正確な位置とGPSで得られた位置とを比較して，擬似距離に含まれている誤差を算出し，この誤差値を送信局から周囲の船舶等に放送する。各船舶では計測した擬似距離を，この放送で得た情報により修正することで正確な位置を求めることができる。精度は1m程度である。
　有効範囲は，D-GPS局から約200km（約110海里）以内の海上になっており，一部離島海域を除く，全国沿岸がカバーされるように局が配置されている。

問14 DGPSにおけるインテグリティ（Integrity）とは何か。

答　GPSのシステムに何らかの異常が生じて測位精度が著しく低下し，利用者がそれを知らずに利用した場合，重大な危険が生じる可能性がある。DGPSでは，GPSのシステム全体とDGPS自体の動作を常時監視し，異常が発生すれば直ちにその情報が利用者向けに送信される。インテグリティとは，このGPSの監視システムのことである。

　DGPSの基準局において，各衛星からの電波を受信し，衛星との擬似距離誤差を求めるとともに，衛星から送られる情報を精査し，異常があれば，擬似距離の誤差とともに，異常データを含む衛星を，付近を航行する船舶に通報することで注意喚起する。

　GPS衛星の健康状態やシステム運用状況について監視しており，この監視結果をインテグリティ情報として，ディファレンシャル情報と共に直接ユーザー受信機に提供している。ユーザーはこのインテグリティ情報により，DGPS使用の可否や使用不可衛星の有無などを知ることができる。

問15　SBAS（Satellite-based Augmentation System）で利用されているディファレンシャル技術について述べよ。

答　静止衛星を介して広範囲にGPS補正情報を提供することにより，2～3m程度の精度を得ることができる。

問16　疑似距離の誤差要因のうち，静止衛星等からの補正情報により減少させることができる誤差とできない誤差について述べよ。

答　＜減少させることができる誤差＞
　・電離層や対流圏による電波伝搬遅延による誤差
　・各衛星の時計がGPSシステムの基準時計からずれていることによる誤差
　＜減少させることができない誤差＞
　・衛星から受信機への直接波と反射波によるマルチパス誤差
　・受信機雑音誤差

1-7 ECDIS

問1 ECDIS（電子海図情報表示装置）のアラーム（警報）にはどのようなものがあるか。

答 ＜測位システムに関するもの＞
・測位システムの障害
・測位システムの作動モードの損失
・測位システムの位置の逸脱
・エコーリファレンスの損失
・測位システムのデータがWGS84でない場合
・測位システムの不確かな位置
＜海図に関するもの＞
・安全等深線交差
・航路逸脱
・測位装置不良
・限界点接近
・地理的データの相違
・AG（ANTI GROUNDING）のモニタリングオフの時

問2 CCRPとは何か。

答 Consistent Common Reference Point：共通基準位置

2　航路標識

問1　灯台の光達距離について注意すべき事項をあげよ。

答
- 灯高（H）および基準高（平均水面上 5m）から算出する地理的光達距離（D）は　$D = 2.083 \times \sqrt{H}$　で求めることができる。
  <光達距離の種類>
  ① 大気の透過率 T = 0.85 に対する光達距離 D を光学的光達距離といい，気象学的視程約 18 海里に相当する。
  ② 大気の透過率 T = 0.74 に対する光達距離 D を名目的光達距離といい，気象学的視程約 10 海里に相当する。
  ③ 一般に 10 海里以上の光達距離をもつ灯台は十分な光力を備えているので，地理的光達距離が重要である。なお，海図には，短い方の光達距離が記載されている。
- 背景に陸の灯火があったり，月明のあるときなどは視認距離が短くなる。
- 地理的光達距離は眼高を 5m として算出されているので，眼高が高ければ視認距離は増加する。ただし，光力が十分でない灯台はこの限りでない。
- 光は地上気差により屈折するので，気温と水温の差がある場合には地理的光達距離は変化し，気温が水温より高い場合は遠くまで到達する。
- 高所にある灯台は，雲などに遮られることがある。

問2　IALA 方式とは何か。

答　IALA とは，国際航路標識協会（International Association of Lighthouse Authorities）の略で，航路標識を世界的に改善することを目的とした国際機関であり，1980 年東京で開催された会議で海上浮標式の国際的統一を決定した。この統一した海上浮標式のことを IALA 方式という。

問3　方位標識とは何か。

答 方位標識は，従来の沈船浮標や洲の上端・下端浮標に代わって，障害物を標示するために設置されるが，航路間の特異な地点，例えば航路の入口，変針点，分岐点などを示すのに用いられることもある。

例えば，北方位標識では，頂部は黒色の円錐形2個を縦揚（両頂点上向き）で標体はやぐら形，塗色は上部が黒色，下部は黄色の2色に塗り分けられ，灯火は白色の連続急閃光，標識の北側に可航水域または航路があることを示す。

問 4 安全水域標識とは何か。

答 頂部は紅色の球形1個で標体はやぐら形，塗色は紅白の縦縞に塗り分けられ，灯火は基本的に白色の等明暗光（明2秒暗2秒，モールス符号白色毎8秒にA，毎10秒に1長閃光）で示される。

この標識は，標識の周りが可航水域であることを示しており，主に水路の中央を示すほか，洋上において陸地の接近を示したり，方位標識の代わりとして使用されることがある。

問 5 孤立障害標識とは何か。

答 頂部は黒色の球形2個を縦揚で標体はやぐら形，塗色は上部と下部が黒色，中間が紅色に塗り分けられ，灯火は白色の群閃光（毎5秒または毎10秒に2閃光）で示される。

標識の位置またはその付近に，暗礁・浅瀬・沈船等の孤立した障害物があることを示している。また，方角による制約はない。

問 6 側面標識とは何か。また，その種類をあげて説明せよ。また，それに関する注意事項を述べよ。

答 側面標識とは，一般に範囲が定まっている水路の限界を示す標識で，立標（灯標）と浮標（灯浮標）がある。
＜側面標識の種類＞
　① 左舷標識

標識の位置が航路の左側の端であること，標識の右側に可航水域があること，または，標識の左側に岩礁・浅瀬・沈船等の障害物があることを示すもの。
② 右舷標識
標識の位置が航路の右側の端であること，標識の左側に可航水域があること，または，標識の右側に岩礁・浅瀬・沈船等の障害物があることを示すもの。
③ 左航路優先標識
標識の左側に優先航路があることを示すもの。
④ 右航路優先標識
標識の右側に優先航路があることを示すもの。

＜側面標識に関する注意事項＞
① 航路または標識の左側（右側）とは，水源に向かって左側（右側）をいう。
② 側面標識の塗色および灯色は，IALAのA方式（イギリス，ドイツ，ロシア，中国，フランス，スペイン，南アフリカ，インド，インドネシア，オーストラリア等）とB方式（アメリカ，カナダ，メキシコ，ブラジル，日本，韓国，フィリピン等）で反対になっている。B方式を採用する日本では，左舷標識が緑，右舷標識が赤になっている（舷灯と反対）。

IALA MARITIME BUOYAGE SYSTEM[2]
Buoyage Regions A and B, November 1980

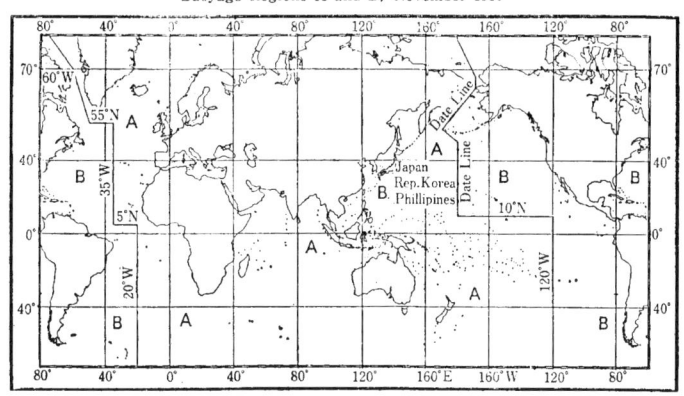

A方式，B方式の図

『航海便覧（三訂版）』（航海便覧編集委員会編，海文堂出版）より

問7 特殊標識とは何か。

答 特殊標識は，標識の位置が工事区域等の特殊な区域の境界であること，または，その付近に海洋観測施設があることを示すもの。塗色は黄色で，トップ・マークは黄色の×型1個で灯色も黄色，灯質は単閃光，群閃光（毎20秒に5閃光）またはモールス符号光（AとUを除く）のいずれかで示される。

問8 特定標識とは何か。

答 航法指導上，特に必要なとき，塗色や光り方など性質の一部を変えて使用するもの。

問9 水源とは何か。

答
・左舷／右舷標識という場合の左右は，船舶の進行方向によって異なるので，基準を決める必要がある。それが「水源」で，水源に向かって左が左舷，右が右舷となる。
・港・湾・河川およびこれに接続する水域の水源は，港もしくは湾の奥部または河川の上流である。
・瀬戸内海（関門海峡を含む）における水源は「神戸港」。宇高航路については「宇野港」である。
・我が国の沿岸における水源は，沖縄県与那国島である。
・海図では，水源の方向が紛らわしい場合，以下に示すシンボル・マークによりその方向を示す。

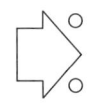

問10 橋梁灯（橋梁標）について説明せよ。

答　橋梁灯とは，橋梁上の通行に必要な照明，景観上の照査を除き，橋梁下を航行する船舶の指標として，橋けたおよび橋脚などに設置される灯火のこと。
・橋梁下の航路の中央を示す白色の灯火。
・橋梁下の航路の側端を示す灯火で，水源に向かって右側が赤色，左側が緑色。

問 11　特殊な信号を行う信号所について説明せよ。

答　・潮流信号所
　　潮流の強い海峡の潮流の流向および流速の変化を形象・灯火または電波により船舶に通報するための施設をいう。
・船舶通航信号所
　　レーダー，監視カメラなどにより，港内の特定航路および付近水域または船舶交通の輻輳する海域における船舶交通に関する情報を収集し，その情報を定時および依頼があった場合に VHF 等により船舶に通報する施設をいう。
・船舶動静信号所
　　橋梁等によるレーダー電波の多重反射が航行船舶のレーダー映像に障害を及ぼす海域において，視界不良時，橋脚に設置された陸上レーダーによりレーダー障害区域内に存在する船舶の有無を検知し，その状況を灯火またはレーダービーコンによる通報する施設をいう。

問 12　緊急沈船標識とは何か。

答　標識付近に沈船があることを意味する。
塗色は，青色と黄色の縦じま
トップマークは，黄色の＋字 1 個
灯質は，0.5 秒間隔で青色と黄色が 1 秒点灯。

Part 1 航海

> **問 13** 航海用レーダー画面上に表示されるバーチャル AIS 航路標識に関するもの（図を見せられて，その図がどの標識かを解答する。その際にその標識の意味，トップマーク，灯質等についても回答できるようにしておく）。

答

	右舷標識	左舷標識	北方位標識	東方位標識	南方位標識	西方位標識	孤立障害標識	安全水域標識	特殊標識	緊急沈船標識
リアル・シンセ	◇	◻	◈	◈	◈	◈	8	8	✻	✜
バーチャル	⟨+⟩	⟨+⟩	⟨+⟩	⟨+⟩	⟨+⟩	⟨+⟩	⟨+⟩	⟨+⟩	⟨+⟩	⟨+⟩

③ 地文航法

3-1 航法

問 1 中分緯度航法の長所と短所について説明せよ。

答 ＜長所＞
- 漸長緯度表のような特別の数表を用いず，三角関数表だけで計算ができ，算式も比較的簡単で，実用上の精度がえられる。また，トラバース表だけでも計算が可能である。

＜短所＞
- 近似計算であるので，航程が大きくなる（600海里以上）と誤差の絶対量が大きくなる。
- 経度を求める場合に，東西距に乗ずる sec l は l が大きくなると急激に変化するので，真中分緯度（起程緯度から到着緯度までの緯度の sec の平均値に対応する緯度）と平均中分緯度（起程緯度と到着緯度の平均緯度）との差が大きくなり，経度誤差も大きくなる。
- 変緯が大きい場合も，真中分緯度と平均中分緯度の差が大きくなる。
- 針路が南北に近い場合には，①変緯が大きくなる，②針路誤差に対する東西距の誤差が大きくなるため，経度誤差に影響する。
- 赤道を越える場合には，単純に起程地と到着地の平均緯度で東西距を経差に換算できない。

《参考：中分緯度航法の計算式》

航程および針路からの変緯，変経の求め方

D.Lat = Dist × cos Co.

Dep. = Dist × sin Co.

D.Long = Dep. × Sec（mid. Lat）

起程緯度および到着緯度からの針路，航程の求め方

D.Long × cos（mid. Lat）= Dep.

Tan Co. = Dep. ／ D.Lat

Dist = D.Lat × sec Co.

問 2 漸長緯度航法の長所と短所について説明せよ。

答 ＜長所＞
・漸長緯度航法は厳密な理論に基づく算法で，地球を扁球として計算することもできる。また，赤道を越える場合でも適用できる。
＜短所＞
・計算に漸長緯度表が必要である。
・D.Long ＝ Dmp × tan Co の算式において，高緯度の場合，漸長緯度の変化が急激でそれから求める漸長緯差 Dmp に誤差が生じやすい。
・D.Long ＝ Dmp × tan Co の算式において，針路が 90°に近い場合，tan Co が大きくなり誤差が拡大されやすい。

《参考：漸長緯度航法の計算式》
D.Lat ＝ Dist × cos Co.
D.Long ＝ Dmp × tan Co.

問 3 大圏航法の長所と短所をあげて説明せよ。

答 ＜長所＞
球面上の 2 地点間の最短径路は大圏であり，地球を扁球とした場合の最短径路の測地線とも大差はないので，大圏上を航行することにより最短距離で目的地に到着できる。
＜短所＞
・球面三角形を計算するので算式が複雑である。
・大圏航法は，その径路で起程地や到着地より高緯度を航行することが多く荒天に出会いやすい。
・大圏と子午線との交角は常に変わっていくので，大圏を航程線の折線で結ぶような工夫が必要である。
・500 海里以下の短距離では，航程線距離との差は微小である。

問 4 大圏航法が特に有利なのはどのような場合か。

答 ・航程が大きいとき。

③ 地文航法　49

・起程地と到着地が東西に隔たっているとき。すなわち，経度差が大きい場合は大圏航法が有利であるが，経度差が少なくて南北に近い針路で航行する場合は大圏による距離の短縮は少ない。
・起程地が高緯度のとき。
・起程地より到着地の緯度が高緯度であるとき。

問 5　大圏航法の到着地を選ぶ場合の注意事項を述べよ。

答
・目的地に至る水路に滑らかに進入できる所を選ぶ。
・遠方より望見できる顕著な目標が得られるか，または電波標識等の整備された所を選ぶ。
・海潮流等が激しくなく，付近に浅瀬などが存在しない所を選ぶ。
・緯度・経度は分の整数単位とする。

問 6　集成大圏航法はどのような場合に用いられ，どのように航路を定めるか述べよ。

答　＜集成大圏航法の利用＞
　　大圏は頂点付近が高緯度になるので，地理的制約や高緯度の荒天域を避けるため，航路に制限緯度を設定し，かつ，できるだけ短い径路で航行するための針路法である。
＜航路設定法＞
① 制限緯度 l_c の距等圏 LL' を描く。
② 起程地 A から LL' に接する大圏を描き，接点を C とする。
③ 到着地 B から LL' に接する大圏を描き，接点を D とする。
④ 弧 AC（大圏），弧 CD（距等圏）および弧 DB（大圏）を結んだものが集成大圏航路である。
⑤ C，D の位置や起程針路，到着針路は球面三角形 APC および BPD から計算するか，大圏図を利用して求める。

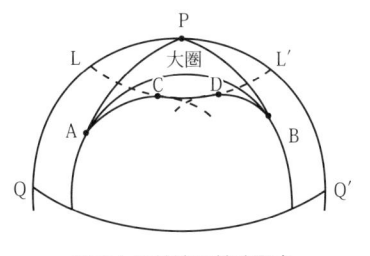

集成大圏航法の航路選定

問7 大圏の頂点とは何か。また，"Vertex in"，"Vertex out" とは何を表すか。

答
・頂点（Vertex）とは，大圏の上で最高緯度の点をいう。
・Vertex in とは，頂点が起程地と到着地の間にあること。
・Vertex out とは，頂点が起程地の前または到着地の外にあること。

問8 大圏航法図を利用して，航程が最短となるような集成大圏航路を求める方法を説明せよ。

答 ＜大圏航法図を利用して，航程が最短となるような集成大圏航路を，漸長海図に記入する方法＞
・Aを出発地，Bを目的地，制限速度をlとする。
・大圏航法図上，AおよびBからlに接する線を引き，その接点をCおよびDとする。C，D点の経度を読み取り，漸長海図の制限緯度線上に転記する。
・大圏航法図上の直線ACおよびBDが，適当な間隔，たとえば経度5°毎の子午線と交わる点の経度を順次読み取って漸長海図上に転記し，これらの点を順次，滑らかな曲線で結ぶ。

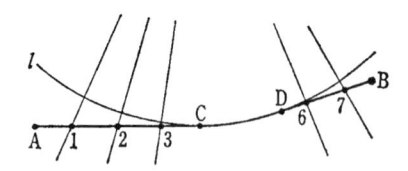

大圏航法図上の作図

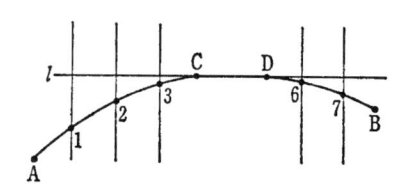

漸長海図上の作図

3-2 水路図誌

問1 使用しようとする海図の信頼度は，何よって判断すればよいか。

答
- 刊行年月日と改補の履歴
- 測量の新旧および精粗：測量年月日と水深の記載密度で判断する。
- 測量および刊行の主体：日本や欧米先進国発行のものは信頼できるが，測量および製版技術が十分でない国もあるので，一応の注意が必要である。
- 編集方法：外国版をそのまま転写したり，小尺度の海図を単に拡大しただけのものもあるので，注意が必要である。
- 資料の出所と統一性：旧版に新資料を付け加えたり，外国の資料を併用したものもある。
- 縮尺：大尺度のものは，記載事項も詳しく，一般に位置も正確である。

問2 海図記載の水深の精度について，どのような注意が必要か。

答
- 測深の精度
  測定誤差は，実用上無視できる程度とされているが，水温や密度分布，および海面の動揺による誤差などが影響する。
- 潮高の改正
  測定時の潮高を求めて，基本水準面からの水深に改める際の潮高の誤差が入る可能性がある。
- 測定位置の誤差
  測定点と図載の位置に多少の誤差が生じることがある。
- 水深の変化
  測定後に海底が変化する場合もある。特に底質が砂系で潮流の強い海域では注意が必要である。
- 編集上の誤差
  ① 水深21m未満では，0.1m単位で記し，0.1m未満は切り捨てる。
  ② 水深21m以上30m未満では，0.5m単位で記し，0.5m未満は切り捨てる。
  ③ 水深30m以上は1m単位で記し，1m未満は切り捨てる。

問3 海図に記載された下記の事項は何を基準とした値か。
(1) 岸線　　(2) 水深　　(3) 高さ　　(4) 灯台の高さ

答 (1) 略最高高潮面における海陸の境界
(2) 略最低低潮面を基本水準面といい，この面より測った深さ
(3) 陸部については平均水面上の高さ。干出（基本水準面と略最高高潮面との間にあるもの）については，基本水準面（略最低低潮面）からの高さ。
(4) 平均水面上から灯中心までの高さ

問4 対景図を利用する場合の注意事項を述べよ。

答
・図を描いた視点と船位の差を十分に考慮すること。島の形や高さの関係は方向の差や距離の違いによりかなり変わるものである。
・図を描いた位置と眼高の相違により，景色の見え具合は変わる。
・視程により見た感じが変わることもある。
・時間の経過による地形・状況の変化。

問5 潮汐表記載の潮高が負の数値になっていることがあるが，どういうことを示すか。また，それは季節的にはいつごろ起こりやすいか。

答　潮高は基本水準面上の海面の高さを示すから，負の数は，基本水準面より海面が低くなることを示す。つまり，実際の水深は海図記載の値より小さくなるので，余裕水深の少ない場合には，特に注意が必要である。
　こうした現象は大潮で低潮時の海面が低くなるときに起こりやすいが，春分や秋分の頃の大潮時には，太陽と月の起潮力の方向が空間的にも一致するので，特に潮差が大きくなりやすい。これを春秋二大潮という。

3-3 避険線

問1 パラレルインデックスを用いた避険線をレーダー上で用いる方法について述べよ。

答 海図上で，あらかじめ陸岸から危険海面をカバーするある程度余裕を持った避険円（離岸距離 d_1, d_2）を設定し，最も張り出した避険円を接線で結び避険線とする。レーダーの画面上で可変マーカーによりこの避険距離をとり，かつ，平行カーソルを船首方向に合わせる（あるいは距離マーカーに接し，船首尾線と平行な線を引く）。陸岸の映像がこの線より内側に入らなければ安全である。

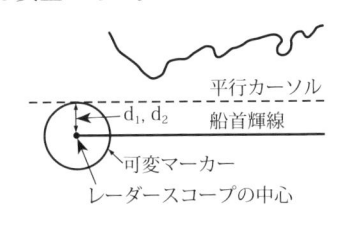

レーダー画面上の図

問2 レーダーでの避険線の設定方法（方位によるもの，距離によるもの）について述べよ。

答 ＜方位による避険線＞
暗礁に対し距離 d の安全界を設定し，一方で本船レーダーの可変距離目盛を d とし，暗岸を距離 d 以上離して航行すればよい。
＜距離による避険線＞
航進目標から安全界 d に接線を引き，この安全方位線の左側を航行すればよい。

問3 レーダーを利用した避険線の利点，欠点について述べよ。

答 ＜利点＞
・昼夜および天候のいかんにかかわらず，常時利用できる。

- 距離による避険線設定が非常に簡単に行える。
- 離岸距離がわかるので，危険物の正横距離予測も容易にできる。
- 避険方位や距離を，画面上で方位カーソルや可変距離環で設定しておくことができる。したがって，そのときどきに方位や距離を測定しなくても，画面上でカーソルと映像の関係を見るだけで判断できる。

<欠点>
- 故障により，レーダーを使用した避険線が利用できなくなる。

問 4 避険線の種類を述べよ。また，海図に記入するときに，どのように記入するか述べよ。

答 <避険線の種類>
- 顕著な一物標の方位線
- 船首目標の方位線
- 2物標の重視線

<海図上への記入例>
- 1物標からの一定距離
- 2物標の水平夾角
- 物標の垂直角（物標の高さのわかっているもの）
- 水深の測定（等深線）
- 航路標識（導灯，導標，副灯，分弧）

問 5 避険線の要件，その効用，避険線を設定する際の注意事項を述べよ。

答 <要件>
- 海図に記載された位置が確かで，視認の容易なもの。
- 測定すべき点が容易なもの。
- 測定方法が容易なこと（トランジット，方位，距離）。
- 船舶の移動により位置の線が明確に変わるもの（近距離目標）。
- 危険水域を位置の線で効率よく区画できること。

<効用>
- 危険海面，制限水域の航行または，他船を避航する場合等，不安なく，避険線の限界まで避航することができる。

③ 地文航法　55

- 狭水道航行など，変針回数が多く，船位を測定する余裕がない場合，避険線によって，危険物に対して安全が確保できる。

<注意事項>
- 危険区域での自船の航行状態，船位の測定および保持の精度を考慮して余裕を持って明示する。
- 危険水域付近では，なるべく視認が容易で，位置が確実な物標を選定する。
- 効率良く区画するためには，避険目標と危険水域を結ぶ線が，航路と平行に近い場合は方位線を，航路と直角に近い場合は距離の圏を用いるのがよい。
- 予備の避険線も用意しておく。
- 自船の針路，速力，喫水，操縦性能や風圧および流圧の影響等の自然条件を考慮する。
- 海図の測量精度や船位測定の難易を考慮する。
- 他船を避航するための余裕水域を考慮する。
- 自船が故障した際に切迫した危険状態に陥らないだけの余裕水域を考慮する。
- 船舶の航進によって，船舶の前後左右の偏位がただちに判断できる避険目標を選定する。

問6　予備の避険線を用意しておく必要がある理由を述べよ。

答
- 視程や気象の状況により，予定目標が視認できないことがあるため。
- 海図上で良い目標と判断しても，実際に現地でそれが確認しにくかったり，測定しにくかったりすることがあるため。
- 測定に使用する計器が故障等で使用できなくなることがあるため。
- 他船や障害物の避航のため，予定の航路で航行できなくなることがあるため。
- 航路標識を目標にした場合，消灯などで利用できないことがあるため。

問7　避険線の利用において，水平危険角法が有効であるのは，どのような場合か。また，その利用方法について述べよ。

答 ＜有効な場合＞
- 航路が陸岸にほぼ平行し，障害物が航路近くに突出または単独に存在し，かつ陸岸には，海図上に確定できる適当に離れた，高さが低い著明目標が2つ以上ある場合。
- 危険障害物が，浅所，暗岸等視認し難い場合。
- 夾角測定の2目標と障害物の関係位置が適当であること。
- 昼間，視界良好のとき。

＜利用方法＞
- 沿岸航行，狭水道航行において，暗礁，浅所等の障害物を含む危険海面を設定し，陸岸2目標の夾角により，その危険海面に入らないようにする。

問8 沿岸航行中，危険水域を避けるための離隔距離を決定する場合に考慮すべき事項を述べよ。

答
- 自船の喫水，操縦性能，航行速力
- 地形，海底の性状，水深分布
- 船位測定の難易，航行援助施設の有無
- 視程の良否，気象状況，昼夜の別
- 海流，潮流，向岸流の存在
- 海域の輻輳度
- 操船者の技量・経験

3-4 船位の誤差

問1 ジャイロコンパスに定誤差がある場合，船位の誤差を示す公式について，図示して述べよ。

答　円の半径を R とすると，
　△AOB は二等辺三角形なので
　　$AB = 2R \sin \theta$　……①
　また，△FOF′も二等辺三角形なので
　　$FF' = 2R \sin e$　……②

式①より
　$R = AB / 2\sin\theta$　……③
式③を式②に代入し
　誤差 $FF' = AB \times (\sin e / \sin \theta)$

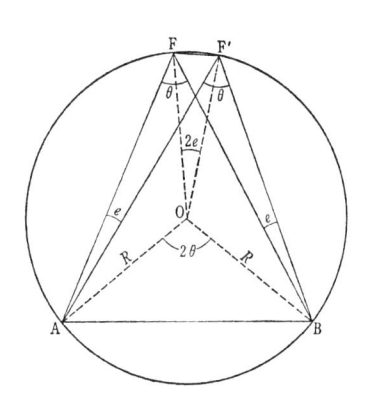

問2　推測船位，推定船位とは何か。

答　推測船位（DRP：Dead Reckoning Position）とは，起程点より，針路とログや機関回転数より求めた位置（トラバース船位）。
　推定船位（Est.P：Estimated Position）とは，推測位置に風圧・流圧などの外力の影響を考慮して求めた位置。

問3　太平洋上で位置を確定するものが何もないとすると（電波測位系，天体観測もないものとする），どのようにして本船の位置を決定するか。また，誤差はどのような範囲にあるか。

答　推測船位を求め，さらに外力の影響を考慮し，推定船位を求める。
　船位の存在確率97%を考えると，左右方向に $2.54\sqrt{t}$ 海里，前後方向に $2.90\sqrt{t}$ 海里の主半径を持つ楕円を考えればよい。tは実測からの経過時間（tは24時間以内）である。上記の誤差の係数を左右誤差3.1，前後誤差3.6とすれば，船位の存在確率は99%になる。

問4　測定した位置の線の中央誤差や最大誤差とは，何を表すか。

答　偶然誤差の確率的特性を表す。
　＜中央誤差＞
　測定値の両側にある誤差幅rをとったとき，その間に正しい値が入る確

率が50%になるような値rをいう。コンパス方位の測定中央誤差は1/3°,六分儀測高度の中央誤差は0.5′程度である。

　船位の存在確率の場合は, 2本の位置の線の重なりを考えると, 2本の位置の線の両側に中央誤差rをとった場合, 誤差平行四辺形について見ると, 次表のようになる。

位置の線の誤差	誤差帯内にある確率	誤差平行四辺形内にある確率	備考
r	50%	25%	—
1.56r	70.7%	50%	—
3r	95.8%	91.8%	—
3.32r	97.5%	95%	—
3.63r	98.6%	97.2%	誤差界四辺形と呼び, 95%誤差界楕円を内接する
4r	99.4%	98.8%	—

<最大誤差>
　船位がその中に存在する確率95%以上である誤差界楕円の軸の長さのこと。船位の確率97.2%の平行四辺形の対角線の長い方を最大誤差と呼ぶこともある。

問5 推定船位を求める要領について述べよ。

答　① 航程の推定：ログの指度に器差を修正した航程に基づいて, 推進器の実際の回転数による航程と比較して（荒天時はログの誤差が大きくなることがある), 保針上の当て舵, 波浪, 風圧, 船底汚損, 喫水, トリム変化などの影響を加味し, その精度に応じて適宜推定する。
　② 航路の推定：器差を修正した針路に, 風圧による左右偏位を修正したものを航路とする。
　③ 推定位置の計算：直近の実測位置を基準として, ①, ②の航程, 航路により推定位置を計算する。
　④ ③で求めた推定位置について, さらに, 海潮流, 連吹風その他による皮流の影響を推測できる場合には, その修正を加味して推定船位を決定する。
　⑤ 航行上の安全を期すため, この位置を中心として, 推定船位計算の基準とした直近の実測位置から経過時間（t）を考慮して誤差界を見

積もっておく。船位の推定中央誤差は，左右方向に 0.7√t 海里，前後方向に 0.8√t の主半径を持つ楕円を考えればよい。ただし t＜24h の範囲である。

問 6 どちらかの位置の線にも同等の不定誤差があり，右図のように交差して船位を求めた場合，誤差論では，どちらの船位がより精度が良いか。

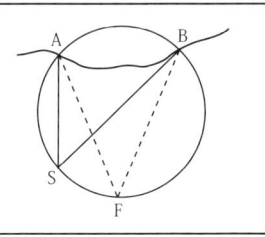

答 誤差を小さくするには，以下の条件が必要。
① コンパス誤差 e が小さいこと
② 位置の線の交角 θ が 90°に近いこと
③ 2物標間の距離 AB が小さいこと

物標からの距離が同じでも，AB が小さいと θ も小さくなり，AB が同じであっても距離が遠くなると θ は小さくなる。すなわち，②と③は互いに関連するが，船からなるべく近い物標で交角が 90°に近い目標を選べばよい。設問では S となる。

e：コンパスの誤差
θ：位置の線の交角

とすると
誤差 $SF = AB \times (\sin e / \sin \theta)$ で表せる。

問 7 危険区域の多い狭水道通過時，新人の三航士のクロスベアリングによる船位測定に大きな三角形ができた。船長としてどこを船位とするか。

答 内接円・傍接円の中心等の理論を答えるのもよいが，実務上は危険箇所に最も近い（本船にとって最も不利な）交差点を船位とする。

問 8 船位を決定する場合における定誤差と偶然誤差の処理方法について述べよ。

答 ① 定誤差をまず改正すべきであるが，船位測定上の定誤差は，コンパス誤差，六分儀誤差，クロノメータ誤差などが主要なもので，これらは観測する前にチェックしておかなければならない。定誤差の中に個人差も含まれるが，これは未熟さを表すもので，熟練者では微小である。したがって，使用機器類の誤差を確かめ，気温，気圧，眼高などの観測条件を正しく測定した後に残る誤差は偶然誤差と考えてよい。すなわち，位置の線を求める段階で判明している定誤差は修正しておく。

② 偶然誤差は，船位を確率で考えるもので，最も確率の高い点（最確船位）とそのまわりに必要な確率で船位が存在する範囲（3-4 の問 4 参照）で表示する。最確船位は 2 本の位置の線の場合はその交点，3 本の位置の線の場合は誤差三角形の内部（3-4 の問 9 参照）にある。

③ 偶然誤差はあまり大きな値をとらないが，船位が推定位置より大きく外れたり，大きな誤差三角形が生じた場合には，数値の読み違いや間違った計算や測定（過失）があったものと考え，過程全体の見直しや再測定を行う。

問 9 沿岸航海中，三航士が右舷側のみの物標を使用してクロスベアリングにより船位を入れたところ，誤差三角形ができた。3 本の位置の線がそれぞれ等精度で定誤差のみがある場合，船長としてどこを船位とするか。また，偶然誤差の場合は，どこを船位とするか。

答 ＜定誤差の処理方法＞

物標を A，B，C，誤差三角形を△PQR，定誤差を e，真の船位を O とする。物標 A，B について

　　∠OAQ ＝ ∠OBQ ＝ e

であるから，点 A，B，O，Q は同一円周上にあり，この円は△AQB の外接円となっている。物標 B，C および A，C についても同様で△BRC，△APC の外接円は一点 O で交わるので，このようにして

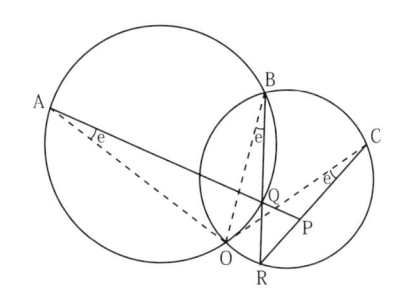

船位を求める。

　なお，3物標のなす角が180°を超える場合，真の船位は誤差三角形の内部に存在するが，180°未満の場合，船位は誤差三角形の外側となる。実際の航海において，上記のような定誤差の処理を完全に行うことができない場合，誤差三角形の外側で航海に最も不利な位置を船位として処理すべきである。

・作図法

　三角形ABCにおいて，線分ABの垂直二等分線を描く。同様にして線分BC，ACも垂直に当分線を描く。それらの線の交点が外接円の中心Oとなる。半径はOA＝OB＝OCとなる。

＜偶然誤差の処理方法＞

　誤差三角形の3辺からの距離の比が3辺の長さの比に等しい点Oを船位とする。

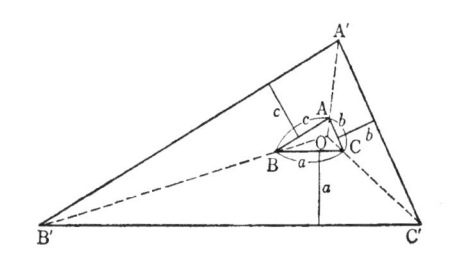

・作図法

　誤差三角形ABCの各辺から，その辺の長さa，b，cの距離に各辺に平行な線B'C'，C'A'，A'B'を引き，相似三角形A'B'C'を求める。2つの三角形（△ABCと△A'B'C'）の各頂点A'A，B'B，C'Cを結ぶ直線の交点Oを求めればよい。

3-5　見張り／変針／変針目標

問1　夜間の見張りにおいて考慮すべき事項を述べよ。

答
・夜間，明るい灯火に眼をさらすと見張りに支障をきたすので，海図室の照明はできるかぎり暗くしておく。
・自船の外に光が漏れないように注意する。これらの光は，他船が自船

の航海灯を認めるのを妨げるだけでなく、自船の見張りの邪魔になる。
- 夜間、灯火を発見した場合、それが他船の灯火であれば航海灯の確認に努め、船種、船型、針路等を判断する。また、同時にコンパスによりその方位変化を測定する。
- 漁船を発見した場合、漁具をどのような方向に投入しているか等を含め、操業の状況を確認する。
- 灯台らしい灯火を視認した場合、その灯火の方向、灯質、周期を計測し、灯台表、海図等で合致するものを確かめる。
- 低い漁船の灯火、町の灯火等は、波で見え隠れするので、正確に周期を計測しないと灯台の灯火と誤認することがあるので注意する。
- レーダーを使用する場合、使用レンジは、自船の速力、視程、船舶の輻輳度等を考慮して決定し、また、適当な間隔をおいてレンジを切換え、自船の周囲や遠方の状況を監視する。

問2 変針する場合の注意事項について、顕著な灯台を左舷正横に見て変針を予定する場合、あらゆる状況を考慮して述べよ。

答
- 変針前に正確な船位を求めておくこと。
- 変針目標は確実に海図上の地形と実際をよく見て判断すること。
- 変針後の船首方向をコンパス上で確認し、変針後の方向に他船、障害物あるいは変針後の船首目標に注意し、変針して支障がないかどうかを確かめること。
- 変針後は直ちに船位を求め、新針路上にあるかどうかを確かめること。
- 大角度の変針の場合でも、なるべくゆっくりと小刻みに変針するのがよい。
- 変針する場合は、可能ならば変針後の船首目標を確認しておくのがよい。
- 狭水道などで変針する場合、なるべく遅れた変針よりも早めに変針するのがよい
- 変針点に到達しても、変針方向に他船があって、衝突のおそれがあるときは、互いに十分にかわり安全になるまでは変針してはならない。

③ 地文航法　63

問3　変針目標として正横の物標を計画する場合があるが，その理由を述べよ。

答
- 変針する場合，最も近い目標となる。また，変針点が避険距離を兼ねる場合がある。
- 変針直前，直後の船位の誤差が少ない。
- 変針目標をコンパスの方位で測定しなくても，変針点に到達したことが，比較的容易に目測で判断できる。
- 海図上で針路線が引きやすく，変針点の決定が容易である。
- 新針路距離を利用して，新針路に乗せる場合，正横目標が変針点となっているときが，最も判断が容易である。

問4　変針目標として適切なものを述べよ。

答
- 新針路の方向であって，新針路と平行もしくは平行に近い線上の物標で，なるべく近距離のもの。
- 転舵舷正横付近の物標で顕著な物標，あるいは重視物標等精度の良いもの。
- 重要な変針または顕著な物標が得られないときおよび他船が多い所では，予備目標を定めておく必要がある。
- 一般に変針目標には，灯台，立標，島，山頂等明瞭な物標を選び，岬角，浮標等はなるべく用いない。
- 変針点の昼夜の別を考慮する。

問5　沿岸航行中の変針について，変針後もその目標の航過距離（正横距離）が変わらないようする変針方法を述べよ。

答
- 変針角をθとし，転舵舷側の目標を選び，その目標が正横後$\theta/2$に見えるときにθだけ変針すればよい。
- 転舵舷側の目標が常に正横に見えるように連続的に変針すれば，自船は目標を中心とする円周上を動くので，正横距離は常に一定である。

問 6 新針路距離とは何か。また，新針路距離にはどのような要素が影響するか。

答 ＜新針路距離＞
　一定針路で航行中に，転舵を発令してから，船舶が新針路に定針するまでの船舶の軌跡で，定針した点から引いた新針路線が旧針路線と交わる点と転舵発令点との間の距離のこと。
　　　新針路距離＝ $R \tan \theta / 2$ ＋ Reach
＜影響する要素＞
・舵角が大きいほど短くなる。
・航行速力が速いほど長くなる。
・排水量，喫水は大きいほど長くなり，トリムは船首トリムの場合は長く，船尾トリムの場合は短くなる傾向がある。
・風は転舵舷側または正横後から受ける場合は長くなり，転舵舷の反対側または正横前方から受ける場合は短くなる傾向がある。
・海潮流は順流の場合は長くなり，逆流の場合は短くなる。

問 7 航路標識の少ない沿岸を夜間航海する場合の航路，船位に関する注意事項を述べよ。

答
・日没前に注意深く正確な船位を決定して，正確な起程点から夜間航海に入るように心掛ける。
・日没時または星等により，コンパスの誤差を検出し，必要があれば針路を補正する。
・風圧，流圧の影響を考慮して針路を補正するとともに，やや沖合いの航路を選ぶ。
・航路標識が利用できるときは，その地点で船位が確認できるよう航路を選ぶ。
・一般には，海岸線を連ねる方位，航海上の障害物がある方位を調べ，避険線を設定しておくとともに，この方位線とやや開いた航路を選ぶ。
・沿岸に沿って海潮流がある場合，これをいくぶん陸岸側から受けるような航路を選ぶ。航路と大きな角度をもつ潮流がある場合，潮時を考

慮し，その影響について注意する。
・夜標は十分に活用することを心掛け，視認した場合，船位を測定し，船位の偏位を確かめる。
・海岸に近い陸上の灯台は，船首倍角法によれば容易にそれからの正横距離がわかる。
・船位に不安がある場合，測深が有効な場合がある。
・レーダー，無線方位測定機等を有効に利用して，船位や離岸距離を測定する。
・水平線が明瞭なときは，天測等により船位を確認する。

問8　沿岸航行中，灯台の灯火を初認してその方位を得た場合，正横距離を予測する方法を述べよ。

答　① 海図上で光達距離を調べ，眼高の差を補正して初認距離Dを求める。
　　② 測定した灯火の方位と針路の差から船首角θを求める。
　　③ 天測計算表のトラバース表でDを距離欄，θを針路欄にとって東西距の値を読めば，それが正横距離に相当する。
　　なお，θが40°以内なら，Dとθの積を60で割れば（$(D \times \theta)/60$），正横距離の近似値が得られる。

問9　航行中，正船首4海里に浮遊物を認めたので，これを左舷0.5海里で航過するには，針路を何度変えればよいか。

答　$4 \times \theta / 60 = 0.5$
　　∴ $\theta = 0.5 \times 60 / 4 = 7.5$
　　7.5°右転する。
　　この略算式から，6°変針すれば，航走距離の1割だけ横に偏することがわかるので，12°変針すれば2割，18°なら3割と横に寄せる距離を略算することができる。

問 10 沿岸航行中，同一目標による両測方位法で船位を決定する場合，その海域に海潮流があってそれを考慮しなかったとすれば，順流を受ける場合と逆流の場合とでは，どちらが危険か。

答 下図において，海潮流を無視して決定した船位をFとする。観測者はFを船位と判断しているから，海潮流を修正した船位F′がFより目標Lに近ければ，実際の離岸距離は短いことになり危険である。

すなわち，修正船位F′が目標Lに近づくのは，転位位置の線I′が後方に流される場合で，自船の船首を基準にした順・逆流でなく，第一方位線Iに対し後方に海潮流が流れていれば危険である。

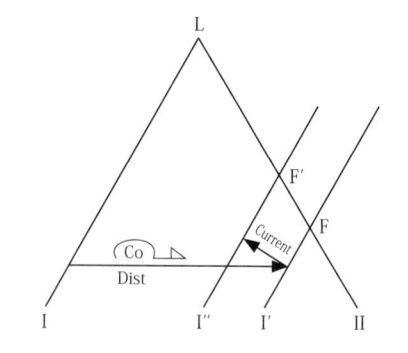

問 11 沿岸におけるジャイロエラーの測定法について述べよ。

答 海図上で，精度の良い目標の真方位が得られる機会に，ジャイロ方位を測定して比較すればよい。
- 2物標のトランジット（重視線）が得られるとき。長い防波堤や岸壁の見通し線も同じ。
- 正確な船位が得られたとき，その点から顕著な目標の方位を測る。岸壁係留中にも利用できる。
- 特定の方向を示す航路標識（指向灯，コースビーコン）の指導線または境界線との比較。

4 天文航法

問 1 天測暦の $E_☉$ や E_* は何を意味する値か。また，どのような場合に用いられるか。

答 ＜E の意味＞

　天体は日周運動により時々刻々その見かけの位置が変わり，天球上をほぼ1日で1回転している。したがって，ある時間を定めればその天体がどれだけ回転した位置にいるかが定まることになるが，この回転角を観測者の子午線（南北の正中線）から西回りに測ったものがその天体の時角である。

　時角は時間とともに変化するものであるが，ここで，時角と時間の差を考えると，時間は平均太陽が観測者の極下子午線を通過してからの回転角であるのに対して，時角はある天体が観測者の極上子午線を通過してからの回転角である。

　したがって，両者の差は，①測定基準が極下子午線と極上子午線であることによる180°（12h）の差と，②平均太陽とその天体の位置（赤経）の差を合わせたものになる。

　この差を E で表し，実際の太陽なら $E_☉$，恒星なら E_* と記す。

＜E の利用法＞

- Ex は，観測者の位置における時間（L.M.T：Local Mean Time）と，ある天体 X の時角 h の差を表すものである。よって，次式によって時角を求めることができる。

　　h = L.M.T + Ex

- $E_☉$ は，実際の太陽（視太陽）と時間の基準としている平均太陽の位置（赤経）の差と12h を合わせたものなので，

　　$E_☉$ − 12h ＝平均太陽と視太陽の赤経の差

  となり，これが視差と平時の差，すなわち均時差（$Eq.$ of T）となる。

- ある時間に見える天体の方位と高度から逆算して E を求め，恒星の名前を知ることが可能である。

問2 視時，平時とは何か。また，両者の関係について述べよ。

答 ＜視時（L.A.T：Local Apparent Time）＞
観測者の極下子午線を実際の太陽（視太陽）が通過してからの日周運動による回転角を基にして定めた時である。
＜平時（L.M.T：Local Mean Time）＞
毎日同じ量（赤経）だけ移動して，1年で天球上を1周してくる平均太陽を仮想して，これを基準にして設けた時である。
＜視時と平時の差＞
視時と平時の差を均時差といい，平均太陽と視太陽の赤経の差に相当する。
$E_\odot - 12h =$ 平均太陽と視太陽の赤経の差（$Eq.$ of T）

問3 天体の地位とは何か。

答 天体と地球中心を結んだ線が，地表と交わる点を天体の地位といい，地球上における天体直下（真高度90°）の点である。

問4 黄道とは何か。

答 天球上では太陽は西から東へ1年間に1周するように見えるが，この軌道を黄道といい，天の赤道と約23°-27′（黄道傾斜）の傾きで交わる大圏である。

問5 赤経とは何か。

答 春分点を通る天の子午線を基準として，天体を通る天の子午線まで東へ測って，天の極でなす角をいう。

④ 天文航法　69

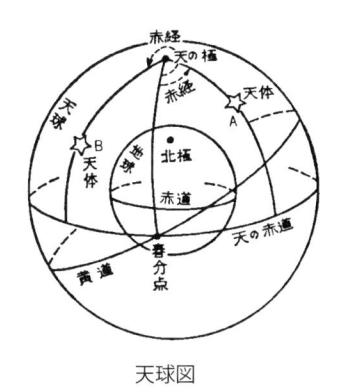

天球図

『天文航法』（長谷川健二著，海文堂出版）より

問6　東西圏とは何か。

答　天頂を通り観測者の天の子午線と直交する大圏を東西圏という。東西圏が地平圏と交わる点を東点および西点という。

問7　高度を定義する際の基準となる水平の種類をあげ，それぞれについて説明せよ。

答　・真水平（真高度）
　　　天頂と天底を結ぶ線（鉛直方向）と地球中心で直角に交わる平面またはその平面が天球と交わって作る圏である。地平圏ともいう。
　・居所水平（視高度）
　　　観測者の眼の位置を通り，真水平と平行な面をいう。
　・視水平（測高度）
　　　観測者の眼の位置から海上で水平線を見通す方向をいう。

問8　天体高度観測の際，一般に眼高は高い方が良いといわれる理由を述べよ。

答　・洋上観測において，眼高（h）を正確に測定しても，海面の動きや船

体動揺のために誤差は避けられない。眼高の誤差（⊿h）による眼高差の誤差（⊿Dip）は

$\quad \triangle \mathrm{Dip} = 0.888 \times \triangle \mathrm{h}/\sqrt{\mathrm{h}}$

すなわち，眼高差の誤差は$\sqrt{\mathrm{h}}$に反比例するので，眼高が高い方が同じ眼高誤差に対する眼高差の誤差は小さい。
・波浪の高い海面では，眼高が低いと水平線が近くなり滑らかに見えず，天体と水平線が合わせにくいため。

問9 天体高度観測の際，眼高が低い方が良いとされるのは，どのような場合か。

答
・視界不良や夜間天測で水平線が視認しにくい場合，眼高を低くして視水平距離を短くするとよい。
・気温と海水温の差が大きく，地上気差の大きい場合も，視水平距離を短くすることにより屈折を受ける径路を短くし，地上気差の影響を小さくするとよい。

問10 気温と水温の差に起因する眼高誤差の変動について述べよ。また，その差が大きい場合の高度観測上の注意を述べよ。

答 ＜気温と水温の差による眼高差の変動＞

大気の密度分布は標準状態で地表が最も大きく，上に行くほど密度は小さくなっている。この密度のため，気温と水温が等しい場合でも，観測者の眼に届く光は地表に沿って少し屈折される。

水温が気温より低い場合，地表付近の大気は冷却されて収縮し，上空の大気は暖められて膨張するので，大気の密度差が一層大きくなり，光の屈折角も大きくなる。観測者が水平線を見る方向は屈折分だけ浮き上がって見えるので，眼高差は減少する。

水温が気温より高い場合には，水面付近の大気が暖められて膨張するので，密度差は小さくなり，光の屈折が少なく眼高差は増大する。

＜高度観測上の注意＞

地上気差の大きい場合，水温，気温を正確に測定して地上気差の補正を行うとともに，眼高を低くして観測する。また，反方位の天体を選定

して位置の線の二等分線を用いるのもよい。

問 11 天測を行う場合，天体の高度に関してどのような注意が必要か。

答
・高度20°以下の天体を避け，できれば30°以上のものが望ましい（天文気差が cot a（a：天体の高度）に比例する性質があり，低高度の気差の量およびその変動が著しいため）。
・高高度天体は，垂直圏に沿った観測が多少難しいうえに，位置の圏の曲率が大きいので，これを位置の線で近似したとき，曲率誤差を生じやすい。したがって，70°以上の天体は避けた方がよい。

問 12 天体の視差について説明せよ。また，それは天体の距離や高度の変化によりどのように変わるか。

答
・視差とは，基準点から見た値と観測点から見た観測値の差であり，天測の場合，基準点は地球中心，観測点は観測者の位置であり，真高度と視高度の差が視差になる。
・視差は，天体から見た地球中心と観測者の方向の差角と見ることもでき，この差が最も大きいのは，観測者と地球中心を真横から見たときである。この場合，天体高度は0°なので，これを地平視差（H.P：Horizontal Parallax）と呼ぶ。

　　地球半径 R，天体距離 D とすれば，地平視差は

　　　H.P $\fallingdotseq \tan^{-1}(R/D)$

　地平視差は，距離に反比例するので，恒星では無視してもかまわないが，月では約1°にもなる。

　天体の高度が大きくなるにしたがって視差は小さくなり，高度90°なら観測者と地球中心とは一線になるので，視差（Par.）は0°となる。

　　Par. = H.P × cos a

視　差

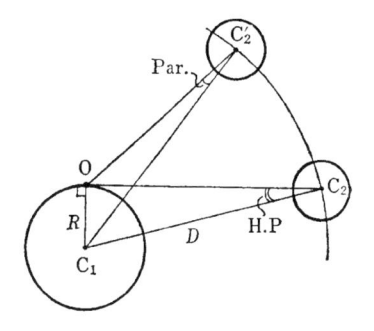

問 13　天体の高度観測を行う場合の注意事項を述べよ。

答
- 観測条件を把握しておく。すなわち，気温，水温，気圧，眼高，六分儀器差，クロノメータ誤差などの最新値を知っておく。
- そのときの条件に適した眼高を選定する。
- 六分儀の望遠鏡，和光ガラス等を正しく調整して，視野中央で天体をとらえ，直下の水平線に正しく合わせる。
- 排気ガスや蒸気などの不安定な大気の影響を受けない位置を選ぶ。
- 測定方向はコンパスや影を参考にして，天体に正対して測る。
- 動揺が激しい場合，精度に不安がある場合には，連測して平均値をとる。
- 適当な高度の天体を選ぶ。

問 14　星の高度観測を行う場合の注意事項を述べよ。

答
- 問 13 の解答
- 水平線の明瞭な方向の星を重視する。薄明終期でも太陽の余光により水平線の明るさは異なる。月明も利用できる。
- 望遠鏡は倍力の大きなものを用いる。
- 雲の多い夜には，水平線を見誤りやすいので，雲間からの月明の反射などに特に注意する必要がある。
- 水平線が暗くて見えにくいときは，眼高を低くする。
- 薄明時星測では，太陽の方向，星の明るさを考慮して，できるだけ水平線の明るい状態で観測できるよう，測定順を考えておく。明け方は暗い星から，夕方は明るい星から測定するのが原則である。

問 15　薄明時の天測（星測）は，どのような時機に行うのがよいか。また，その場合の注意事項を述べよ。

答　＜薄明時の天測の時機＞
　天測のため天体が視認でき，しかも水平線が明瞭に見える必要があるので，星が見える限界の太陽高度－6°以下で，それに近い範囲の天測

に必要な時間をとり，太陽高度 $-12°\sim -6°$ くらいの間が適当である。なお，これを航海薄明と呼ぶ。

＜薄明天測実施上の注意＞
・観測する星の数を決め，適当な方位および高度の天体を予定しておく。
・精度は主として水平線の明瞭さによるので，それに適した方位の明るい星を優先する。
・太陽のある方向の星は視認しにくいので，明け方なら先に，夕方なら後に測定する。
・低緯度で太陽の赤緯が小さい場合，特に薄明時間が短いので，時機を逃さないようにする。
・星の名前がわからない場合，その方位も測っておけば索星計算が活用できる。
・観測上の手違いもあるので，予備の星の高度測定もしておく。

問16 天文薄明，常用薄明とは何か。

答 ＜天文薄明＞
太陽が水平線下 $18°$ の高度あたりから，わずかながらその明るさが影響するので，これより高度が高いときには肉眼で見える一番暗い星である6等星は見えない。太陽が $-18°$ から常用日出没の間をいう。天文薄明は緯度と太陽の赤緯によりその時間は変化するが，高緯度ほど長くなり，中緯度では60分〜80分である。
＜常用薄明＞
太陽高度が水平線下 $6°$ より上になると，一番明るい恒星である1等星も見えなくなる。太陽が $-6°$ から常用日出没の間をいう。天文薄明の約3分の1の長さである。

問17 正午位置観測時の南中・北中は，何によって決まるか。

答 観測者の緯度を基準として，太陽の赤緯とによって決まる。観測者の緯度と太陽の赤緯が異名の場合，太陽は観測者の極と反対側を通る。
観測者の緯度と太陽の赤緯が同名の場合，
緯度＞赤緯の場合，観測者の極と反対側に正中。

緯度＜赤緯の場合，観測者の極と同じ側に正中。

問18 天体が東西圏を通過する条件について述べよ。

答 緯度と赤緯が同名で，緯度が赤緯より大きな場合（X_2），出没は赤緯と同名の側で起こるが，正中するのは天頂より赤道に近い側であるから，その中間で必ず天体の南北の位置が変わる。この場合だけ東西圏の通過が起こる（下図参照）。

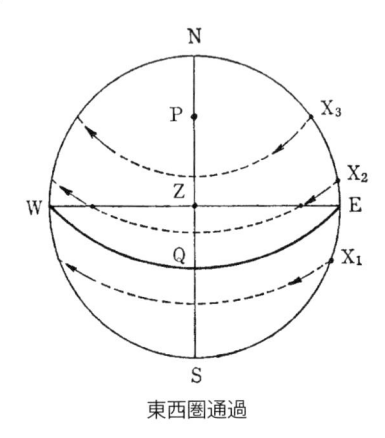

東西圏通過

問19 天測の位置の線に含まれる誤差とその原因について述べよ。

答 ＜修正差の誤差＞
　① 高度の誤差
　　　六分儀器差の不正確：使用する六分儀の器械的誤差であって，0度の基準点が異なっていることにより，器差の量がそのまま測高度の誤差となる。
　　　高度測定上の誤差：天体高度測定時に水平線に接するように測定せず，深く測りすぎたり，浅く測ってしまった場合，その差が測高度の誤差となる。
　　　天文気差：光が大気中を通過する際に大気の密度差によって屈折され，観測する方向と真の方向とに若干の差を生じる。この差を天文気差という。

　　　　眼高差の見積り誤差：天体高度測定時の眼高が船舶の動揺等によっ
　　　　　て変化することにより生じる。
　　② 計算高度の誤差
　　　　天測暦等の計算要素の丸め誤差，天測計算表等の計算桁数による
　　補間誤差，計算式の系統誤差（近似誤差）
＜計算方位角の誤差＞
＜位置の圏の曲率誤差＞
＜位置の線と位置の圏との差＞
＜位置の線の作図に伴う誤差＞
　　① 漸長図上で位置の圏は単なる円とはならず，これを位置の線（直
　　　線）で近似した場合に曲率誤差以外の誤差が生じる。
　　② 天体の方位も大圏方位で計算されるが，位置の線を記入する際に
　　　は漸長方位線が使用されるので，修正差が大きい場合には誤差を生
　　　じる。
＜転位誤差＞
　　完全に同時観測でなければ，前測位置の線の転位が必要で，それが対
　地的航走分と一致しなければ誤差の原因となる。

問20 天測位置の線には，どれくらいの偶然誤差を見積もればよいか。

答 誤差は，あくまでも観測時の状況と条件および観測者の技量等により決まるものであるが，平均的技量の航海者に対する実験値として，中央誤差で，測高度誤差 0.5′，計算高度誤差 0.2′ とされている。
　位置の線の誤差は，測高度誤差と計算高度誤差を合わせたものであるが，偶然誤差の場合，2つの誤差 r_1 と r_2 の総合誤差 r はそれらの和でも差でもなく，$r = \sqrt{r_1^2 + r_2^2}$ である。
　　$r = \sqrt{(0.5)^2 + (0.2)^2} ≒ 0.54′$ となる。
　したがって，r = 0.54′。この値は，昼間の太陽観測，あるいは薄明時の恒星観測など，比較的観測条件が良好である場合の値であるので，視界不良時の天測，荒天時の天測，月明を利用した天測，あるいはさらに暗夜の天測などの観測条件が悪化するにしたがって，この値は 1′〜 2′ 程度まで増加すると考えておく必要がある。

問 21 六分儀による天体観測時の個人誤差およびその測定方法を述べよ。

答
- 天測における個人誤差は，主として天体水平線の合わせ方が深すぎたり，または六分儀を傾ける癖があるなど，個人の技量とも関係する誤差である。この個人誤差は，技術の熟練とともにその値は小さくなり，一定値に近づくものと考えられていて，定誤差に分類される。
- 個人差の測定は難しいが，以下のような機会を利用して個人差を把握することができる。
  ① 観測条件の良いときに熟練者と同時に測定し，比較する。
  ② 正確な位置が知れている点で天測して，計算により推算した高度と比較する。
  ③ 六分儀の器差測定の際に行われるように，太陽の真像と映像を利用して視半径を測り，当日の天測歴の視半径と比較してみれば，映像の接触のさせ方の傾向がわかる。
  ④ 仰角の知れた地標を利用して，水平線との合わせ方の傾向を知ることができる。

問 22 天測が不慣れな人が高度を高めに測定する理由を述べよ。

答
- 高度は天体直下の水平線から測らなければならないが，直下の水平線に天体を下ろさなかった場合には，必ず高度は過大になる。つまり，垂直圏に沿って測らなかったときや，六分儀が傾いていた場合には測定高度は高くなる。
- 天体と水平線の合わせ方で，天体と水平線が接触していない場合は，接触していないことを認めやすいが，重なっている場合はその程度を確認しにくいので，天体を水平線に食い込ませてしまうことが多い。この場合，食い込んだ分だけ観測高度は過大になる。

問 23 位置の圏の曲率誤差について述べよ。また，何度以上の高度の天体を避けた方がよいか。

答 天体高度を観察して得られる位置の線は，天体の地位（天体と地球中心

を結んだ線が，地表と交わる点のこと）を中心とし観測頂距を半径とする球面上の円である。実用上は，この円の推測位置付近の一部を漸長図上の直線で代用しているので，この代用直線（位置の線）と円（位置の圏）との間に隔たりができる。この誤差を曲率誤差という。

高度 60°以下の場合は僅少であるが，70°以上になると急激に増加するので，60°以上のときには位置の線の修正が必要である。

問 24 太陽の隔時観測による船位決定を行う場合，午前の観測を行うべき時機について述べよ。

答 隔時観測による船位の精度は，各位置の線の観測精度，転位誤差および位置の線の交角による。このうち，転位誤差は，船位の推定精度にもよるが，時間（または時間の平方根）に比例する要素である。また，位置の線の交角は，同一天体の場合は観測時間に比例して大きくなるが，90°のときが最良であり，少なくとも 30°以上は必要とされる。

以上のことから，転位時間はできるだけ短くて，交角が 30°以上となるような時機（天体が東西圏通過から N（または S）30°E の間にある間）に行うのがよい。

一方，午前観測における位置の線の精度については，主として天体の高度を考えればよく，30°以上あればよい。

問 25 天体の隔時観測によって船位を決定する場合，測定船位の誤差をできるだけ小さくするための注意事項を述べよ。

答
・隔時観測の 1 本 1 本の位置の線には，ある程度の誤差は必ず含まれるものであるが，この誤差をできるだけ小さくするため，観測高度の誤差および計算高度の誤差を最小限にするように考慮しなければならない。計算天体方位角の誤差も考えられるが，直接関係が深いのは高度の誤差である。
・作図上の誤差をできるだけ小さくするため，推測位置はできるだけ実測位置に近く推測する。この誤差は漸長海図または位置決定用図に位置の線を記入する場合，高緯度で，方位角が東または西に近く，修正差が甚だしく大きい場合に現れ，推測位置を実測位置に近くとれば，

修正差が小となって考慮の必要がなくなる。
・位置の線の転位誤差を小さくするため，外力の影響を正しく判断して両測間の針路，航程はできるだけ真に近いものを推定し，作図または計算による転位を行う。この場合，針路誤差があると考えられる場合は，船首尾線方向の天体による位置の線の転位の場合にこの誤差の影響は少なく，航程の誤差があると考えられる場合は，正横方向の天体による位置の線の転位誤差が最も小さい。転位誤差は，両測間の時間が短いほど小さいから，時間間隔はせいぜい3～4時間以内とし，あまり長くしないよう留意する。

問 26 天体の隔時観測による測定船位の精度を良くするため，以下の天体の観測時機の選定の理由を述べよ。
(1) 午前と午後の太陽を用いる場合における午前の太陽の観測時機
(2) 午前と視正午の太陽を用いる場合における午前の太陽の観測時機
(3) 太陽と北極星を用いる場合における太陽の観測時機

答 (1) 太陽方位が急激に変化する時機，すなわち子午線正中時をはさんでその前後を選ぶ。しかも前後の位置の線が直交するのが最もよい。したがって，短時間に方位角差が直角に近くなる時機ということになる（この条件に近づくほど太陽高度が高くなり，高高度による曲率誤差を考慮しなければならない場合がある）。
(2) 第2観測が正午に限定されているため，方位角差は午前の観測時機によって定められる。したがって方位角差の点からみれば，太陽が東西圏上付近にあるときを選定するのが最もよい。さらに転位誤差を考えると，午前観測はできるだけ正午に近い方が良くなる。
(3) 北極星方位がほぼ一定していることから，方位差角は太陽方位によって定まる。したがって，方位角差が直角に近い東西圏上付近にある時機が望ましい。また，転位誤差を少なくするため経過時間をなるべく短くすることが望ましいが，これらの条件を満たすには，日出後間もなくか日没近くとなる。太陽高度があまり低いと観測上の誤差が大きく影響するので，東西圏上付近の観測で経過時間が短い場合を選定して行う。

4 天文航法 79

問 27 隔時観測により船位を決定する場合，転位誤差があると決定船位にどのような影響を及ぼすか。

答 転位誤差は，前測位置の線に生じる偏りの量であり，前測位置の線と直角な距離成分を算出すればよい。転位誤差の要素として航程誤差，針路誤差および潮流の影響の3つの成分がある。
- 航程誤差（Δd）がある場合：針路と前測位置の線のなす角をαとすれば，その成分は，$\Delta d \times \sin \alpha$ ………①
- 針路誤差（$\Delta \alpha$）がある場合：航程をdとすれば，$d \times \sin \alpha$の誤差が針路と直角方向に生じるが，前測位置の線と直角方向の成分は，$\cos \alpha$を乗じて，$d \times \sin \alpha \times \cos \alpha$ ………②
- 潮流の影響がある場合：流向と前測位置の線との差角をβ，流程をrとすれば，その成分は$r \times \sin \beta$ ………③

したがって，決定船位の誤差は，①～③の各式に$\operatorname{cosec} \theta$（$\theta$は位置の線の交角）を乗ずればよい。

また，転位誤差が最大となるのは，①，②，③の各場合とも誤差が前測方位と直角方向に生じた場合で，航程誤差は船首尾方向の天体，針路誤差は正横方向の天体を図った場合に最も大きく，潮流は天体の方向または反対方向に流れる場合に影響が大きい。

問 28 2天体または3天体により船位の測定を行う場合の天体の選定法を述べよ。

答
- 天体高度30°～60°が望ましい。
- 2天体による場合，方位差が90°に近いものがよく，特別な目的のある場合は，次のように配慮する。
  ① 緯度・経度を重視する場合は，南北方向に1つ，東西方向に1つ選ぶ。
  ② 針路・航程誤差を検出したい場合は，船首尾方向に1つ，正横方向に1つ選ぶ。
- 3天体による場合は，互いに120°ずつ離れた方位のものが原則であるが，特別にある要素を重視する場合は，その要素を決定するための

位置の線を2本求め，その二等分線とそれに直交する他の位置の線の組み合わせで求める。

> **問 29** 天測を行った結果，3本の位置の線はそれぞれ等精度で定誤差のみがあるとき，最確船位はどこか。また，偶然誤差がある場合の最確船位はどこか。

答 ＜等精度の定誤差がある場合＞

3天体の方位分布が180度以下の場合と，180度以上の場合でその正しい位置は異なる。

① 180度以内の場合：誤差三角形の1つの内角と2つの外角の二等分線の交点（傍心）が船位
② 180度以上の場合：誤差三角形の3つの内角の二等分線の交点（内心）が船位

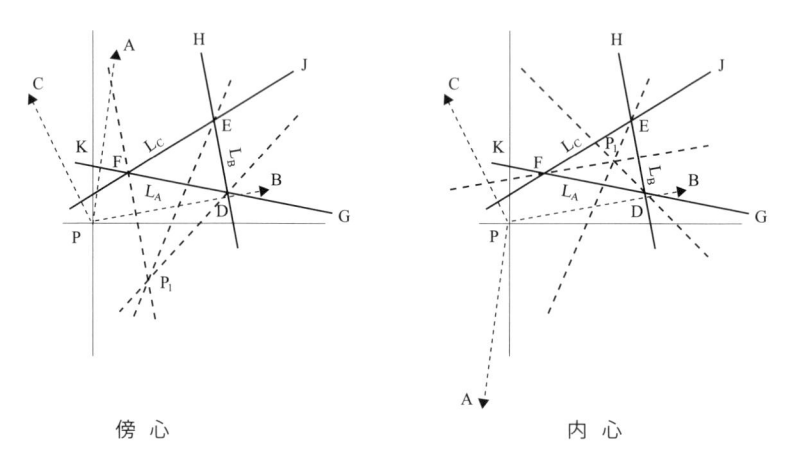

傍心　　　　　　　　　　内心

＜等精度の偶然誤差がある場合＞

誤差三角形の中の点で，誤差三角形の3辺からの距離の比が3辺の長さの比に等しい点Oを船位とする。誤差三角形ABCの各辺から，その辺の長さa, b, cの距離に各辺に平行な線B'C', C'A', A'B'を引き，相似三角形A'B'C'を求める。2つの三角形（△ABCと△A'B'C'）の各頂点A'A, B'B, C'Cを結ぶ直線の交点Oを求めればよい。

[4] 天文航法

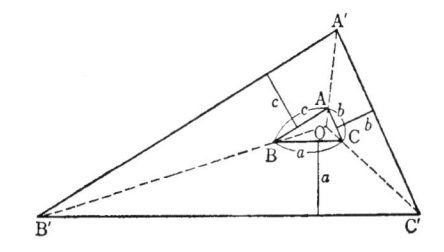

> **問 30** 位置の線の二等分線はどのようにして引くか。またこの二等分線はどのような性質を持つか。

答 ＜二等分線の引き方＞

反方位の天体の場合，位置の線は平行になるので，その中央を通る線を引けばよい。位置の線が交わる場合には，天体の方位差の補角（180°－Z）に相当する角 θ を二等分する。下図のように各位置の線に天体方位を示す矢印をつけ，矢印の向き合った角（または背中合わせになった角）になる。

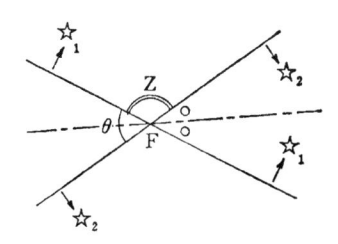

位置の線の二等分線

＜二等分線の性質＞

・二等分線は2本の位置の線から等距離にあるので，各位置の線に同量の定誤差を修正した場合，その交点は二等分線にあり，二等分線は定誤差を修正した場合に正しい船位の存在の軌跡を示す。

・偶然誤差 x は平均値をとることによりデータ数 n の平方根に反比例して縮小するが，二等分線も平均値に近い性質をもっている。しかし，これには交角 θ が影響してくるので，二等分線の偶然誤差は，$x = 1/\sqrt{2} \times \mathrm{cosec}\, Z/2$，方位各 Z が 180°（反方位）なら，偶然誤差は $1/\sqrt{2}$ となるが，Z = 90° なら偶然誤差は縮小しない。

問31 天測による1本の位置の線の利用法を述べよ。

答 ・推定位置から位置の線におろした垂線の足が実測の結果と推定を考慮して最も確率が高い船位となる。
・電波計器等で得た他の位置の線と組み合わせて船位を決定する。
・水深を測定して測定位置の線上で当該水深の場所を推定船位とする。
・位置の線が針路と平行なら針路誤差を，針路と直角なら航程誤差を検出できる。
・位置の線が目的地の方向またはそれに近い方向に向かっていれば，位置の線上または位置の線と平行に航走することにより，目的地に到達することができる（このような線をパイロット・ラインという）。

問32 子午線集合差とは何か。

答 大圏方位においては，一般に，観測者の測る物標の方位と，物標の位置から測る観測者の反方位とは一致せず，若干の差がある。これは，両地における子午線が平行でないために起こるもので，この両方位の差を子午線集合差という。

問33 船内時計が3分遅れていた場合に得た天測の位置の線はどのように転移すればよいか述べよ。また，天測においてクロノメータに−10秒の誤差がある場合の船位誤差について述べよ。

答 クロノメータの誤差は，天体方位Zや観測地の緯度lに無関係に，時角の誤差に等しい決定船位の経度誤差となって現れる。したがって，時間に3分の誤差があれば，緯度はそのままで，1時間が経度15度に相当することから計算すると，経度に45分の誤差が生じる。よって，経度を45分，西方に転位する。

　　　D.Long ＝−△h

　クロノメータに−10秒の誤差がある場合は，経度が2.5分東偏する。
《参考》
　クロノメータが進んでいると，位置の線は西偏するので，経度は反対に

東方に修正。クロノメータが遅れていると，位置の線は東偏するので，経度は反対に西方に修正。

問 34 天測時，水平線が見えにくく，高度を深く（高く）測ってしまった場合の船位誤差について述べよ。

答 船位は南に変位する。

問 35 GPS が普及している時代に，なぜ天測を行うのか。

答 GPS 測位システムは本来，米軍の軍事用測位システムであり，その一部の機能が民間用に開放されているので，米国の意思によっては使用不可能な事態が生じる。その際に船位決定法として，大洋航海中には天測の技術が必要である。米海軍自体も，新任士官には天測を課しているといわれている。
　大洋航海中におけるジャイロコンパスや磁気コンパスの誤差検出等にも役立つ基本的な航法である。

問 36 正中前後の太陽の方位変化率は，日出時に比べて大きいか，小さいか。

答 日出没時付近が方位変化が最も少なく，方位変化が最大なのは，正中時である。よって，正中前後の太陽の方位変化率の方が，日出時に比べて大きい。

問 37 時角 h の試算式を示せ。

答　　視太陽の時角（地方時角）＝世界時＋$E_\odot$±推測経度
　　　　恒星の時角（地方時角）＝世界時＋E_*±推測経度
　　　＜時角の求め方＞
　　　　① 天測を実施したときのクロノメータ示時より世界時を求める。
　　　　② 世界時に対する $E_\odot$，E_* を天測暦より求める。

③ 世界時に E を加えてグリニッジ時角を求める。
④ 求めたグリニッジ時角に，その地の推測経度（経度時）を上式の符号（＋：東経，－：西経）に従い加減して，地方時角を求める。

問 38 試験日当日の太陽の軌跡を図示し，試験時刻の太陽の位置と天文三角形を示し（時角，方位角，位置角，天体の赤緯，高度，緯度等を明記すること），水平面図を示せ。

答 l：緯度，a：高度，d：赤緯，Z：天頂，P：天の極，Z：方位角，h：時角とする。

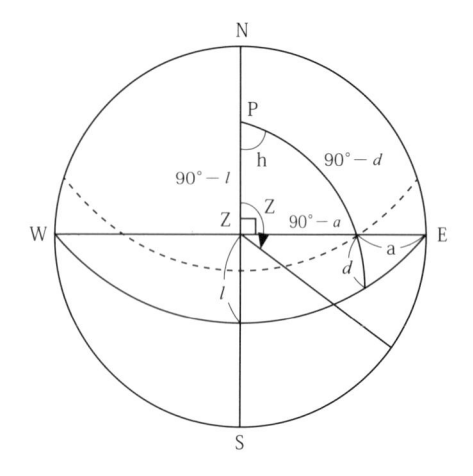

太陽の軌跡は，
　2月期：天の赤道の南側（3月初旬，赤緯 6°S）
　4月期：天の赤道の北側（5月初旬，赤緯 16°N）
　7月期：天の赤道の北側（8月初旬，赤緯 17°N）
　10月期：天の赤道の南側（11月初旬，赤緯 14°S）

問 39 天文三角形を図示し，公式を示せ。

答

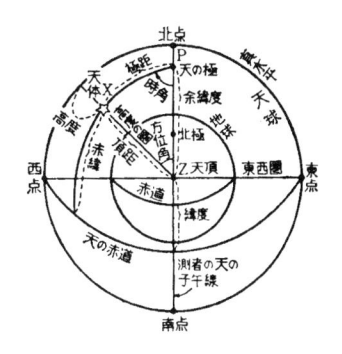

『天文航法』（長谷川健二著，海文堂出版）より

<天体高度>
　　sin (a) = sin (l) × sin (d) + cos (l) × cos (d) × cos (h)
　余弦の公式より
　　cos a = cos b × cos c + sin b × sin c × cos A
　　cos (90 − a) = cos (90 − l) × cos (90 − d) + sin (90 − l) × sin (90 − d) × cos h
　　sin a = sin l × sin d + cos l × cos d × cos h

<天体方位角>
　　cos (Z) = {sin (d) − sin (l) × sin (a)} / {cos (l) × cos (a)}
　余弦の公式より
　　cos C = cos a × cos b + sin a × sin b × cos C
　　cos (90 − d) = cos (90 − a) × cos (90 − l) + sin (90 − a) × sin (90 − l) × cos Z
　　sin d = sin a × sin l + cos a × cos l × cos Z
　　cos Z = sin d − (sin l × sin a) / cos a × cos l

問 40　天体によるコンパスエラーの測定法について述べよ。

答　<出没方位角法>
　　天体の中心真高度が0°のとき，方位鏡でそのコンパス方位を測定し，天測暦の出没方位角表から求めた真方位と比較して，誤差を求める。
　　<時辰方位角法>
　　天体のコンパス方位を測定すると同時にクロノメータを読み，測定時の時角，緯度および赤緯を要素として，天体の真方位を算出する方法で，

計算には SDh 表などが用いられる。

＜北極星方位角法＞

　北極星は，天の北極近くに位置し，極距離約 53′ で極の周りを 23h － 56m － 4s で一周しているので，測定時の時角と緯度を要素として天測暦の北極星方位角表から真方位を求める。

問 41　天体の出没方位角の測定時機について述べよ。

答　出没方位角は天体の中心真高度 0° のときが測定時機であり，その瞬間の天体高度は眼高差，地上気差，視差および視半径を改正すれば，太陽はその下辺高度が約 20′，月は視差が大きいためのその上辺高度でも約 － 3′，恒星の場合約 33′ となる。出没方位角を観測できる天体は太陽のみであり，その下辺が視水平から約 20′ だけ上にある瞬間に方位を測定すればよい。

問 42　時辰方位角法を実施する時機について述べよ。

答　天体の方位角は，その方位変化が少なく，かつ，高度もあまり高くない時機に行うのがよい。

　＜方位変化の少ない時機＞

①　緯度と赤緯が同符号で，赤緯が緯度より大きい場合は，天体が東西圏に最も接近したとき（最大方位角）

②　緯度と赤緯が同符号で，赤緯が緯度より小さい場合は，天体が出没時と東西圏の中間にあるとき

③　緯度と赤緯が異符号のときは，出没時付近

　＜天体高度＞

　一般的に天体高度があまり高くないときで，高度 27° 付近が最もよい。高高度の天体は避ける。

問 43　方位測定法のうち，出没方位角法と時辰方位角法について述べよ。

答　出没方位角法は算式が非常に簡単であるが，利用範囲が狭いことが欠点

である。すなわち，天体は太陽に限られ，観測時機は真日出没時に限られる。

時辰方位角法は天体にも観測時機にも何ら制限がないので，その利用範囲はきわめて広い。ただし，測定結果の誤差を少なくするためには，天体の高度があまり高くない時機，すなわち出没に近い時機に実施することが望ましい。

問44 傍子午線高度緯度法の実施の際の注意事項を述べよ。

答
- CH^2表適用限界として，一般に「その天体の子午線頂距の度数をそのまま時間の分数とみなし，この値をもって子午線をはさむ両観測時角の概略の限界とする」通則が一応の目安として使用されている。たとえば，$l = 10°$ N，$d = 5°$ S の場合，子午線頂距は $15°$ となるから，この場合に CH^2 表を使用できる時角の限界は 15m，言い換えれば正中前 15m から正中後 15m までの間に観測したものでなければ，CH^2 表を適用できない（l, d が同名の場合－，異名の場合＋）。
- この方法による測定緯度は推定経度に対するものであって，推定経度に誤差があった場合，緯度に大きく影響する。
- 求まった緯度は，観測時の緯度であり，正中時の緯度ではない。

問45 北極星緯度法の実施の際の注意事項を述べよ。

答 北極星は暗い恒星（2等星）であるので，薄明時の水平線の明るい時機に肉眼，六分儀の視野にとらえることは困難で，六分儀のインデックスバーに推定緯度と北極星緯度表の第一改正値の符号を逆転させて値を加減して合わせると容易に発見できる。

問46 昼間における，天体の観測による船位決定方法について述べよ。

答 ＜太陽と月の観測による船位決定法＞
月が上弦または下弦に近い場合は，月と太陽の方位の差角も $90°$ に近いから，上弦の場合は午後，下弦の場合は午前に両方の高度が適当な時

に観測する。月は太陽光線を反射して輝く天体で，地球上から見ると，太陽光線の当たる半面の見え具合によって月があたかも満ちたり欠けたりするかのように見える盈虚があることや，天体上の位置変化が大きいので，観測および天測暦の利用には十分注意する。

＜太陽と金星の観測による船位決定法＞

金星の光度が大きく，最大離角付近にある場合（太陽と金星の E の差が大きいとき）には，よく晴れた日の昼間でも金星を視認することができる。太陽との方位角の差も比較的大きいので，観測よる船位が求められる。肉眼で金星を探すことは困難であるので，予定時刻における高度，方位角を計算しておく。

⑤ 電波航法

問1 レーダー（ARPA）において，大洋航海中，ガードリングはどれくらいに設定するか。

答 自船の速力を考慮して決める。おおむね12海里と5海里に設定する。TCPAを30分前と15分前に設定する。

問2 レーダー（ARPA）の試行操船機能について述べよ。

答 自船の針路・速力を手動入力することによって，自船の運動を変化させた場合，追尾物標との新しい相対運動やCPA，TCPAを表示する機能。この機能により，避航方法を決定するときの判断材料が得られ，また，決定した動作を実施した場合の相対関係を事前に知ることができる。なお，情報解析は試行操船に関係なく続けられており，この機能を解除することによって試行操船前の表示に戻る。

問3 ARPAの利点，欠点を述べよ。

答 ＜利点＞
ARPAでは，自動的にプロッティングを行い，同時に多くの目標についてCPA，TCPA等の情報を提供でき，また避航シミュレーションも行える。
＜欠点＞
手動プロッティングには，数分間以上の時間を必要とし，また，同時に多くの目標について行うには限界があり，目標が近い場合にはプロッティングを行う余裕もない。

問4 レーダー（ARPA）における表示方法（真ベクトル方式と相対ベクトル方式）のそれぞれの利点，ベクトルの現れ方を述べよ。

答 ＜真ベクトル表示方式＞
　　ターゲットのベクトル方向が，ターゲットの真針路であり，長さはその速力に比例した長さとなる。自船のベクトルも真針路とその速力に比例した長さで表示される。この表示方式の場合，固定ターゲットと移動ターゲットの識別が容易であり，移動ターゲットの真針路・真速力や，陸地に接近した海域において自船周囲の船の動きを，的確・容易に把握できる。
　　＜相対ベクトル表示方式＞
　　ターゲットのベクトル方向はターゲットの真の動きを示すものではなく，自船との相対運動方向を示し，長さはその相対速力に比例した長さとなる。自船は船首方位線のみ表示される。この表示方式の場合，相対ベクトルが自船の方向に向いているものが危険なターゲットを示しており，ターゲットのCPAを一目で判断できる。

問5 レーダー（ARPA）において，対水速力，対地速力の表示はどのように異なるか。

答 対水速力の場合，潮流等に関係なく，海面に対する真速度ベクトルが表示され，目視による見合い関係と同一となる。
　　対地速力の場合，陸地に対する真速度ベクトルが表示され，自船と他船とのベクトル相互の見合い関係とは食い違うことがあり，衝突の危険を判断するにあたって誤解を招く可能性がある。

問6 ARPAにおいて，追尾目標の乗移りとは，どのような現象か。また，この現象が起こりやすいのは，どのような場合か。

答 ＜追尾目標の乗移り＞
　　追尾中の目標に対して反射強度の強い他の目標もしくは強い反射体が近づくと，追尾中の目標がより強い反射体の方に移ってしまい，ベクトルの方向や長さが急変する現象。
　　＜この現象が起こりやすい場合＞
　　・追尾目標が，強い降雨区域に接近もしくは入った場合

・追尾目標が，強い海面反射の領域に接近もしくは入った場合
・追尾目標が，追尾されていない反射強度の強い他船などに接近した場合
・2つ以上の追尾中の目標が互いに接近して通過する場合

6 航海計画

> 航海計画の問題は，自身の経験のある航路について質問される。解答は，主要変針点，距離，気象・海象等を含める必要がある。

6-1 狭水道／珊瑚礁／出入港／河川

問1 初入港に際して注意すべき事項を述べよ。

答 (1) 港湾事情の事前調査
水路誌および港湾図等により，次の事項を調査する。
・港湾の地形，水深，測量の精粗，底質
・平均的な風向・風速や視程などの気象状況
・潮汐と潮流
・バースの係船能力とバース位置
・荷役設備
・航路管制，信号，特殊な航法等の港則
・船舶の輻輳度
・修理設備
・食糧・燃料・水・船用品等の補給の可否
(2) 港口接近の時機および場所の選定
港境界，指定航路および水先人乗船場所等を確かめるとともに，狭視界時に接近する方法および仮泊等についても考慮する。一般にこの場所は，港内および停泊地付近を見通せることが理想である。港口に接近する時機を決定するには，昼夜の別，視界の良否，潮時，水先人の要否，その他入港時間等を考慮する。
(3) 入港針路の選定
指定航路のある場合はこれに従い，なるべく大角度の変針をしないよう，自船の船型および性能を考慮してなるべく直線航路を選び，船首尾には顕著な目標があるような針路を計画する。変針には，新針路距離を考慮に入れる。また，次の事項を考慮する。
・航路があればその形状と水深
・錨地や泊地が遠望できる位置

- ・航進目標の有無
(4) 錨地の選定
　　指定の錨地や係留岸壁等がある場合のほかは，錨地としては，水深，底質が適当で，障害物が少なく，障害物があっても離隔距離が十分とれ，暴風および強潮流からよく遮蔽されている場所を選ぶ。錨地への進入針路はできるだけ直線航路で，投錨目標および予備錨地も選定しておく。
(5) 入港方法
　　自船の性能に応じた速力逓減計画を立て，その時機を確認するため正横に目標を選定しておく。できるだけ船首は風潮に立て，障害物を航過するには十分な余裕をとるとともに，避険線を選定して計画する。

問2 入港針路を決定する際の注意事項を述べよ。

答
- ・早めに錨地付近が望見できるような針路とする。
- ・泊地付近で大角度変針をするような針路は避ける。
- ・明瞭な操船目標が得られるような針路とする。特に重視線が望ましい。
- ・変針目標や速力逓減目標が得られるような針路とする。
- ・出航船の針路を避けやすいような針路とする。
- ・停泊船や出航船のため，予定針路を航行できないことがあるから，予備の針路や仮泊地を用意しておく。
- ・予定通り航行できない場合でも，安全が保持できるように，避険線を用意しておく。

問3 出港針路を決定する際の注意事項を述べよ。

答
- ・指定航路があれば，それに従う。
- ・船首目標，変針目標，避険線を用意しておく。
- ・低速時には外力による圧流が大きいので，停泊船等はその風下側を通るようにする。
- ・防波堤入口付近では潮流が急激に変化して，針路を落とされることがあるので，距離の余裕を持って通過する。

問4 出入港の際の考慮事項（時刻，航路等）を述べよ。

答
- 検疫のための時間，水先人の乗船可能時間
- 荷役，補給，その他港湾労働時間との関係
- 出入港時間の法的制限の有無
- 出入港前後に通過する狭水道等の法的制限（出入港航路の指定）
- 潮時，潮高，潮流の流速・流向
- 船舶の輻輳度（出入港船や操業漁船の多い時間帯を避ける）
- 気象・海象（できれば荒天は避ける）
- 港湾の広さ狭さや危険物の有無
- 停泊船舶の状況，他船舶の往来
- 風潮の状況と自船の運動能力
- 停泊船や障害物に対してなるべく風潮下側を通航する。
- 船首や船尾に目標（夜間は灯火）を設定する。
- 予定航路から外れた場合を想定して，付近の危険物に対する避険線を設定する。

問5 航路選定上の一般的な要件を述べよ。また，沿岸航行中の航路選定上の注意事項を述べよ。

答 ＜航路選定上の一般的な要件＞
- 水路図誌その他の諸資料による事前の調査・検討を行う。
- 航海実施上の安全を第一に考え，最短距離の航行による燃料の節約，所用日時の短縮などの経済的要件を考慮する。
- 季節，海域の別により異なる外力の利用に努め，その影響を加味して選定する。
- 船位確認のために，航路の途中の有効目標は安全を見積もった航過距離にて，多少航程の損失があっても必ず確認できるように選定する。
- 狭水道の通航，港湾の出入航，主要地点の航過時機（昼夜，潮時等）を考慮する。
- 海図の精度（特に水深，地形）と関連し，一般に浅水箇所，水深不均一の空白地，礁脈，孤立岩礁，沈船付近等は避ける。

- 常用航路，推薦航路の採用またはこれに準拠する。
  ＜沿岸航行中の航路選定上の注意事項＞
- 陸岸離隔距離，主要目標航過距離の決定：一般に内海航行では1/2～1海里，外洋沿岸航行では2～5海里，夜間，航路標識の少ない沿岸では10海里以上を保つ。
- 陸岸並行航路における向岸流，向岸強風に対する警戒。
- 変針点の決定：船位確認に有効な著名な岬角，島，山頂，航路標識等の物標を正横地点とする。
- 変針目標の選定：新しい針路の方向に，これと並行または並行に近く，近距離で明瞭な目標を選定する。船首尾目標や重視目標の利用が望ましい。
- 変針角度に対する考慮：大角度変針を避け，変針角度が大きいときは小刻みに変針計画を立てる。
- 避険線の選定：航路上の危険物に対しては，簡単でしかも明瞭確実な避険線を選定する。
- 沿岸航路：できるだけ，昼夜，往復別に選定する。

問6 沿岸航路を選定する際の離岸距離決定の第一要件を述べよ。

答 他の船舶と見合い関係になり避航した場合にも，機関故障・舵故障が発生した場合にも，船舶が危険に陥らない程度の安全な距離とすること。

問7 沿岸航路を選定する際に，次の(1)～(5)について，どのようなことを考慮するか。
  (1) 航程   (2) 船位測定   (3) 海図
  (4) 風，潮流，皮流等   (5) 沿岸の地形

答 (1) 航程を短縮することによる利益よりも，離岸距離を短くすることによって生じる危険の方がはるかに大きい。危険を承知で離岸距離を小さくしても，大きな航程の短縮にはならない。
  (2) 船位測定が連続して行えるところでは，離岸距離は適当とすればよいが，船位測定が困難な海域では，十分沖合いの航路とする。
  (3) 最近の改補がされていない海図，大縮尺の海図を使用して航行する

ところでは，十分沖合いの航路とする。

(4) 向岸流，向岸風の予想される海域では，十分沖合いの航路を，強い陸風の予想される海域では，やや陸寄りの航路とする。

(5) 通常，変針目標として地形の突端である岬角または島，あるいはその付近の灯台，立標等を選定するが，変針点の間の地形を考慮して，離岸距離を決定する必要がある。すなわち，海岸線が凸である場合，または障害物のある場合は大きめの距離に，海岸線が凹で障害物のない場合は小さめの距離とする。

問 8 特定の水域において，海図上に記載されている推薦航路を利用する場合の注意事項を述べよ。

答
- 推薦航路は，地形，水深分布や海潮流などの自然的環境や条件を考慮して，海上保安庁が一般船舶の標準的な航路として推薦したものなので，一般には安全かつ能率的な航路といってよい。しかし，船舶の輻輳状況や他船との見合い関係は考慮していない。
- 航路を1本の線で表しているが，分離線という意味ではなく，幅をもった航路を代表して表したものである。
- 船舶の大小，速力等によってその船舶に適した修正が必要なこともある。また，強風，狭視界等，特殊な状況についての配慮も必要である。

問 9 航海計画を立案する場合，実速力の推定に関して注意すべき事項を述べよ。

答
- 自船の喫水，排水量，トリム等による速力変化
- プロペラ回転数と船底の汚損状態
- 海域の風と海潮流の見積り
- 海域の輻輳状況や速力制限

問 10 沿岸航路における主要地点の通過時機を決定する際の注意事項を述べよ。

⑥ 航海計画

答
- 水深の浅い場所であれば，潮時・潮高の適当な時機を選ぶ。
- 潮流の激しい海域では，転流時から逆流にかかる時機が最適である。
- 輻輳海域では，漁船の出漁の少ない時間または小型船のラッシュ時を避ける。
- 険礁の存在する海域では，浅瀬の発見しやすい日中に通過する。

問11 沿岸航路を選定する場合，水深，底質および海底の地形に着目した場合，どのような場所を避けるべきか。

答
- 水深が比較的浅く，かつ，その変化が不規則なところ
- 孤立した岩礁が散在するところ
- 礁脈の上およびその付近
- 石花礁の付近
- 水深の深い水域でも孤立した浅瀬が存在するところ

問12 狭水道を航行する場合，どのような準備をして，航海計画を立案するか。

答 ＜航路の選定＞
- 航路は可航区域の中央付近を，流れと一致するように選ぶ。
- 最狭部はなるべき遠くから，その両岸を結ぶ線に直角に航過する。
- 大角度変針を避けるような航路を選ぶ。
- 漁船が密集する海域を避ける。
- 水路誌，潮汐表，潮流図を調査し，水路誌や海図に記載されている航路を参照する。一般に水道の中央軸線を通る航路を選定するが，交通量の多い狭水道では，できるだけ反航船と出会わないような航路とする。
- 推薦航路がある場合はこれに従うのがよいが，その他の場合には，可航水域の中央か，やや右寄りを流向と平行になるような航路が望ましい。
- 水道の入口付近では，遠距離から水道内を視認できるような航路を選ぶ。入口付近での大角度変針を避け，直線航路で水道に入るような航

路とする。
- わん曲部では大角度変針を避け，できるだけ小刻みに変針する航路を計画し，船首目標として重視線が得られるような顕著な物標を選ぶ。

＜航進目標および避険線の選定＞
- 航進目標は，なるべく船首方向に顕著なものを選ぶ。
- 航進目標は，なるべく早期から見通せるものがよく，2個の重視目標であれば最良である。
- 船首目標がなければ，船尾目標を代わりに選定しておく。
- 避険線は簡単明瞭なものとする。
- レーダー距離および等深線の利用による避険線を設定する。
  ① 重視目標があれば積極的に利用する。
  ② 避険線としては，重視線や危険方位線，船首目標の方位線によるものが有効である。
  ③ 目標が視認できない場合に備えて，予備の避険線を選定しておく。

問 13 狭水道の潮流の状況は，潮汐表のほか，何によって知ることができるか。

答
- 海図
- 潮流信号所
- 昼間の潮流信号（形象物），灯光による潮流信号，無線信号による潮流信号（来島海峡のみ）

問 14 潮流の強い水道を航行する際の注意事項を述べよ。

答
- 潮流の圧流を考慮し，安全限界を示すのに十分な余裕をもって，避険線を設定する。
- 避険線は1本に限らず，予備の避険線を考慮しておく。
- 避険目標は，なるべく視認が簡単で，位置確実な物標を設定する。
- 船舶の航行により，船の前後左右の偏位が直ちに判断できる避険目標を設定する。
- 潮流が危険物の方に向かっている場合は特に危険であるから，この場合は危険物に対し十分な離隔距離を設けておく。

- しばしば変針しなければならず，船位測定が間に合わないことがあるから，そのような事態に備えてあらかじめ，2目標の重視線あるいは1目標の方位線等により，簡易・迅速に船位のずれを確認する方法を講じておく。
- 船首方向に顕著な2個の重視目標があれば最適である。
- 浮標や灯船等の位置は，潮流のために移動していることがあるから注意を要する。

問15 潮流の強い水道を航行する際の通航計画について述べよ。

答
- 地形，海潮流，航路標識，推薦航路，航行規制の有無，輻輳度等について事前調査を行う。
- 針路法に関しては，潮流に平行で水路中央右寄りが原則であるが，大角度変針を避け，最狭部へは直角に進入するようにする。
- 操船目標や変針目標を選定し，避険線も設定して弾力的な操船ができるようにする。
- 通狭速力は，過大になれば船位保持が困難になり，過少では操船の自由度が失われ他船の妨げにもなるので，できるだけ追越し関係を生じさせないようにする。
- 潮流の流況を見て，必要ならば通航時間を調整する。
- 渦流域や強流域など局所的影響を避ける。また，レーダーは偽像や映像障害に注意する。
- 見張り員の増員，機関や投錨の用意など必要な配員を行う。

問16 潮流の強い水道を航行する際の通航する時機およびその理由を述べよ。また，逆潮時の対地速力は最低何ノット維持すべきか。

答 ＜通航時機＞
　潮流の激しい海域では，転流時から逆流にかかる時機が最適である。
　＜理由＞
　転流時は実際には潮はどちらかに流れているが，流速は小さく，船速への影響が小さい。また，逆流となることによって舵効きが良くなる。

＜逆潮時の対地速力＞
　最低でも流速の4ノット以上を維持すべきである。それ以下の場合，他の船舶交通流の妨げとなるおそれが大きい。操縦性を失わない速力で航行する。

問 17　狭水道を航行する場合，レーダー目標の調査について注意すべき事項を述べよ。

答
- 最新の情報に基づく海図や水路誌により調査する。
- レーダー映像が顕著な目標は視認しやすいものとは一致しないことがあるのでレーダー映像図等を参考にする。
- レーダー映像の現れ方は，船位やアンテナ高さの差により大幅に変わることがあるので，十分に検討する必要がある。
- 橋梁やその付近の反射体による鏡面偽像，サイドローブ偽像などが現れやすく，送電線なども特殊な現れ方をするので，これらに関する予備知識を持っておく。

問 18　狭水道を航行する場合，見張り，レーダー観測等の当直体制について注意すべき事項を述べよ。

答
- 肉眼での見張りを増員するだけでなく，レーダー専任の観測者を配置し，連続観測に当たらせる。
- レーダーには熟練した観測者を配置する。
- 見張りとともに，できるだけ頻繁に船位を測定し，偏位検出に努める。
- 適切なレーダーレンジを使用して監視にあたり，近距離の小型船や島影から出てくる他船を発見することに努める。

問 19　浅水海域を航行する（または，水深の十分でない港に入港する）航路計画を策定する際の注意事項を述べよ。

答
- 潮時は，高潮前でそれに近い時機を選ぶ。
- 自船の喫水は，なるべく船首尾に差のないように調整する。

- 浅水影響やバンク効果を考慮し，速力は低下させ，かつ，操縦性を失わない速力で航行する。
- 水深は変化するものであるから，測深を励行し，必要なら測鉛も用いて，船体振動や推進器の放出流による海水の変色等に注意しつつ航行する。
- 不安を感じたら，すぐに投錨や針路を変更するなどして，無理に航行しない。

問20 錨地へ進入する際の注意すべき事項を述べよ。

答
- できるだけ早めに停泊地を遠望できる航路とする。
- 停泊地近傍ではなるべく直線航路となるのが望ましく，大角度変針は避ける。
- 予期しない停泊船等の障害物の存在も考えて，予備の航路を用意する。
- 識別が容易な航進目標を定める。
- 入港にあたって変針時機等を知るための目標を用意する。

問21 狭視界時の航海計画の注意事項を述べよ。

答
- 航行体制として，見張りの増員，安全な速力での航行，機関および投錨用意，防水対策等を行う。
- 霧中信号励行，測深，レーダー，GPS等の電波計器の活用により，危険物の検知と船位確認に努める。
- 針路法として，視界の程度，自船の操縦性能，船位確認の難易および海域の輻輳度や水深分布により異なるが，①接岸航路，②沖出し航路，③中間航路の3方法があるので，適当なものを採用する。一般的に，中間航路はあまり利点がない。

問22 狭視界航行における接岸航路と沖出し航路について比較し，述べよ。

答
- 接岸航路は，航程損失が少なく，レーダー等により船位に関する情報が得やすいが，浅瀬等の障害物が多く，一般に他船も輻輳している。
- 沖出し航路は，航程が長くなり船位が入りにくく，再び陸岸に寄ると

きに船位を誤認するおそれもあるが，他船が少ないので航行しやすい。
- 現代では，GPSによる船位測定が可能であるので，船舶の輻輳度，気象・海象等の自然条件を勘案してどちらを選択するか判断する。

問 23　潮高差の大きい海域を航行する際の注意事項を述べよ。

答
- 潮高差の大きい海域では，潮時の選択が重要であり，水深が不十分な場合，高潮前でそれに近い時機を選ぶのが一般的である。
- 浅洲や河口などの砂礫系の底質で，水深が不確かまたは変化が予想される場合，低潮時に注意深く航行すれば，万一，座礁しても，高潮を待って自力離礁ができる場合もある。
- 落潮時の座礁は，時間とともに船体が不安定となり危険である。
- 潮高差の大きい海域では，潮高が負になることも多く，気象潮も加わると海図記載の水深より低くなる場合があるので注意を要する。

問 24　河川を航行するときの注意事項を述べよ。

答　＜水深＞
- 河川の水深は変化しやすいので，海図記載の水深をそのまま信頼することはできない。河川は雨期・増水期等によって，水深が変化しやすい。川底の状態も変化しやすい。また，河口付近等では風向によっても水深が変化することがある。
- 海水と淡水との比重差により，喫水が増加する。
- 河川は一般に水深が浅いので，浅水影響による船体沈下に注意する。
- 蛇行した河川では，一般に大回りした方が水深の点では安全な場合が多い。屈曲の外側は流れの主流が当たり水深は深く，内側では土砂の堆積によって水深が浅くなっている場合が多い。

＜航路標識＞
- 背後の家並みや灯火によって，確認しにくい場合が多い。
- 一般の沿岸のものと比べて，内容の変更が多いので，新しい情報が不可欠である。
- 河川では特定信号が多いので，事前の調査が重要である。
流速の速い河川では，灯浮標の位置が移動していることがある。また，

河岸やその背後に顕著な物標がない場合には，灯浮標に対する依存度が高い。このような場合，あらかじめ流速を考慮して各灯浮標の航過予定時刻を算出しておき，予定時刻に予定の灯浮標を認められないときには，十分に警戒する。

＜河川に架かっている橋＞

・橋の高さを確認するとともに，自船のコンディションによる最大高さを慎重に調査し，クリアランスを求めておく。
・橋脚付近では，河川の流れは複雑に変化することが多い。
・橋の構造物の影響によって，レーダー映像上の偽像が現れることがある。

橋の略最高高潮面上の高さが海図に記載されているので，通過時の潮高と本船の水面上の高さを考慮して，通過の可否を決定する。橋脚付近の水流は複雑に変化しているので，橋脚から十分離れて航行する。また，レーダーの使用においては，橋による偽像の発生と，橋の背後の目標が識別困難になることがある。

問 25　珊瑚礁海域の通航時に注意すべき事項を述べよ。

答
・珊瑚礁海域では，測量不完全，水路資料不足等による図載位置の不正確，未測の暗礁の存在もあり得るので注意する。連続的に測深を行う。
・この海域では，ところによって熱帯性低気圧の発生により予想外の降雨や荒天に遭遇することもある。スコールによる突風・狭視界に注意する。
・この海域の島付近では，予想外の強い海潮流を経験することもある。
・この海域では，測深によって船位を推定することは非常に危険である。
・できるだけ船上の高所から見張りを行い，海水の変色に気を付ける。水の色による水深に対する注意も怠らないこと。水深10m前後では帯青緑色に見えるところもあり，また白波の砕ける様子等で浅堆を知ることもある。また，太陽を背にし，かつ高度が低いときが発見しやすい。
・この海域の島は一般に平坦で，地物による船位測定が困難なことがある。天測その他を利用し，船位の確認に努める。GPS等の高精度測位システムを利用することが望ましい。

- すぐに減速できるように，機関をスタンバイしておく。投錨準備を行っておく。
- 通常，夜間および狭視界時の航行は避けた方がよい。

問 26 陸岸を見ることができない沖合いの険礁を航過するにあたり，考慮すべき事項を述べよ。また，海潮流が不明の場合，一般にどのくらいの流潮を見積もるか。

答 ＜考慮すべき事項＞
- 最新の実測船位から険礁航過までの距離および経過時間
- 気象，海象条件に自船のコンディション，速力などを考慮したうえでの喫水
- 針路上の誤差（コンパスエラー，操舵の拙巧，保針の難易）
- 推定実速力ならびに本船の操縦性能
- 測量の正確さによる険礁位置の精度

＜流潮の見積もり＞
　実測位置から航走時間を t とすると，t が 4 時間くらいまでは，左右誤差，前後誤差ともに $1.5t$ 海里程度。見積もる流潮の方向は，最も危険性のある方向をとる。

問 27 氷海における注意事項を述べよ。

答 パイロットチャートや近海航路誌，水路誌等に，各月ごとの氷海の限界線が示されているので，それらを参考にする。また，ラジオやFAX等による最新の氷海情報を利用する。浮氷，氷山の探知にはレーダーが有効である。
- 氷山がある場合，氷山は水面上に 1/7 程度しか現れていないことを念頭におき，風下には多数の流氷があることが多いから，大回りして，風上側の航路をとる。
- 荒天時，波浪が群氷に向かって進行しているような場合は，風下側の航路をとる。
- 氷山と群氷が反対方向に移動しているような場合は直ちに避航する。
- 氷群の中では大角度変針となるような航路を選定しない。

問 28 ECDIS（電子海図情報表示装置）の安全な水域に関する最低限度を設定する際の目安として，それぞれどのくらいの設定としていたか。
① Safety Depth　　② Safety Contour　　③ Shallow Contour
④ Deep Contour

答　① 喫水＋最低要求 UKC（船会社により異なる）
　　② Safety Depth と同じ値
　　③ 喫水と同じ値
　　④ 喫水の 2 倍の値

問 29 ECDIS（電子海図情報表示装置）において，Rate of Turn, Cross Track Limits（XTL），Look ahead の設定はどのような数値にしていたか。

答　<例>

Rate of Turn	10 度／分以下
Cross Track Limits (XTL)	港内・輻輳海域：　50m～185m 沿岸　　　　　：926m（0.5 海里） 大洋　　　　　：1852m（1 海里）
Look ahead	港内・輻輳海域：Length　6 分，Width　370m 沿岸　　　　　：Length 12 分，Width　570m 大洋　　　　　：Length 18 分，Width　770m

問 30 ECDIS（電子海図情報表示装置）において，過去に作成／保存したルートプランの安全性の確認について述べよ。

答　① Cross track Limit（XTL），Safety Depth, Safety Contour, Shallow Contour, Deep Contour 等の再検討。理由は，安全等深線に関しては，積荷の上来や船体コンディションにより喫水が異なる。
　　② ルート作成時には安全な航路であっても，軍事演習等により通航できない水域が設定されている可能性があること，海図の改補，改版等により新たな危険物の存在がある可能性があるので，Safety Check を再度実施する必要がある。

6-2 燃料消費

> **問1** 速力と燃料消費の関係について述べよ。

答 航海中において，燃料消費量（C），速力（V），排水量（W）とし，気象・海象等の影響はないものとした場合，
＜排水量が一定の場合（k：定数）＞
　　1海里あたり：$C = kV^2$
　　1時間あたり：$C = kV^3$
＜排水量が変化する場合（k：定数）＞
　　1海里あたり：$C = kW^{2/3}V^2$
　　1時間あたり：$C = kW^{2/3}V^3$

　単位時間あたりの燃料消費量は回転数の3乗に比例する。160回転，28 t／dayのとき，150回転にすると，
　　燃料消費量（t／day）＝ 28 ×（150／160）^{3}
　　28／160^3 ＝ y／150^3
　　y ＝ 23.07　　∴ 23t／day となる。

> **問2** 実速力推定のための考慮事項を述べよ。また，必要推定速力はどのようにして換算するか。

答　＜実速力推定のための考慮事項＞
・航海予定航路の海流，潮流の流向・流程
・気象の予想（風浪，うねり，風の影響）
・喫水およびトリムの状況
・主機関およびその他の機関の状態
・船底およびプロペラの汚損度
・使用燃料の質，経済速力，機関の整備状況
＜実務上の目安＞
　通常の航海速力の5〜10％程度の減と考えてよい。

6-3　主要航路

> 自身が乗船していた船舶の航路について，質問される可能性があるので，一般事項，気象・海象，注意事項等を説明できるようにしておくこと。

問1　一般に採用する大洋航路の種類をあげ，それぞれについて説明せよ。また，その選定に際し，特に注意すべき事項を述べよ。

答　＜大洋航路の種類＞
- 大圏航路：出発地および到着地の大圏を航路とするもので，両地点間の最短距離である。両地点が南北に近い場合，赤道付近で両地点が東西に近い場合を除いて，一般に大圏航路を選定するのが原則である。しかし，高緯度を航行する場合，寒気と荒天に遭遇することがあり，また，たびたび針路を変更するので，航海計画が複雑となる面がある。
- 航程の線航路：両地点の距離が比較的短い場合，低緯度の場合，両地点が南北に近い場合は，大圏航路と距離に大差がないので，この航路を採用する。この航路は単一針路で航海できるので，航海計画は容易である。
- 距等圏航路：比較的距離が短く，両地点がほぼ同緯度にある場合，緯度の距等圏上を東西に航海する航路で，航海計画が容易である。
- 集成大圏航路：大圏航路の頂点は一般に高緯度になるので，その一部分を距等圏または航程の線航路としたもの。

＜航路選定上の注意事項＞
- 航行海域の気象・海象条件を考慮して，安全第一とする。
- 燃料消費，航海時間の短縮を考慮しなければならないが，単に航程の長短のみならず，海潮流，風の利用を考慮する。
- 航路上の陸標の利用を考慮する。多少の航程の損失はあっても陸標を確認する航路を選定する方が良い場合がある。
- 一般的に，海図や水路誌に記載されている常用航路を利用する。

問2　冬季におけるサンフランシスコ〜横浜の航路について述べよ。

答 ＜一般事項（下図参照）＞
- 大圏航路は最短距離であり，かつ黒潮，北太平洋海流およびアリューシャン海流の順流が期待できる。約4540海里。
- 北緯35度の距等圏に沿う航路は，航程は長くなるが，悪天候が避けられる。約4780海里。

＜北太平洋の偏西風帯における冬季の風の一般的傾向＞

　北緯40度以北では，低気圧がほとんど連続して中国および日本付近から偏北東方へ，アリューシャン列島およびアラスカ南部に向かって通過して，風向・風力ともに大きく変化し，あらゆる方向からの風が見られる。風力7の風の頻度が最も高い海域は，日本の東方からアリューシャン列島およびアラスカ半島の南方の海域まで広がる。この海域では，月に12〜18日が風力7以上に達する。

＜北太平洋海流（アラスカ海流，カリフォルニア海流）について＞
- 北米大陸西岸に到達した北太平洋海流の一部は北上し，反時計回りのアラスカ海流（寒流）となる。その一部はアリューシャン列島間の海峡からベーリング海に流入する。
- 北緯40度以南を北米西岸に沿って南下する弱い寒流があり，カリフォルニア海流という。季節風によって2月中旬から7月にかけて沿岸に湧昇流が発達し，水温は低い。これは南下につれて北赤道海流に連なる。

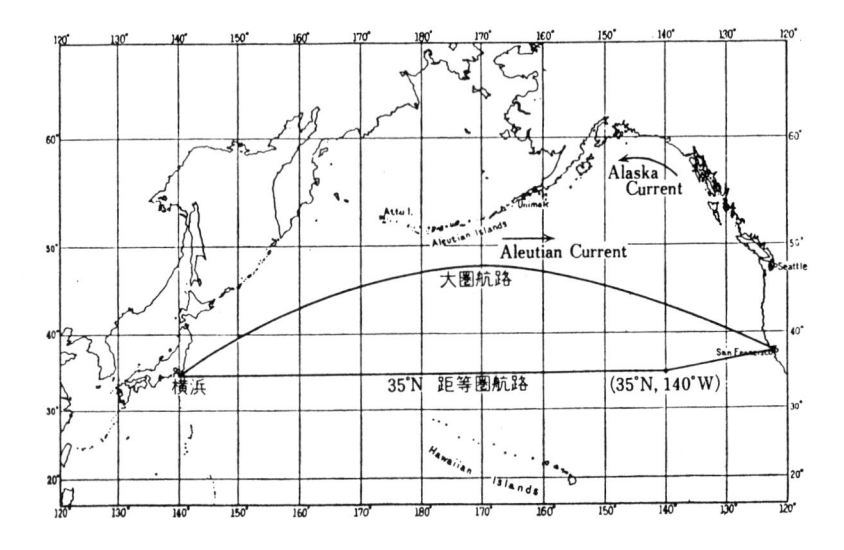

6 航海計画 109

問3 横浜からバンクーバーに至る航海計画を立案するときの注意事項を述べよ。また，航海計画立案の情報源，北太平洋の冬季の気象・海象について述べよ。

答 ＜注意事項＞
・春季の霧（根室からアリューシャン列島，北米西岸）
・冬季のアラスカ湾の低気圧，日本付近の低気圧
・春季から夏季にかけてのさけ・ます漁業のながし網

＜情報源＞
・大洋航路誌，コーストパイロット 7,9（United Coast Pilot 7,9），Sailing Directions 等。
・さけ・ます漁業等については，ラジオ，FAX，水路通報。
・低気圧については，天気図（地上，高層），気象情報提供会社の天気図，波浪図，予想天気図等。

＜北太平洋の冬季の気象・海象の一般的傾向＞
　偏西風が強く，かつ，大陸からの低気圧の通路に当たっているので，ほぼ毎日荒天が続く。平均風力は 180 度以西で 6～7，以東で 5～6。低気圧の風に伴って，うねり，風浪とも大きくなる。通常，うねりの波高 2～4m，波長 100～200m であるが，冬季の波高は 7～8m で，10m 近くなることがある。

問4 横浜からシアトル，シアトルから横浜までの航海計画を立案せよ。

答 ＜北側航路＞
　Juan de Fuca 海峡を出て Swifture Bank 灯台から 53°30′N，160°00′W まで大圏航法，次いで航程線航法により Unimak 水道を通過し，アッツ島北西方約 15 海里まで直航，その後，金華山灯台南東方約 10 海里まで大圏航法，その後，沿岸航海。

＜南側航路＞
　Swifture Bank 灯台から 52°00′N，160°00′W まで大圏航法，次いで航程線航法で 50°30′N，180°00′に至り，そこから金華山灯台南東方約 10 海里まで大圏航法，その後，沿岸航海。

＜北側航路を採用するときの利点＞

　大圏航路に近いため航程が短い。ベーリング海は通常の低気圧通路の北側にあたるため，西航船の場合，追い風となる東寄りの風が期待できる。春，夏および初秋に霧が多いが，アリューシャン列島の近くでは，その北側の方が南側より状況が良い。北側航路は，西航船にとって反流となる北太平洋海流あるいはアリューシャン海流に会うことがない。

＜南側航路を採用するときの利点＞

　北側航路をとる場合に必要な，狭い水道を通る煩わしさがない。そのときの気象状態によっては，北緯35度かそれより南の距等圏まで南下して低気圧を避けることができる。

＜冬季の風の一般的傾向＞

　北緯40度以北では，低気圧がほとんど連続して中国および日本付近から偏北東方へ，アリューシャン列島およびアラスカ南部に向かって通過して，風向・風力ともに大きく変化し，あらゆる方向からの風が見られる。風力7以上の風の頻度が最も高い海域は，日本の東方からアリューシャン列島およびアラスカ半島の南方の海域まで広がる。この海域では，月に12〜18日が風力7以上に達する。

＜夏季の霧の一般的傾向＞

　偏西風帯における夏季の天気は，全体として非常に雲が多く，また霧が多い。西経約160度以西では，霧は大部分のところで月に約5〜10日発生し，ときには広い海域にわたって月10日以上発生することもある。この高い発生率は，暖かい湿った南〜南西風が，次第に冷たくなる海面上，特に親潮やカムチャッカ海流の海面上を，北方へ流れるためである。西経160度以東では，その頻度はやや少ないが，アメリカ西岸のカリフォルニア海流の冷たい海面上では，再び5〜10日に増大する。

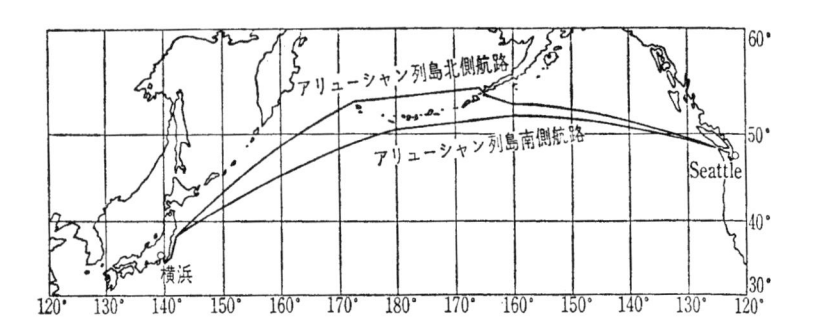

問5 東京（横浜）からシンガポールに直航する航路について述べよ。

答 ＜主要航過点＞

剱埼（SSE 4海里）— 伊豆大島 — 神子元島（SE 4海里）24海里 — 喜界島トンビ埼（ESE 10海里）585海里 — 喜屋武埼（SE 15海里）176海里 — Batan Id Pk（SE 12海里）450海里。Balintang Channel通過後，Cape Bojeador 灯台を10〜15海里で過ぎ，10°00′N，111°00′Eの点（833海里）を経て，Mangkai島の西方約10海里（529海里）を航過して，Singapore Strait東口（114海里）に向かう。合計2711海里。

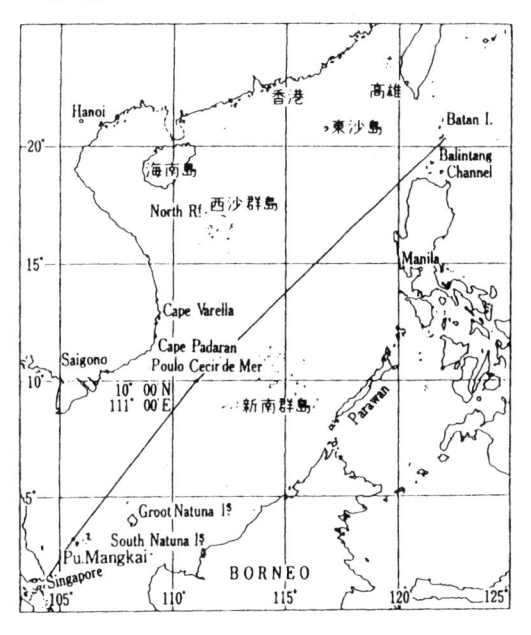

＜南シナ海における台風＞

　主な発生場所：カロリン諸島，マリアナ諸島近海，フィリピン東方12°〜16°N，114°〜118°Eと18°〜22°N，112°〜118°E

　主な発生時期：5月から12月で発生の90％。さらに，7月から10月で発生の50％，最多は9月で，月平均の発生個数は約4個。

＜季節風＞
　東北季節風：11月～3月は平均風力4～5
　南西季節風：6月～8月は平均風力3～4
＜南シナ海の海流＞
　季節風に支配されている。夏季の南西季節風期には一般に大陸の沿岸に沿って北東に流れ，冬季の北東季節風期には大陸の沿岸に沿って南西に流れる。流速は夏季，冬季ともに0.5～1.5ノットであるが，季節風の強さに左右される。ベトナム沖では3ノットを超えることがある。
＜黒潮（日本海流）の流れ＞
　ルソン沖を北方へ向かい，台湾と与那国島との間から東シナ海に流入し，大陸棚外縁に沿って北上し，日本の南方海域に抜ける。台湾東方では約30海里のところを2ノット，東シナ海，沖縄本島北西海域では，約90海里のところを北東に2ノット，屋久島と奄美大島との間を抜けて太平洋に至る。
＜往航，復航それぞれでの黒潮の利用法＞
　往航：本流を避けて，わい流を利用する。
　復航：本流の流れを利用する。

問6 マラッカ海峡西口からスリランカ南岸およびインド南西岸を経由して，ペルシャ湾に至る航路について述べよ。

答　マラッカ海峡北西部のBenggala水道からスリランカ南端のDondra Head沖に直航し，次いでインド南西岸沖を北上する。Bassas de PedoroとLakshadweep東方の浅瀬を避けるため，Marabar沿岸沖13°00′N，74°10′Eの地点を経由し，ペルシャ湾口のHormuz海峡へ直航する。
＜インド洋北部（アラビア海）の季節風＞
　北インド洋の季節風は，夏の南西季節風と冬の東北季節風とに二分されることが特徴的である。6～9月にかけての夏季は，アジア大陸の加熱によって生じる低圧部に吹き込む南西季節風が卓越する。風力はアラビア海西部が最も強く，最盛期の平均風力は6に達するが，南に行くほど弱くなる。11～3月にかけての冬季は，北東季節風が卓越するが，北インド洋の大部分では最盛期における平均風力は3～4で，夏季に比べて弱い。
＜インド洋北部（アラビア海）の海流＞

北インド洋の海流は，季節風の影響を受けて季節毎に流向が反転するのが特徴である。夏季は，10°S付近を西流する南赤道海流がアフリカ大陸沖で北転し，一部はソマリー海流として沿岸を北上し，アラビア海を時計回りの環流を作る。他はインド季節風海流として赤道付近を東流する。冬季は，南赤道海流はそのままであるが，北東季節風により環流は反時計回りとなり，赤道付近をインド季節風海流が西流し，アラビア海からの反時計回りの流れとアフリカ大陸沖合いで合流して，南赤道海流北側を赤道反流として東流する。

＜アラビア海付近でのサイクロン＞

　多発時期：5～6月および10～11月

　進行方向：5～6月期のサイクロンの多くはアラビア海南部のインド沖で発生し，初めは北または北西に移動し，その後はさらに西へ偏向するものと，北または北東に偏向して大陸に向かうものとに分かれる。10～11月期のサイクロンの多くは，ベンガル湾南部のスリランカ沖に発生し，最初は，西または北西に移動してインド南部を横切ってアラビア海に入る。その後，そのまま西へ移動するものと，北へ偏向するものとに分かれる。

＜ペルシャ湾の夏季における視程＞

　夏季には浮遊砂塵による視程不良はかなり多く，視程は5海里以下となることが多い。砂塵最盛期（6～7月）は，視程500m以下になることもある。11～2月は良好である。

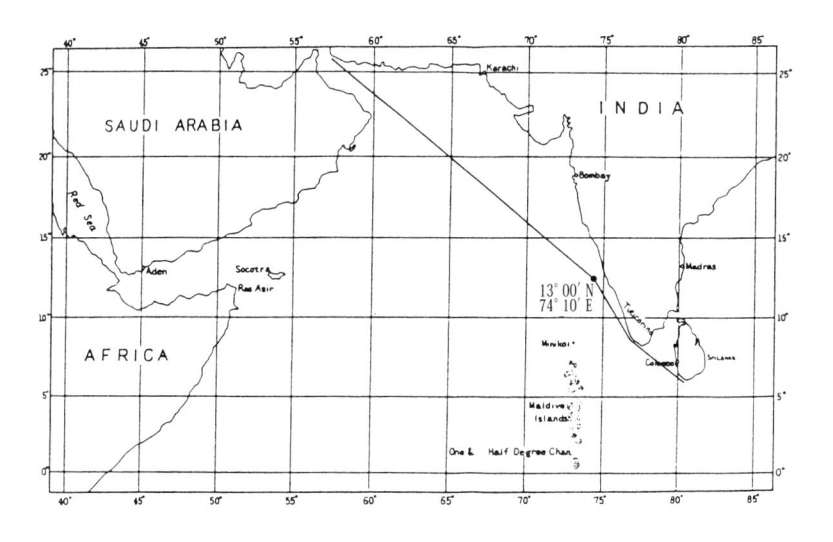

問7 スリランカ南岸から紅海に至る航路について述べよ。

答 ＜一般事項＞

- Manikoi 島灯台南方から Ras Asir 岬上の Guarafui 灯台に向かい，この岬を約 10 海里で回り紅海に向かうのが Socotra 南方航路である。航程約 2095 海里。
- Manikoi 島灯台南方から Socotra 島北東（13°10′N，54°50′E）に至り，その後紅海に直航するのが Socotra 北方航路である。航程約 2115 海里。この航路は夏季，南西季節風の最盛期に採用される。

＜サイクロンが最も多く発生する時期，進行方向＞

- 5月初旬～6月中旬，10月中旬～11月中旬の間に最も多く発生する。
- 5～6月期のサイクロンの多くはアラビア海南部のインド沖で発生し，初めは北または北西に移動し，その後はさらに西へ偏向するものと，北または北東に偏向して大陸に向かうものとに分かれる。
- 10～11月期のサイクロンの多くはベンガル湾南部のスリランカ沖に発生し，初めは西または北西に移動しインド南部を横切ってアラビア海に入る。その後はそのまま西へ移動するものと，北方へ偏向するものとに分かれる。

＜アラビア海の季節風＞

南西季節風：6～9月，北東季節風：11～3月

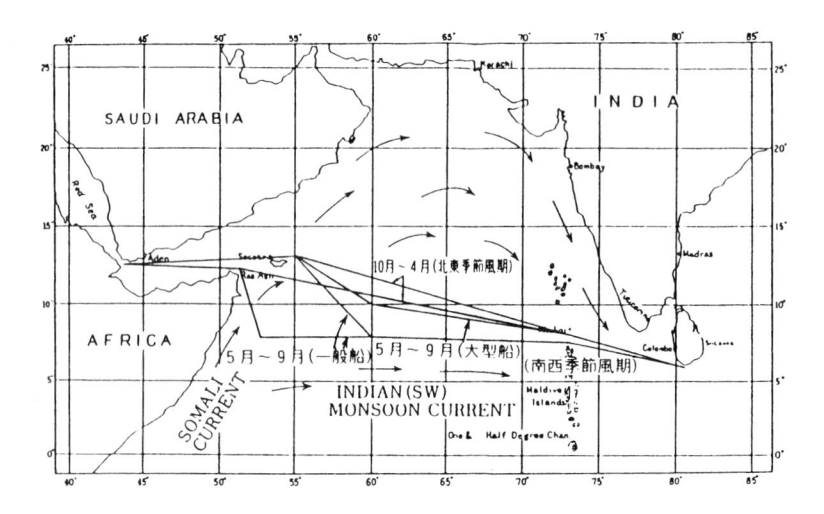

<アラビア海の海流>
　夏季（6～9月）：時計回り，冬季（11～3月）：反時計回り
<アデン海湾での砂塵や塵煙霧の発生する時期および頻度>
　6～8月に，砂塵や塵煙霧が広い範囲で発生する。この時期には，視程5マイル以下の日が，アデン海湾のアフリカ側で4，5日に1日，アラビア側で2日に1日の割合で生じる。
<紅海の季節風の一般的傾向>
　北緯18度を境として，以北と以南とでは様子が異なる。北緯18度以北では，年間を通じてほぼ北西または北から吹く。北緯18度以南では，10月～4月は南南東の風が卓越し，6月～9月は北北西の風が卓越する。

問8　東京～ブリスベーンの航海計画について述べよ。

答　<カロリン，ソロモン諸島付近を航行する際の注意事項>
　珊瑚礁海域を航海するため，それに応じた注意が必要で，目測によって礁の存在を確かめなければならないことが多い。このほか，このカロリン，ソロモン諸島付近の海図は必ずしも正確でないこと，熱帯暴風雨がしばしば，それも季節にかかわらず発生すること，島々の付近では海流はときどき偏向し，また常に強くなることに注意しなければならない。
<熱帯低気圧の発生海域および発生時期>

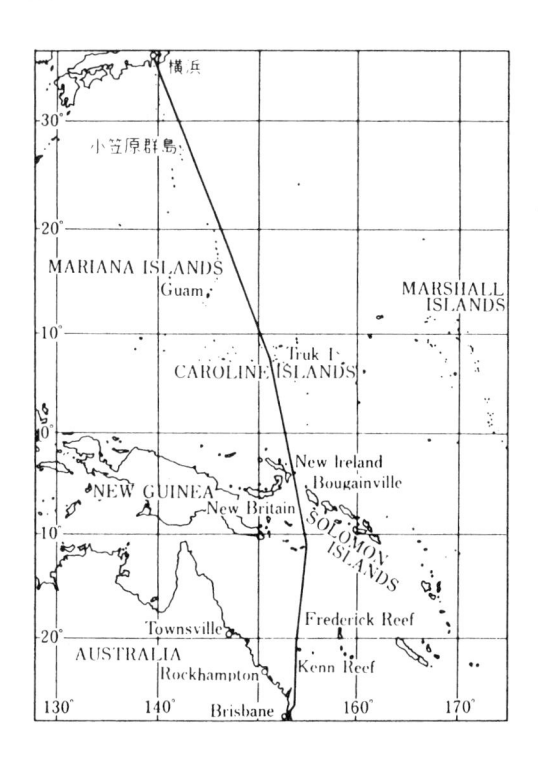

赤道の北側では，カロリン諸島およびマリアナ諸島付近で，主に7月～10月に発生する。赤道の南側では，西経155度以西，南緯8～10度以南で，12月～4月に発生する。

<南太平洋における強風が連吹する時期，海域，風向（熱帯低気圧に起因する場合を除く）>

ラバウル付近および珊瑚海では，4～9月に南東風，11～2月に北西風が吹く。オーストラリア東岸では，10～4月に北東風，5～9月に西風が吹く。

<航海に影響を及ぼせる海流>

小笠原群島付近（黒潮（東流））→マリアナ諸島付近（北赤道海流（西流））→カロリン諸島付近（赤道海流（東流））→ソロモン諸島付近（南赤道海流（西流））→珊瑚海（東オーストラリア海流（南流））

<東オーストラリア海流>

ニューギニア北岸付近から，オーストラリアの東岸を南下する。暖流である。流速は0.3～0.5ノット。南緯40度付近で西風皮流へ転向する。

問9 パナマ運河からニューヨーク経由ハンブルグへの航海計画について述べよ。

答 <一般的航路>

A：39°30′N 47°00′W，B：40°30′N 47°00′W，C：42°00′N 50°00′W，D：Navassa Island の東方，E：Cuba の東方，F：Acklins Island の西方，G：Crooked Island Passage，H：San Salvador Island 沖，I：Dry Tortugas 沖，J：Florida Straight

A，B，C点から Bishop Rock 沖まで：大圏航路

<冬季（12月～2月）の航海に影響を及ぼす事項>

(1) カリブ海
 ・風向は北北東から南南東のいわゆる東寄りの貿易風であるが，沿岸では海陸風が規則正しい。
 ・熱帯低気圧はほとんど発生しない。
 ・海流の流向は西向きである。

(2) 北米沖
 ・風向は北西から北東である。

・低気圧の進行方向は北北東から北東である。
・海流は順流。

《参照》『大洋航路誌（書誌第 401 号）』（海上保安庁水路部編，日本水路協会発行）

問 10 大阪から瀬戸内海・関門海峡経由で東シナ海に至る航海計画を立案するときの注意事項について述べよ。

答
・紀伊水道から鳴門海峡へ向かう内航船
・友が島水道の潮流
・大阪湾の二艘引き漁船
・大阪湾内ののりひび
・明石海峡の潮流
・明石海峡付近の漁船（いかなご漁）
・備讃瀬戸東航路，北航路付近でのこませ網漁
・備讃瀬戸東航路と宇高東航路と宇高西航路との交差部
・備讃瀬戸北航路と水島航路との交差部での巨大船
・備讃瀬戸の潮流
・来島海峡の潮流
・釣島水道の潮流
・伊予灘航路における豊後水道からの北上船
・関門海峡の潮流

問 11 インド洋航路の南半球側の気象・海象について述べよ。

答 ＜気象＞
南インド洋では，1 年を通じて 30°S を中心とする高気圧があり，その北側には南東貿易風が吹いている。高気圧の南側は偏西風帯であるが，45°S 以南では，低気圧が次々に発生し東進するので，偏西風は持続性が強く風速も大きい。
＜海象＞
マダガスカルとオーストラリア間の南東貿易風では，熱帯低気圧の発生時を除けば波浪の発達は弱いが，南の偏西風帯に入れば，波が高くな

り，しばしば 6m 以上の波高が観測される。
＜サイクロン＞
　南半球では，夏（11月から2月）にはオーストラリアの北西とマダガスカルの北東の熱帯洋上に熱帯低気圧が発生する。いずれも初めは南西に進行し，20°S付近で南東に転向して高緯度に向かうものが多い。
＜海流＞
　10°S〜20°Sには，南赤道海流が東から西に流れる。この海流はマダガスカルに達すれば南北に分かれ，北の分枝はアフリカ東岸を北上し赤道反流となり，南の分枝はアフリカとマダガスカル間を南に流れモザンビーク海流となる。モザンビーク海流は，モザンビーク海峡を出てからはアグリアス海流とも呼ばれ，非常に強く安定した海流で，流速は2〜4.5ノットに達する。

問12 北大西洋航路の選定上の気象・海象について述べよ。

答　＜気象＞
　北方低気部（55°N〜60°N，30°W付近を中心）とアゾレス高圧部（冬季28°N，39°W，夏季36°N，32°W付近を中心）の盛衰・移動の関係に支配される。アゾレス高圧部から吹き出す風は右回りに吹き，東側では夏季の北東風，西側では冬季の南南西風が特に強く，冬季はNewfoundland南方から東北東方向に進む北方低気圧系の荒天が著しい。また，24°N〜38°Nを北界として赤道近くに及ぶ北東恒常風帯がある。航路選定上，これらの風系およびこれに伴う海の状態を考慮する必要がある。
　霧域であるが，東はビスケー湾，西はハッテラス岬を結ぶ線以北の55°Nぐらいまでの海域に著しい。冬季に，西はハッテラス岬，東はイギリス海峡付近から始まる霧域は，春季にはすでに東西が連結し，夏季には最盛期となり，特にNewfoundlandの南方付近が著しい。
＜海象＞
　航路選定上最も注意すべきことは，航路付近の流氷で，霧域と関連して海難の例も多く，注意が必要である。この流氷はラブラドル海流で運ばれ，38°W以西，特にNewfoundland沖で4〜8月の間が最も多く，その南限は39°N付近となっている。

北大西洋の海流は，アゾレス高圧部の周りに，東側では南〜南西流のポルトガル海流およびカナリー海流，20°N 付近を西流する北赤道海流，西側アメリカ沿岸では，ガルフストリームが北東に流れ，これが北大西洋の循環流となっている。

＜Newfoundland 東方および南方海域の霧の発生原因および最多発生月＞

　この海域の霧は，冷たいラブラドル海流の上を暖かい湿った空気が南または南西から移動することにより発生する。発生時期は晩春と初夏である。

＜Grand banks of Newfoundland 海域における流氷，氷山の出現度の多い区域およびその時期＞

　Grand banks of Newfoundland 海域では，流氷は 1 月にこの堆に到達し，3 月と 4 月にはさらに南方に広がり，この堆の東縁に達する。きわめてまれではあるが，危険な流氷が tail of the bank まで，さらに，その南方にまで広がることがある。氷盤は，平均して北緯 45 度に達すると砕け始める。7〜12 月の間はこの海域には全く流氷はない。この海域は，3〜7 月が氷山に対して最悪の季節で，5 月が氷山の最も多い月である。氷山は，北緯 40 度の南方あるいは西経 40 度の東方では，あまり見ることはないが，ときにはこの限界のかなり外側で見ることもある。これらは，特に堆の東側の縁辺付近に多く，そこにはたくさんの氷山が乗り揚げている。

＜北大西洋および南大西洋におけるハリケーンの発生時期，場所＞

　ハリケーンは北大西洋西部に発生し，特にカリブ海，メキシコ湾，フロリダ，バハマ，バミューダおよび付近の大洋海域に影響を及ぼす。9 月に発生することが最も多い。

Part 2 運 用

運用関連の問題については，乗船していた船舶について詳しく解答できるようにしておくこと。また，試験官によっては，図示することや理由を詳細に説明することが求められ，根本的に理解しているかが問われる。

1 船舶の構造

問1 スラミング（slamming）による損傷事故を防止するための船体構造について述べよ。

答 ＜パンチング・ビーム（panting beam）＞
　波浪による衝撃で外板やフレームが変形するのを防止するため，船首隔壁の前方，最下層甲板より下部において，上下方向2m未満の間隔に1フレームおきにパンチング・ビームを配置して，フレームに固着してある。
＜パンチング・ストリンガー（panting stringer）＞
　外板に接してパンチング・ビーム上面にパンチング・ストリンガーを設置し，外板，フレームおよびパンチング・ビームに固着してあり，その寸法は，強力甲板パンチング・ストリンガーと同じである。しかし，パンチング・ストリンガーを外板に固着すると，かえって漏水の原因となるおそれがあることから，外板への固定を避け，パンチング・ビームをフレームごとに設置，または外板を厚くしている船舶もある。
＜ブレスト・フック（breast hook）＞
　船首端を補強して，左右両舷のパンチング・ストリンガーと外板を結合して船首材に固着補強する三角形のブラケットをいう。

問2 横式構造（Transverse system），縦式構造（Longitudinal system）の様式について，それぞれ述べよ。

答 ＜横式構造＞
　船体構造様式のなかで最も広く使用さており，横強度材であるビーム，フレーム，フロアーをブラケットで結合して枠組みを作成し，これを

1m内外の間隔で縦方向に配置し，横隔壁とともに横強度を担保し，それと同時にキール，外板，甲板，内底板などの縦強度材がそれぞれの位置で十分に効力を発揮するように固定している。

・利点

　この様式は構造が簡単であるため，建造の手順や工法が確実で船体強度を保つのに十分である。また，ビームやフレームの寸法が一様で，特別な突出部が少ないので船内が広く使用できる。

・欠点

　縦強度の大部分は外板や甲板など比較的薄い鋼板なので，ホギング，サギング時の圧縮力に耐えるためには，フレームスペースを狭く，鋼板の板厚を厚くする必要があり，船体重量が増加する。

＜縦式構造＞

　主として縦強度材の骨組みで作製され，船底，船側等すべて船体の縦方向に平行に並べた多数のH鋼，鋼板からなる。横の形を保つためには横隔壁のほかに3～4m間隔に，特設ビームと特設フレームで作製した枠を配置する。

・利点

　大部分の部材を縦方向に配置しているため縦強度が強く，船体の重量が軽減される。

・欠点

　構造がやや複雑になる。船内に特設フレームが突出する。

《参考》

＜縦横混合式構造（Compound system）＞

　縦式と横式の長所を採り入れた構造で，船尾部と甲板下は縦式，船側部および船首尾部を横式として製作作業を容易にした構造。

問3 シーチェストとは何か。

答 船外より海水を吸い込む箇所に設けた保護箱のこと。水線下外板に設置され，通常ゴミの流入を防ぐ板と防食用の保護亜鉛や装置が付けられている。

問4 ディープフロア（deep floor）とは何か。

答 船舶の前後部ピークタンク内に配置されるフロアで，パンチングに対抗するため，船体中央部のフロアよりもさらに深いフロアを用いて，両舷のフレームとの連結を強化している。

問5 フレーム（frame）とは何か。

答 一般にフレームといえば，横フレームのことである。横フレームは船体強度の保持上重要な部材で，船体の横と下から加わる水圧と貨物の内圧に耐えるとともに，甲板の上からの荷重に対して柱としても働く。
　また，フレームと次のフレームとの船首尾線方向の間隔をフレームスペース（frame space）という。一般商船では，フレームスペースが決定すると，後部垂線から船首に向かって順にフレーム番号（frame number）を付ける。このフレーム番号のところで基線に垂直に立てた線がフレームライン（frame line）で，船体構造上および一般配置上の基準線となる。

問6 コファダム（cofferdam）について説明せよ。

答 異種の液体積載物の漏液によって，互いに被害を及ぼし合うことを防止する目的で作られた，相隣り合うタンクの隔壁間の空白区画をいう。通常，油タンクの前後および飲料水タンクの前後等に設けられている。

問7 二重底の効用を述べよ。

答
- 船底部構造を強力にし，船のたわみ等に対して十分な強度を保つ。
- 船底部の一部が破損しても浸水区画を最小限にとどめ，沈没を免れることができる。
- 水タンク，油タンクまたはバラストタンクとして使用することができ，横傾斜，トリム，復原力などの調整に役立つ。

問 8 ビルジキールとは何か。

答 船舶の中央部両舷の船底ビルジ外板に，船舶の長さの 1/3〜1/4，幅は 0.3〜1m の範囲で細長い板を船体中心線に平行に取り付け，動揺に対する抵抗を大きくして，横揺れ防止を目的としている。しかし，障害物と接触した場合には，すぐに外れるように取り付けられているので，縦強度材ではない。

問 9 縦強度構成材の種類について述べよ。

答
- 鋼甲板（steel deck）：船体の主要部分を構成し，主として縦強度を保つ。
- 船側縦材（side stringer）
- キール（keel）：船体最下中心線上に船首から船尾まで配置された主要縦強度材。
  - 方形キール（bar keel）：帆船および小型船に用いられる角材を使用したキールで，船底から突出が大きい。船体の横流れ防止に役立つ。
  - 平板キール（flat keel）：船首尾を通る中心線外板を形成し，中心線桁板，中心線内底板とともに I 型桁により船体縦強度の主要構成材となる。
- ビルジ縦材（bilge stringer）
- デッキストリンガプレート（deck stringer plate）：甲板のうち最も舷側に近い一列の鋼板をいい，ストリンガアングルによって舷側外板に固着され，縦横の強力材となる。
- 外板（outside plate）

問 10 横強度構成材の種類について述べよ。

答
- フレーム（frame）：船倉内フレーム，甲板間フレームがある。特設フレーム（web frame）として，機関室や船倉内で特に横強度を相当に必要とする場所にも用いられる。

- 甲板ビーム（deck beam）：フレームの横からの水圧と甲板上の荷重を支えるためのもの。
- フロア（floor）
- 横隔壁（transverse watertight bulkhead）
- ブラケット（bracket）：フレーム端やビーム端を固着するためのもの。

問11 げん弧（Sheer）とは何か。

答 上甲板の舷側甲板線の反りをいい，その大きさは，その最低点においてキールと平行に引いた線と船首尾端における上甲板との垂直距離で表す。これは，凌波性（sea kindness）と美観と復原性を得るために設けられたものである。

問12 キャンバ（camber）とは何か。また，その効用を述べよ。

答 甲板ビームを円弧上に中央部を高くしたものをいい，両端を結ぶ線とビームの最高点間の間隔で表す。これは，甲板上に打ち上げられた海水または雨水等の水はけを良くすることと，船体横強度の点から設けられたものである。

問13 隔壁の補強材を何というか。また，その役目を述べよ。

答 スチフナ（stiffener）という。外力に対する剛性を増す目的で，鋼板に取り付ける形鋼や平鋼のことである。横隔壁が隔壁板だけでできていると，一区画が浸水すれば隔壁板は水圧のためたわんで周囲の水密性が保持できなくなる。また，場合によっては隔壁板は座屈する。これらのたわみや座屈を防止する目的で，鋼板に沿わせて適当な間隔でスチフナを取り付ける。垂直に取り付けたものを立てスチフナ（vertical stiffener），水平のものを水平スチフナ（horizontal stiffener）という。隔壁板には立てスチフナが多いが，そのスパンが長い場合は，途中に水平スチフナを設けて補強する。

問 14 波形の鋼板を使用している隔壁を何というか。また，どのような利点があるか。

答 波形隔壁（corrugated bulkhead）という。スチフナを設ける代わりに，鋼板を波形に曲げて，隔壁板自体に剛性を持たせたもので，油タンカーの横隔壁や縦隔壁に応用すれば，タンク洗浄が容易になり，スチフナを省略するので，工事が簡易となり，船体重量の軽減にもなる。

問 15 甲板上の開口部の補強構造について説明せよ。

答 甲板には，ハッチ，昇降口等の甲板口が設けられている。甲板口の部分では，船舶の縦強度が弱められるばかりではなく，甲板ビームがこの部分で切断されるため，横強度も，海水や貨物などの甲板荷重に対する局部強度も弱められる。また，開口部の四隅には応力が集中して鋼甲板に割れを生じやすいので，①その部分の鋼甲板を厚板にするか，②あるいは二重張板を張り，③強い開口端ビームや縦通材で補強し，④開口の周囲にはコーミング（縁材）を設けて補強と波浪の侵入を防ぐ。

問 16 錨鎖の衰耗の限度について述べよ。

答 衰耗の限度は，原径の約1割，伸びの限度は，おおよそリング6個の長さがリング径だけ伸びた場合とみればよい。

問 17 錨鎖の平素における手入れについて述べよ。

答
・投錨のとき，ブレーキを緩めて，一気に錨鎖を伸ばすとショックを与えるので，水深に応じて，ブレーキをかけながら徐々に伸ばす。
・揚錨のときは，錨鎖を水洗いし，付着した泥を落とす。また，連結用シャックルのピンの脱落や節数マークの異常および各リングのひび，曲がり，ひずみに注意して，危険と見られるときは，後に処置できるようにマークしておく。

問 18　一般配置図（General arrangement）とは何か。

答　船舶全体の配置を示す図面を一般配置図という。この図面は側面図と平面図からなり，習慣上，特殊な場合を除き，正面図はない。また，船首を右側にして描くのも，各国共通の慣習である。側面図は，外面を示す船体縦断面図または船内側面図とする場合がある。平面図は，各甲板ごとの配置を示す甲板平面図と，船倉と二重底等の配置を示す船倉平面図からなる。

問 19　外板展開図とはどのようなものか。

答　船体外板を平面的に展開して示した図面（shell expansion plan）である。しかし，外板は一般に幾何学的に正確な展開のできない複曲面が多く，近似展開法により示される図となる。その種類には，①基線展開法（修正基線展開法），②測地線展開法，③真金送り展開法（直角送り展開法），④もどし金展開法，⑤たすき送り返し展開法，⑥縮尺現図による数値展開法がある。

問 20　トン数の種類について述べよ。

答　＜国際総トン数＞
　主として国際航海に従事する船舶について，その大きさを表すための指標で，トン数の算定は，閉囲場所の合計容積（m^3）から除外場所の合計容積（m^3）を控除して得た値 V（m^3）に，当該数値を基準として，係数（$0.2 + 0.02 \times \log_{10} V$）を乗じて得た数値に「トン」を付したものである。
＜総トン数＞
　日本における船舶の大きさを表すための指標で，トン数の算定は，国際総トン数の数値に，当該数値を基準として国土交通省令で定める係数を乗じて得た数値に「トン」を付したものである。
＜純トン数＞
　旅客または貨物の運送の用に供される場所の大きさを表すための指標で，トン数の算定は，次の①と②の値を合計した数値に「トン」を付し

たものである。
① 貨物積載場所にかかわる容積
② 旅客定員と国際総トン数の数値を基準として算定した値

＜排水トン数＞
　船舶の全重量をいい，船舶が排水した水，すなわち水線下の船の容積と同じ大きさの海水の重量に等しい。

＜載貨重量トン数＞
　人，貨物，燃料，潤滑油，バラスト水，タンク内の清水およびボイラ水，消耗品，貯蔵品ならびに旅客および船員の手回り品を積載しないものとした場合の船舶の排水トン数と，比重 1.025 の水面において基準喫水線に至るまで人または物を積載するものとした場合の船舶の排水トン数との差を「トン」で表したものである。

＜載貨容積トン数（capacity）＞
　全船倉の容積をトン数で表したものをいう。なお，載貨容積は，測定方法により次の 2 種類に分かれる。
① ばら荷容積トン数（Grain capacity）：船倉内底部よりフレーム間隔を含む上部に至る容積
② 包装容積トン数（Bale capacity）：包装，袋物等の積載のためのフレームの深さおよび間隔を控除した容積。
　この場合，いずれもスタンション，パイプ等の船倉内障害物は控除しなければならない。純積載容積（Net cargo space）は貨物の荷隙，荷敷きのためにこれより少なくなる。

＜特殊なトン数＞
① パナマ運河トン数（Panama Canal tonnage）
② スエズ運河トン数（Suez Canal tonnage）
　主要海運国間では，その国の港税等の徴税には各国とも基準となるトン数の測度法を互認しているが，不統一は避けられない。そこで，公平に運河通航料を徴収するため，パナマ，スエズ両運河において特別測度規程を作成し，これにより測定されたトン数を，それぞれパナマ運河トン数，スエズ運河トン数という。

問 21　入渠時の事務的な準備には，どのようなものがあるか。

1　船舶の構造　131

答
- 平素から修理箇所を記録しておく。
- 船舶検査のときは，管海官庁に受検を申請する。
- 入渠の目的によって工事内容を記載した入渠修繕仕様書（dock indent）を作成する。
- 入渠修繕仕様書の工事箇所，内容について，造船所の技師と打ち合わせを行う。この際，ドック内でなければ修理できないものだけを入渠中に行い，他の箇所は岸壁係留中に行うよう打ち合わせる。
- 船底に特別構造や船底部に損傷があるかどうか，入渠に参考になるような事項をドックマスターにあらかじめ連絡しておく。
- 入渠中の居住設備の使用についても打ち合せておく。

問 22　入渠時の準備について述べよ。

答
- 船倉は空にして掃除しておく。
- ドック側の要求したトリムとし，船舶を水平にする。
- 船外の突起物はすべて振り込み，曳索，係留索を船首尾に荷用意し，防舷物を舷側の適当なところに準備する。
- 両舷船首錨の投下準備をする。

問 23　出渠時の準備について述べよ。

答　浸水防止と船体の傾斜防止がポイントになる。
- 入渠中に施工した外板，パイプ，弁，音響測深儀，船底ログ等の工事については，十分に検査して浸水がないことを確かめておく。
- また，それらのうち浮揚後作動を必要とするものについては，張水前にその作動状況を確かめる。
- ボトムプラグが締められ，セメントでカバーされているかどうか，その他の船底開口部が閉鎖されているかどうか確かめる。
- 船底ペイントの塗り残しがないことを確かめる。
- 全部の清水タンク，油タンクおよびバラストタンクの状況を確認し，船体が浮上したとき鉛直で適当なトリムになるようにコンディションを整える。

- 各タンクのマンホールを閉鎖し，またカーゴポート，舷窓等も閉鎖する。
- 陸揚げ保管していた船用品を復旧し，作業用具類は陸揚げする。
- ドック側は水を張る日時はあらかじめ各部に通知し，出渠に支障がないようにしておく。

問 24 積載貨物を全部陸揚げし空倉となった機会に，特に注意して点検すべき箇所について述べよ。

答
- 船倉内を通る諸管（排水管，空気管，注入管等），特にそのつなぎ手とわん曲部，または船側，隔壁等に接して平素目の届かない部分。
- 鋼製ハッチカバーのわん曲，水密用ゴムパッキンの棄損
- 舷窓，甲板口の水密用ゴムパッキンの棄損および締め付け金具の不具合
- 防火および消火設備
- 船倉内の内底の損傷，はしご支柱

　不良箇所は直ちに修理し，損傷箇所によっては一時応急修理をし，次回入渠の際に本修理を行う。

問 25 船底外板について，入渠から出渠までの間の手入れの手順と注意事項を述べよ。

答 船底を十分清掃した後，腐食は船底部より水線部に，船首部より船尾部に多く，外板の割れや凹凸は，波の衝撃で船首船底部に生じやすいので，注意しながら検査し，修理の要するところは補修し，さび落としをした後，船底塗料を塗装する。また，保護亜鉛の状態を確認し，腐食しているようであれば取り替える。

問 26 入渠したときの錨鎖の検査および手入れについて述べよ。

答
- 渠底に錨鎖を全部繰り出して並べ，さびを落とす。
- テストハンマーでリンクやスタッドをたたき，緩み，ひび，曲がり，

摩耗の状態を調べ，もし異常があれば取り替えるか修理をする。
・連結用シャックルはすべて取り外し，開放整備し，止めピンを打ち替える。
・錨鎖の外方の数節はよく使用されるので，内方の錨鎖と入れ替えたり，各節の前後を入れ替えて平均に使用する。
・さび落としと各部の点検が済めば，さび止め塗装して節数マークを付ける。

問 27 入渠中，電気溶接のどのような箇所に注意が必要か。

答 入渠中に航海士が行える検査は外観検査である。この外観検査は主として，
① ビード（金属部材の表面に一層もしくは多層に盛り上げられた波状紋の溶接部）の波形の均等性
② アンダーカット（溶接継手止端部の母材面に形成される連続または断続した溝のこと）
③ オーバーラップ（溶接継手で，溶着金属が止端部を超えて融合せず母材と重なり合った部分）
④ 亀裂
⑤ 気孔
⑥ スラグの巻き込み（溶接時に溶着金属の表面を覆う鉱滓的物質をスラグというが，溶接棒の被覆材が悪く，スラグの融点が高いものは溶着鉄とスラグとの分離が悪く，これを巻き込んでしまうこと）
⑦ スパッタ（アーク溶接の際，アークから飛沫となって飛び散る溶滴のことをいい，スラグや溶融鉄からなる）
⑧ ビードの継目および溶接終始点の状況
⑨ 溶接裏面の状況
などの各項目について注意して検査する。

《参考》
溶接部の検査には，①外観検査，②圧力検査，③浸透検査，④磁気検査，⑤放射線検査，⑥超音波検査，⑦穿孔検査などがある。溶接継手の信頼度と外観とは必ずしも一致するものではないが，外観の仕上がり具合によってある程度の推定を下すことはできる。しかも，外観検査は他の検査方法

より簡便であることから，入渠中の検査として，この検査により電気溶接部を点検する。

> **問28** 鋼船船体の腐食が及ぼす影響について述べよ。

答　<酸化>

　鋼船船体の腐食は，鉄と酸素との酸化物の生成が基本形態であって，さらに大気中の湿気，酸性ガスおよびこれらを吸着した塵埃等によっても，酸化は促進される。通常，大気中における鉄の腐食は，大気中の水分が鉄の表面に吸着され，その中に鉄が電気的科学的に溶出し，酸素と反応して酸化鉄となり，酸化の媒体作用を行って，さらに腐食を増進するという経過になる。

<温度>

　鉄の腐食は酸化作用によるものが多いので，当然温度が高いほど，その作用は活発になる。したがって温度が高い環境であればあるほど，腐食は早く進行する。

<海水>

　海水は清水に比べて腐食作用は大きい。これは海水が電解溶液であるため各種の原因で電気化学的腐食が起こりやすいことが主たる原因であって，溶解酸素は清水より少ないので酸化による腐食が少ないといえるが，実際にはその影響は少ない。すなわち海水に浸かっている船底部は塗料で覆われているが，塗料皮膜の損傷，皮膜の水の透過等により，局部電池を形成して腐食が進み，特に鉄板の露出した部分は腐食が激しく進行する。また，海水中で船底に生物が付着するが，その付着部分には酸素濃淡電池を形成することおよびこれらの生物の排泄物が腐食を助長し，成長に伴って塗料皮膜を破壊するなど腐食が助長される。溶解酸素は水深とともに減ずるため船底付近では影響が少ないが，水線部付近では溶解酸素量が大きくて酸化腐食が起こりやすく，さらに電気化学的腐食が加わり，乾湿交互の状態，波の衝撃，機械的な衝撃等もあって，外板のうち腐食が最も著しい。また，海水中の塩化イオンも腐食作用を起こす。

<振動>

　船体は航行中，停泊中を問わず絶えず振動しているが，強い振動は塗

料皮膜の破壊の原因となり，腐食の成因となる。

＜電食作用＞

　異種金属間の電気作用，性質不同の同種金属間の電気作用により，陽極となった金属が海水などの溶液に溶け出て腐食が進行する。プロペラは銅亜鉛，マンガン等の合金で作られているが，その主成分である銅と，船体浸水部，特に船尾付近の外板との間に電流作用が働き，外板は陽極となって腐食する。発生した錆と純粋な鉄部との間にも電食作用は働く。

＜純科学的作用＞

　積荷等からの漏液によるもの。

② 復原性／トリム

問1 バラスト航海でのトリムと喫水を決定する要素および満載航海での喫水を決定する要素について述べよ。

答 ＜バラスト航海での喫水を決定する要素＞
・舵の有効な水没面積の確保
・プロペラレーシングが起こらない程度の深度とトリム
・スラミングを起さない程度のトリム
・上部構造物の増大に伴う風圧増加による転覆モーメントの増加が著しくないこと
・風圧増加，舵力低下に伴う保針性能の劣化が著しくないこと
・風波の増大による船速低下・操縦性能の劣化，漂流量が著しくないこと
　上記の要素を考慮した上での目安は
　　夏期：夏期満載排水量の50％
　　冬期：夏期満載排水量の53％
・トリムについては，1〜2mが目安となる。
＜満載航海での喫水を決定する要素＞
・航行予定海域
・航海中に消費される燃料，清水の重量
・GMの確保（過度なものとならないこと，到着時に適度なものとなること）

問2 全長 L に対して，通常，トリムは何％くらいが適当か。

答 1〜2％以下。一般貨物船で，B／S 1％程度が適当である。

問3 トリムが与える操舵（旋回）への影響について述べよ。

答 旋回径は船尾トリムの方が船首トリムよりも大きくなる。これは，旋回

時の水抵抗中心が船首部に移るほど旋回しやすくなるためで，船尾トリム 1%（L（全長）の1%）の増加は旋回径を10%増加させる。

　空船の旋回径は満船に比べると小さくなるはずであるが，通常，空船では喫水が浅く，舵面積比が大きくなるにもかかわらず船尾トリムが大きいから，旋回径は小さくならない。このため，海上試運転結果を見ると，空船時と満船時の旋回径の大きさはあまり差がない。

問4　イーブンキールで，海水から清水に入ったときのドラフトおよびトリム変化について述べよ。

答　比重の違いによって，喫水は増加する。また，浅水影響や船体沈下によってトリム変化する。浅くなるほど，この現象は大きくなる。しかも，航走中のトリム変化は，浅くなるほど船首トリムから船尾トリムになる。実際の運航では，浅水域では，S/B速力で走ることになるので，船首トリムで航走しているものとみてよい。イーブンキールのときは，航走中に船首トリムとなる。

問5　イーブンキールで航行しているVLCC（Cb：0.8程度）において，排水量を変化させず，船尾トリムを船舶の長さの1%程度付けた場合，旋回径，進路安定性，追従性についてそれぞれ述べよ。

答　旋回径は10〜13%程度大きくなる。針路安定性，追従性は良くなる。

問6　静的復原力，動的復原力，初期復原力それぞれについて説明せよ。

答　＜静的復原力＞
　船が傾いたとき，元に戻ろうとするモーメント。排水量と復原てことの相乗積，$W \times GZ$ を静的復原力という。
　＜動的復原力＞
　船を直立の位置から，ある角度まで傾けるのに要する仕事量。静的復原力を積分して算出する。
　＜初期復原力＞

微小傾斜角の範囲の復原力のことで，$W \times GZ = W \times GM \times \sin \theta$ で表される。おおむね傾斜角が5〜10度までをいう。

問7 動揺試験とは何か。

答 人の移動その他の適当な方法により，船舶を横揺れさせて横揺れ周期を算定し，GMを算定するための試験である。

問8 動揺周期を測る際の注意事項を述べよ。

答
・風，波，潮流等による影響ができる限り少ない場所を選定し，かつ，船舶が復原性試験の実施中に予想される外力による影響をできる限り避けることができように，係留その他の措置をする。
・船舶の完成の際に搭載すべき設備その他の物は，船内の定位置に搭載すること。
・船舶の完成の際に搭載しない設備その他の物で復原性試験に必要でないものは，船内から除去すること。
・船内の全てのタンクを空にし，または満たし，かつ，タンク以外の船内の水，油等を除去すること。
・船内の移動しやすい搭載物は，復原性試験の実施中に移動しないように固定すること。
・船舶の計画トリム以外のトリムをなるべく少なくすること。
・船舶を横傾斜させるのに適当な重量のコンクリート，砂，鉄等の移動重量物で，その重量を正確に測定したものを船舶に搭載すること。
・船舶の横揺れ角をなるべく大きくすることができる人員または適当な用具を準備すること。

問9 出帆後，乗船した船のGMの概略値を知る方法について説明せよ。

答 $GM = (0.64 \times B^2) / T^2$
例：練習船O丸の場合，おおむね1mから1.5m。

② 復原性／トリム　139

問10 復原力が不足しているものとみなければならないのは，どのような場合か。

答　一般に，適当な GM とは船幅の 4～5%である。
① 横揺れ周期が長すぎる場合
　　横揺れ周期を求める。略算式は
　　　T（横揺れ周期）＝（船幅×0.8）／$\sqrt{GM}$
② 片舷から風を受けたときの傾斜が甚だしい場合
　　風の傾斜力に対して復原力が小さいときは，片舷に傾斜したままで航走することがある。
③ 舵をとったときの傾斜が甚だしい場合
　　大きく舵をとって回頭するとき，遠心力のため非回頭舷に傾斜するが，復原力が小さすぎると傾斜が大きくなる。
④ タンクの水や船内重量物をわずかに移動してもぐらつく場合
　　復原力が小さければ，船の重心移動に対して船の傾斜は大きい。

問11 GM が過大または過少の場合の危険について説明せよ。

答　GM が過大の場合，横揺れ周期が短く，このような船は波の中では波の周期に近い周期で横揺れするので乗り心地が悪く，激しい動揺で貨物の移動，同調作用が起こり，転覆の危険がある。
　GM が過少の場合，横揺れ周期が長く，荒天時などはラーチやビームエンドとなり，ときには転覆の危険がある。また，転舵中に急に舵を戻した場合，外方傾斜が増大し，転覆の危険がある。

問12 出港時に復原性について考慮すべき事項を述べよ。

答
・積付けは横揺れで荷崩れしないようになっているか。
・積付けは重心の位置に注意し，航海中の燃料の消費や水の消費により，航海途中や目的地到着時に適切な値を保持できるか。
・タンク内の液体容量による自由水影響の度合い

問 13 定常旋回中の本船のつりあい状態を示せ．また，そのとき，舵を急激に中央に戻したらどうなるか．

答 次図参照．

定常旋回中の船体傾斜には，船体重心に作用する遠心力，船体が水に対して斜航する（水が船体に対して，真正面からではなく斜め前方から流れかかる）ことによる流体力，舵が発生している舵力の，これら3つの力が船体を傾斜させるモーメントを発生する．そのモーメントに対して，船体の復原モーメントが逆向きに作用して，一定傾斜角で釣り合っている．このとき，舵力がなす傾斜モーメントは船体を内側へ傾斜させる向きである．一方，船体が斜航することによって発生する流体力の傾斜モーメントは船体を外側に傾斜させる向きであって，この方が舵力による傾斜モーメントよりも大きいのが普通であるから，船体は定常旋回中は外側へ傾斜している．この状態で急に舵角を0にすれば，船体を内側に傾斜させる向きのモーメントが消滅するから，船体は急激に外側へ傾斜する．

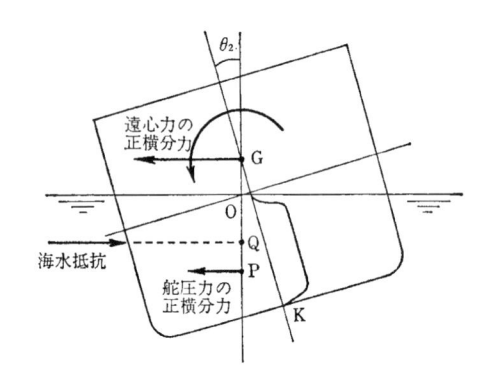

問 14 満載のバルカーにおいて，右舷側の水面下のバラストタンク外板に破口が生じ，浸水した場合，どう対応をするか．

答
・破口箇所の調査をし，他のタンクに浸水しないようにバルブ等の操作，確認を行う．
・可能であれば，破口からの浸水を防止する．
・バラストポンプによる排水を行う．
・船体傾斜の修正のために左舷側のタンクに注水し，船体をアップライトとする．
・浸水と反対舷タンクへの注水による船体強度，復原力の計算をする．

《参考》
　水線下 h (m) に，面積 A (m²) の破口が生じた場合，毎秒の浸水量 Q (t／s) は，

$$Q = CA\rho\sqrt{2gh}$$

流量係数 C = 0.6，海水比重 ρ = 1.025

60 倍して毎分の流量にすると

$$Q \fallingdotseq 163A\sqrt{h} \text{ (t／min)}$$

① 破口の深度限界は本船の排水能力 Q (t／min)，破口面積 A (m²) の場合

$$h \fallingdotseq (Q／163A)^2 \text{ (m)}$$

② 破口の大きさの限度は本船の排水能力 Q (t／min)，破口深度 h (m) の場合

$$A \fallingdotseq Q／163\sqrt{h} \text{ (m²)}$$

問 15 船体右舷に破口を生じ浸水し，船体が右に傾斜した状態における GZ 曲線を図示し，傾斜する前の GZ 曲線と比較解析せよ。

答 直立位置では，復原てこは（−）の値をとり，船体は傾斜モーメントを受けて J 点に対する角度 θ_1 まで傾いて釣り合う。θ_1 を超えて K 点に対する角度 θ_2 まで，GZ は（＋）で復原モーメントが作用するが，θ_2 はこの状態での復原力消失角であり，超えると転覆する。

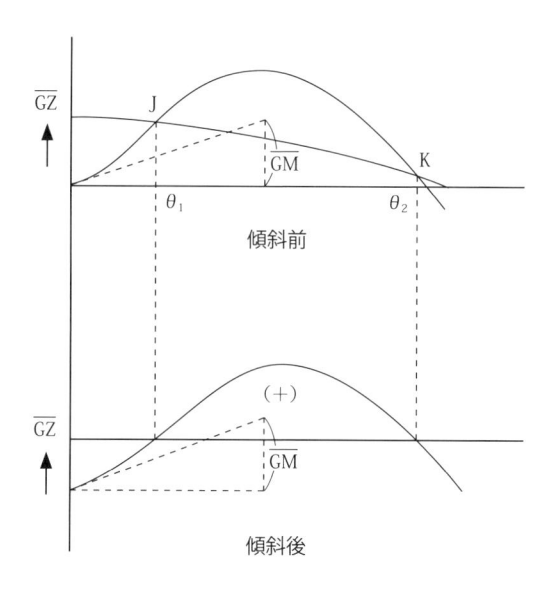

問16 右傾斜した状態をアップライトにするために，左舷側のバラストタンクに漲水した。このときのGZ曲線を図示し，元のGZ曲線と比較解析せよ。

答 浸水と漲水によって，重心位置は元の位置より下降したことになる。
GZ曲線は急激に増加し最大GZも大きくなるが，減少度も急激で最大GZ角度も小さくなり，これに応じて復原力消失角も小さくなる。

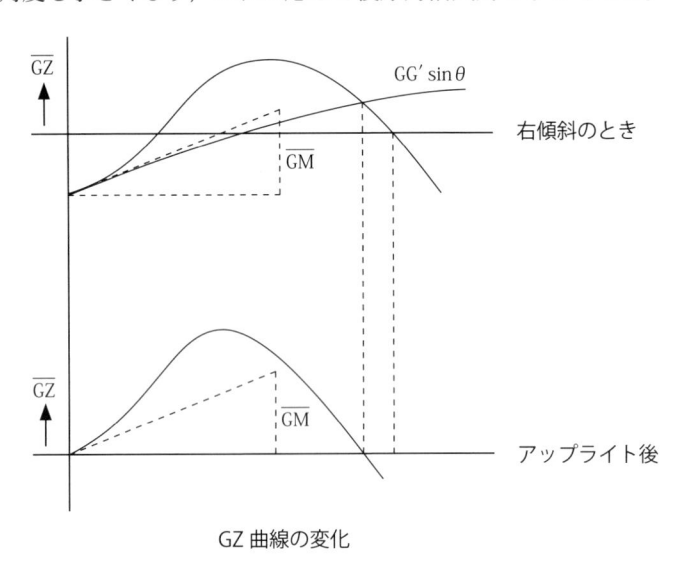

GZ曲線の変化

問17 復原力交叉曲線とは何か。

答 復原力交叉曲線の縦軸は，復原てこGZを，横軸は排水量Wを表し，傾斜角度を一定として描かれている。これにより，任意の積付状態（排水量）の静的復原力曲線が容易に描ける。

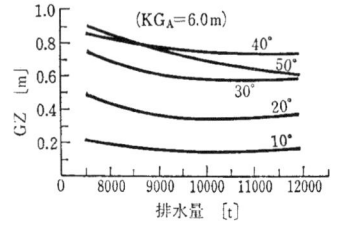

復原力交叉曲線

『航海便覧（三訂版）』（航海便覧編集委員会編，海文堂出版）より

問 18 復原力曲線の式・図を示し，復原力が消失・最大となる角度について述べよ。また，乗船した船の角度について述べよ。

答 静的復原力曲線の縦軸は，本来，排水量と復原てこの積 W × GZ を，横軸は傾斜角度 θ を表している。一般に縦軸は，復原てこ GZ を表していることが多い。静的排水量曲線は，排水量を一定として描かれている。船が傾斜したときの復原てこ GZ は

$$GZ = (GM + 1/2 BM \tan^2 \theta) \sin \theta$$

となる。

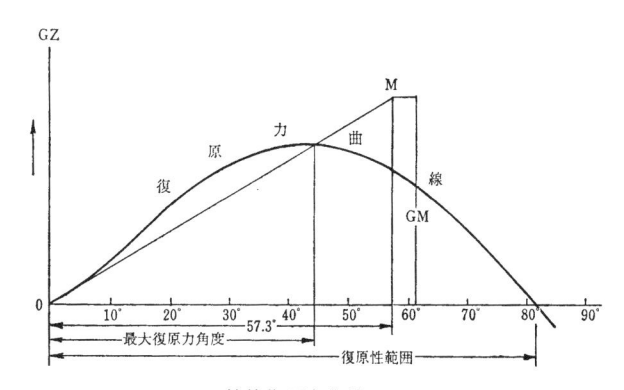

静的復原力曲線

上図の縦軸は復原てこ GZ を表していて，正確にいえば復原てこ曲線というべきであるが，一般に復原力曲線と呼ばれている。この静的復原力曲線の図から，各傾斜角における GZ の大きさがすぐにわかるようになっている。傾斜角が 0 度のところから GZ の値が再び 0 度になる角度までを復原性範囲という。また，復原てこ GZ は初期復原力の範囲であれば，GZ = GMsinθ で表される。傾斜角 θ が非常に小さい場合は，sinθ ≒ θ であるから，GZ ≒ GM θ となり，傾斜角 0 度付近で曲線に引いた接線と傾斜角 1rad（1 ラジアン ≒ 57.3 度）に立てた垂線との交点までの垂線の高さは，GZ ≒ GM × 1 = GM となり，GM を表す。

＜練習船 O 丸の場合＞
　満載時：最大 45 度，消失 83 度
　1/3　：最大 46.6 度，消失 88 度

問 19 自由水影響とは何か。また，GM の減少量 GG' を求める計算式を示せ。また，慣性モーメントとは何か。

答 船内にある空気と接した自由表面（free surface）を持つ液体を自由水（free water）という。自由水があれば，船体傾斜により自由水は傾斜した方へ流動し，あたかも重心が上昇して，GM が減少した場合と同じような効果が生じる。自由水が GM に与えるこのような影響を自由水影響という。

このときの GM の減少量 GG' は

GG' = $\rho' i / \rho$ V

ρ：周りの海水の密度
V：船の排水容積
ρ'：タンク内の液体の密度
i：自由水の液面の慣性モーメント

＜慣性モーメント＞
質量 m なる質点より回転軸までの距離が r であるとき，mr^2 をその質点の回転軸に関する慣性モーメントという。

《参考》
GG' は i に比例し，i は自由水の量には関係なく，自由表面の影響を受ける。一般に長方形箱型の液体面の慣性モーメント i は，$L \times B^3$ に比例する。L は長さ，B は幅である。したがって，GG' には B が最も強く作用する。

問 20 自由水影響を軽減するための注意事項について述べよ。また，甲板への海水の打ち込みの影響を少なくするために考慮すべきことを述べよ。

答 タンク内を満載にするか，空にする。不可能な場合はできるだけタンク内の容量を多くするが少なくする。航海中は，タンク内の燃料，清水等を使用するにつれて自由表面ができるので，多くのタンクに自由水を発生させないためにタンクの使用に注意する。また，甲板への海水の打ち込みによる自由水影響をなくすために，甲板上の排水口等の排水状態を調べておく。

2 復原性／トリム　145

問 21　制水板を 1 枚増やすごとに，自由水影響はどのくらい軽減されるか。

答　タンク内の区画を n 個の区画に分けた場合，区画がない場合の $1/n^2$ に軽減される。

問 22　自由水影響を受けやすいタンクの形状について述べよ。

答　船幅方向に広くなっているタンク。
　タンク内の液体体積が半量（half tank）の場合，自由水影響は最大となる。

問 23　復原力を図面で調べるには何が必要かを述べよ。

答　復原力交叉曲線図（cross curve of stability）と復原力曲線図（statical stability curve）と排水量が必要である。また，排水量を知るために，本船の喫水と排水量等曲線図（hydrostatic curve）が必要である。

問 24　安定なつり合いの条件における K, B, M, GM の関係を図示し，説明せよ。

答　船体中央において，キール上面すなわち基線位置を K，ある喫水に対する浮力中心を B とすると，GM は
　　GM ＝ KB ＋ BM － KG
となる。
　KB：基線上浮心の高さ。平均喫水を求めて，排水量当曲線図から求める。
　BM：浮心上メタセンタの高さ。メタセンタ半径という。水線面の二次モーメント I を排水容積 V で割った値 I／V であ

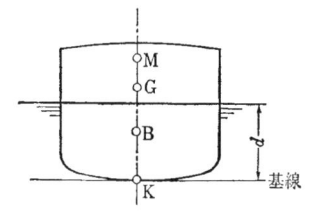

『航海便覧（三訂版）』（航海便覧編集委員会編，海文堂出版）より

る。これらはそのときの平均喫水求めて、排水量等曲線図から、KM（KB + BM）として求める。

KG：基線上重心高さ。軽荷状態の重心位置から積荷による重心の垂直移動距離を求め、積荷後の重心位置を求める。

問25 ラーチとは何か。また、そのときの復原力を図示せよ。

答 船が普通の横揺れ中に、不連続にぐらっと大きく揺れ傾く現象のこと。船が大きく傾くと、元の浮心 B は B′ に移り、このときのメタセンタは M′ のように船体中心線上を外れる（下図参照）。

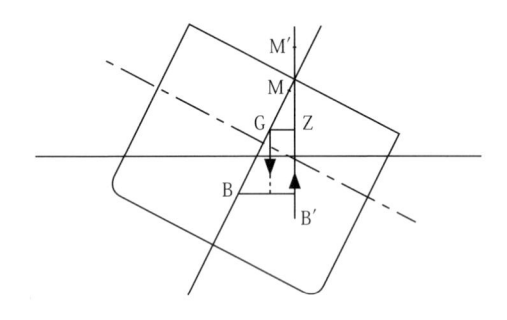

問26 風を受けて傾斜している船の釣り合いの状態について、作用している力を含めて説明（風圧力と復原力）せよ。

答 船舶が真横から風を受けると、その全風圧 P のために風下に圧流される。このため、喫水船から下の船体の側面に水圧 R を生じ、P = R のときに釣り合いを生じる。しかし、P と R とはその作用点が異なるから、これらの力は偶力を形成し、これが傾斜モーメントになる。P の作用線および R の作用線の延長と船体中心線との交点をそれぞれ Q および S とし、QS = H とすると、H は傾斜によって $H\cos\theta$ に変化するから、傾斜釣り合いは

$$W \times GM \times \sin\theta = P \times h \times \cos\theta$$

$$\tan\theta = P \times H / W \times GM \quad （単位は t・m）$$

単位面積当たりの風圧 $p = 1/16 \times 10^{-3} v^2$（p は t/m^2、v は風速 m/s）とし、水線上の船体面積を A（m^2）とすると、船が θ だけ傾斜した場合、

鉛直面に投影した面積は A cos θ となる。したがって，風が水平に真横から吹くとき，船体に当たる全風圧は pA cos θ となる。

直立において，風圧中心と水圧中心との高さを H とすると，船が θ だけ傾斜したときの鉛直高さは H cos θ である。したがって，風圧による傾斜モーメントは

　　傾斜モーメント＝ pA cos θ H cos θ ＝ pAH cos² θ　（単位は t・m）

この傾斜モーメントは傾斜角 θ の関数であるから，復原モーメント W・GZ 曲線とともに描くと次図のようになる。

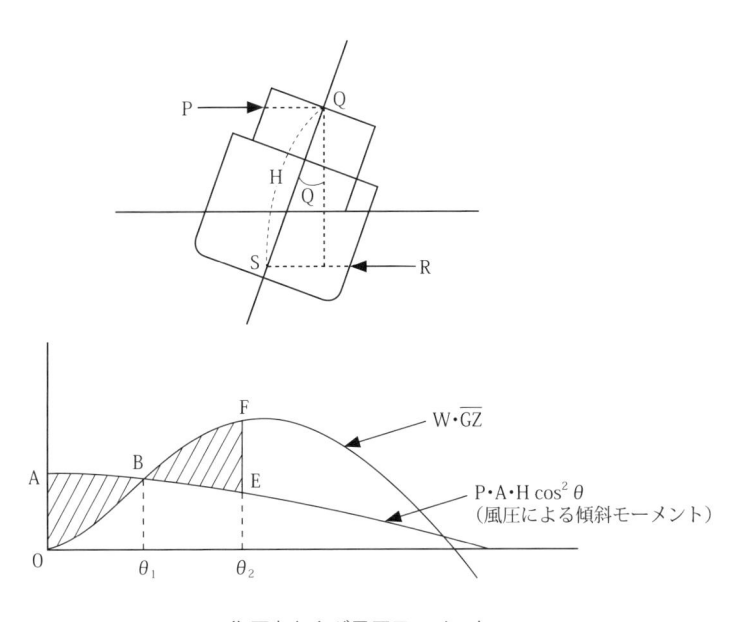

復原力および風圧モーメント

すなわち，風圧 p の定常風を受ける場合，両曲線の交点 B に対する傾斜角 θ_1 で船は釣合う。今，この船が直立静止のとき，同じ風圧の突風を受けたとすると，風による運動量の変化が大きいため，船は一時的に非常に大きな力を受けるので，単にモーメントの釣り合いだけでなく，その仕事量を考えなければならない。風圧によって船を傾斜させる仕事量は，風圧モーメント曲線の下方の面積で表され，これに対し，船の復原力による仕事量は，復原モーメント曲線より下の面積で表される。

仮に，前述のように両者のモーメントの等しい角 θ_1 まで傾いたとする

と，風圧による仕事量が面積 OAB だけ大きいので，これを補うため，船はさらに面積 OAB が面積 BEF に等しくなる角 θ_2 まで一時的に傾く。突風が止めば船は直立に戻るが，その風が続くと定常風になるので，θ_2 では復原モーメントが風圧モーメントよりも大きいので，これが等しくなる θ_1 まで戻って釣り合う。

　風圧が大きくなって面積 OAB が面積 BFC を超過する場合，復原力による仕事量は風圧モーメントによる仕事量に抗しきれず，船は転覆することになる。ゆえに，船が安全であるためには，面積 BEC は面積 OAB より大きくなければならない。この面積 BFC を，この風力に対する予備復原力（reserve dynamical stability）という。

問 27　航海中，GM が減少した理由について述べよ。

答　船舶の排水容積が変化しない限り，船舶のメタセンタ（M）の位置は変化しない。航海中に排水容積が大きく変化することは考えられないので，GM が減少したとすれば，重心の位置が上昇したと考えるのが普通である。

　重心 G が上昇する原因は，もともと船舶の重心より下にあったものを上に移動したか，あるいは消費したか，または上甲板に波浪が打ち上げた場合である。さらに，見かけ上，重心が上昇する場合として，タンク内の液体に自由表面ができ，自由水影響が生じた場合がある。

問 28　傾斜試験から GM を求める式を示せ。

答　$GM = w \times d / W \times \tan\theta = w \times d \times l / W \times s$

　　　w：上甲板上を水平に正横方向へ移動させる重量物の重量
　　　d：重量物の移動（水平正横）距離
　　　l：おもりの糸の長さ
　　　W：そのときの船舶の排水量
　　　s：傾斜したときのおもりの糸の移動距離

問 29　船舶の復原力を左右する諸要素について述べよ。

答 ＜船舶の幅＞
① 幅を増すと復原力曲線は急になり，横メタセンタ高さ GM が大きくなり初期復原力が増す。
② 幅を増すと復原力曲線が高くなり，最大復原てこは大きくなる。
③ 幅を増すと最大復原てこに対する傾斜角は小さくなり，復原性範囲は小さくなる。
④ 幅を増すと復原力は大きくなる。

＜乾げん＞
① 乾げんが小さいと復原力の範囲は小さくなる。
② 乾げんが増すと復原てこは大きくなり，最大復原てこに対する傾斜角も大きくなり，復原性範囲は大きくなって，動的復原力を増すのに最も著しい影響を及ぼす。

＜重心＞
① 重心の位置が下がるほど GM は大きくなり，復原てこおよび復原力の範囲は大きくなる。
② 重心が下がるほど復原力曲線は急に上昇する。

＜排水量＞
　軽荷状態の場合は，復原てこは小さく，排水量も少ないので，満載状態と比較して静的復原力（W × GZ）は小となる。

＜げん弧（sheer）＞
　船舶が傾斜して甲板縁が水中に入ると，復原力は急激に減少する。げん弧は波浪中で船首を持ち上げる力を増し，船尾が波を被るのを防ぐばかりでなく，甲板縁が一時水中に入るのを防ぎ，全長にわたり乾げんを増したかたちになるので復原性を増す。

＜タンブルホーム（Tumble home）＞
　船体中央部分における舷側線は，一般に上方まで垂直線である。この舷側線を上方で曲線的に内側に曲げて甲板幅を狭くする船型のことをいう。タンブルホームがあると，船舶が大きく傾斜したとき，ちょうど船舶の幅を狭くしたのと同じになり，横メタセンタ高さ GM が小さくなり，初期復原力が減少する。したがって復原力曲線の傾きが緩くなり，最大復原てこも小さくなるが，最大復原てこに対する傾斜角は大きくなり，復原性範囲は大きくなる。

＜フレア（Flaring）＞
　水線以上の上部外板における波の打ち込み防止や甲板幅を拡大するために，舷側線を上方で外側に曲げた船型のこと。一般にはフレアを付けるという。この船型は，船舶の水線幅を増大したのと同じことになる。

問 30 付加質量について述べよ。また，浅水域や狭水路では付加質量が増加する理由について述べよ。

答　船舶そのものが運動するとともに船舶の周りの水がこれに付随して運動する。船舶を動かすことにより，船舶の周りの水の一部を動かす力が必要になる。見かけ上，船舶そのものの質量が増加したことになる。この船舶の周りの水を動かすのに要した力（質量）が付加質量。

　水深や水路幅に制限が生じると，船体前方の流体が船底，船側を通過して船体後方にまわるのが妨げられる。船体の運動によって引き起こされる流体の運動が著しく強くなるため。

問 31 水深が十分に深く，十分に広い水域における船体の前後方向及び横方向の運動に対する付加質量について述べよ。

答　前後方向の付加質量：船体重量の 0.07 〜 0.10
　　横方向の付加質量：船体重量の 0.75 〜 1.00

3 気象・海象

問1 霧ともやとの違いについて述べよ。

答 霧とは，細かい水滴が空中に浮かんで視程を悪くしている状態で，水平視程が1km未満の場合をいう。もやとは，霧粒よりも小さな水滴が無数に浮かんで視程を悪くしている状態で，水平視程が1km以上の場合をいう。

問2 濃霧警報は，視界がどのようなときに発せられるか。

答 海上の視程がおおむね500m（瀬戸内海では1km）以下になったとき。

問3 霧の濃度に関して，強い霧のときの視程はどのくらいか。また，中くらいの霧，弱い霧の視程はどのくらいか。

答 強いとき：海上で500m以下
中くらいのとき：海上で1km未満
弱いとき：海上で1km以上10km未満

問4 日本近海で発生する霧について述べよ。

答 ＜東シナ海から黄海にかけての中国沿岸（3月～7月）＞
揚子江や黄河が周辺の海域を低温にしている。そして，この海域を源流とする中国沿岸流（寒流）の微弱な海流が存在している。そこへ，周辺海域や黒潮上の暖気が流れてきて発生するのが移流霧である。また，内陸の気温の上昇とともに暖気が海上へ出て発生する場合（沿岸霧）も含まれる。なお，季節とともに，霧の発生域は南から北へ移っていく。
＜瀬戸内海（3月～7月）＞
春先は気温が上昇してくるが，水温はまだ低い。そうした時期に，沿岸の暖湿な空気が海上で冷やされて生じるのが沿岸霧である。また，初

夏の梅雨期には前線による前線霧の影響が加わる。年間の霧発生日数は20〜40日である。

＜日本海北部（4月〜8月）＞

ロシア沿海州を南下する微弱なリマン海流（寒流）上へ，周辺の対馬海流（暖流）域上の暖気が流れてきて発生するのが移流霧である。また，同時に沿岸霧も含まれる。

＜三陸沿岸〜北海道東岸，千島列島地域（5月〜9月）＞

小笠原気団のもたらす暖気が黒潮（暖流）上を吹き渡って湿気をたっぷり含み，親潮（寒流）域に出て，規模の大きな移流霧となる。年間の霧発生日数は100日にも及ぶ。

問5 日本付近で発生する温帯低気圧の発生場所と進路について述べよ。

答
- 中国北部黒竜江，バイカル湖方面で発生して東進し，樺太からオホーツク海方面に向かうもの
- 中国東北区方面で発生し，初めは南東進し，その後日本海を北東進し，北海道方面に抜けるもの
- 中国中部で発生し，東シナ海から日本海南部を通って，東北地方や北海道から洋上に去るもの
- 揚子江，台湾付近で発生し，日本の太平洋側を進むもの

問6 世界で発生する温帯低気圧の名称，発生場所，発生時期について述べよ。

答
- 北半球の場合，大西洋では北米大陸の沿岸で発生した低気圧が北東進しながら次第に閉塞していく。このため，ヨーロッパに達するもの
- はほとんどが閉塞した低気圧になっている。アイスランドに進むもの，あるいはノルウェー沿岸，バルティック海に進むものがあり，少数がヨーロッパ大陸に上陸する。
- 地中海でも，冬季は前線帯が活発で，低気圧が発生する。これらは東進して南ロシアや小アジアに向かう。夏季は前線帯が消滅し，低気圧の発生はほとんどなくなる。
- 太平洋では，アジア大陸東岸の日本沿岸で多く発生し，日本を通ると

きは発達中のことが多く，まだ閉塞していないのが普通である。北東進してアリューシャン方面に達する頃が閉塞した状態になっている。これらの低気圧は完全には消滅しないで東進し，ロッキー山脈を越えカナダに侵入することも多い。
・太平洋の中央にある前線帯で発生した低気圧は，東北進して，カルフォルニア方面に達する。
・南半球の場合，多くの低気圧は40°S以南に発生し，西から東に緯度圏に沿って進行する。

問7 低気圧の閉塞と閉塞部の構造について述べよ。

答 低気圧の寒冷前線が温暖前線に追いつき，暖域の空気を押し上げる過程が閉塞である。

寒冷前線の後方の寒気が温暖前線の前方の寒気よりも低温であれば，前者は後者の下に潜り込み，これを寒冷型閉塞という。

寒冷前線の後方の寒気が温暖前線の前方の寒気よりも高温であれば，前者は後者の上に這い上がり，これを温暖型閉塞という。

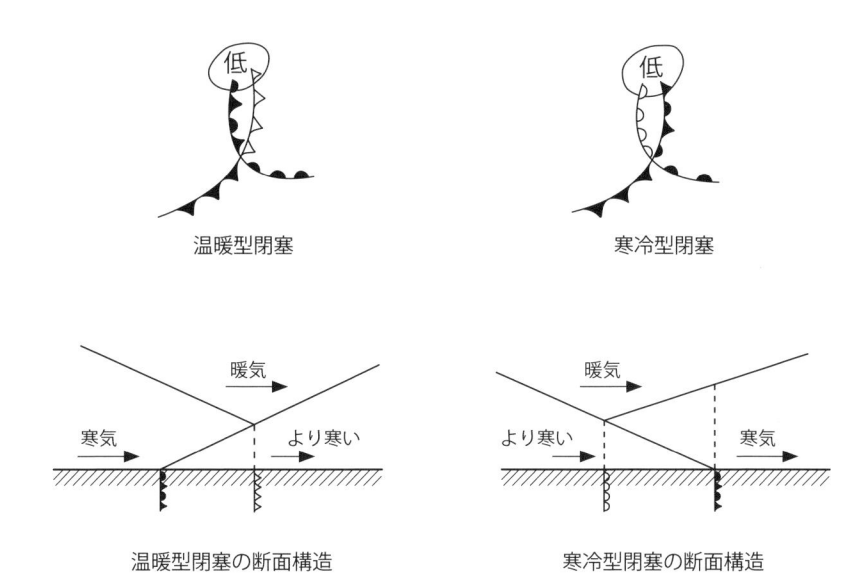

温暖型閉塞　　　　　　　　　　寒冷型閉塞

温暖型閉塞の断面構造　　　　　　寒冷型閉塞の断面構造

問8 低気圧の若返りについて述べよ。

答 前線性の低気圧で閉塞した低気圧は，エネルギー源を断たれ，次第に衰弱していく。ところが，この衰えかけた低気圧が再び発達することがある。これを低気圧の若返りという。

　冬，大陸から来る寒気はある間隔をおいて波状的に吹き出してくるから，古い寒気と新しい寒気の間の温度差が顕著であると，古い寒気を暖域として新しく寒冷前線ができる。これを二次寒冷前線といい，ここで再び低気圧が発達する。

　その他，低気圧が陸上から海上に出た場合，摩擦抵抗が少なくなること，あるいは暖かい海面からの水蒸気の供給が盛んで，潜熱エネルギーが補給されること，また，冷たい大陸から来た気団が海上に出て下から暖められ，不安定な気団に変質することなどにより，低気圧が再び発達することがある。

問9 低気圧が発達するかどうかの判断について述べよ。

答 以下のようなことを勘案しながら，総合的に判断する。
- 低気圧は陸上から海上に出るときに発達すること
- 低気圧は閉塞するまでは発達すること
- 気団の不安定度が増せば，低気圧は発達すること
- 衰弱中の低気圧中に，新鮮な寒気が流入すれば再び発達すること
- 気圧傾度に比べて風の弱い低気圧は発達しやすいこと
- 低気圧の気圧下降が著しいのに風が弱い場合，低気圧は大発達すること
- 500hpa面の流れが地上の前線に平行なとき，この前線上で低気圧は発達すること
- 500hpa面の気圧の谷の東側に地上の低気圧が存在するとき，発達すること

問10 台湾坊主とは，どのような低気圧か。

答 ・アジア大陸気団の寒冷前線が，東シナ海で偽停滞になると，その上で

低気圧が発生しやすい。そのため南シナ海あるいは台湾付近で低気圧が発生し，これが前線上を進行して日本近海を荒らす。これを台湾坊主という。
- 台湾坊主は，冬から春の季節風が弱まったとき，台湾付近の等圧線が丸くなって発生する低気圧のことである。東シナ海から日本の太平洋岸を通る。天気変化は早く，ときには非常に発達して大しけとなるので，その後の動きに十分注意する必要がある。

問11 ブロッキング現象とは何か。

答 背の高い高気圧が停滞して偏西風をせき止める現象のことをいう。この現象が起きると，偏西風帯はブロッキング高気圧の北側に分かれるので，低気圧はせき止められ，また，高気圧の北と南を通過するようになるので，寒帯から熱帯にかけての広い範囲を低気圧や前線が通る。日本付近では，梅雨期や秋に起こりやすい。この場合，日本の南岸に沿って前線が停滞するため，持続的な悪天候と北日本の異常低温が現れる。

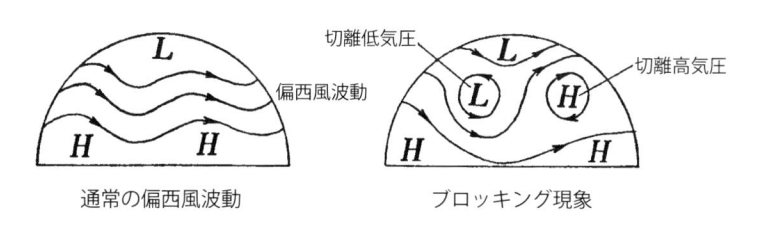

通常の偏西風波動　　　ブロッキング現象

問12 ブロッキング高気圧の形成について述べよ。

答 上空の偏西風は，南北にうねりながら西から東に流れている。この偏西風波動が大きく北にうねって，流れから独立した渦を作ることがある。この渦を切離高気圧またはブロッキング高気圧という。特に，梅雨期に出現し，地表のオホーツク海高気圧の上空に重なる状態で形成される。そして，一度形成されると1カ月から半年停滞して存在する。このため，本州以南の日本各地では，低気圧が停滞して雨の多いぐずついた天気になる。しかし北海道は，高気圧の下になり，天気は良い。

問13 突風とは何か。また，原因および種類について述べよ。

答 風は一定に吹き続けるものではなく，常に強弱を繰り返している。これを「風の息」という。そして，この風の息が激しい場合，すなわち急に強くなったり，弱くなったりする風を突風という。突風は，風が強いほど起こりやすい。したがって，暴風の起こる現象内（温帯低気圧，寒冷前線，季節風，熱帯低気圧，偏西風，竜巻）では突風が起こる。瞬間風速の差が10m／s以上のときが突風の目安である。

＜突風の原因＞
・地表面が不規則な形をしているため，小さな渦巻ができて風の流れが乱されること。
・大気が不安定で，付近の気層が対流を起こすとき。
・暴風のため，大気の渦流などの擾乱が起きるとき。

＜突風の種類＞
(1) 暖気突風

温帯低気圧の南側，温暖前線と寒冷前線に挟まれた部分を暖域といい，暖気団の領域である。この部分で起こる突風を暖気突風という。

・冬の終わり頃（立春過ぎ）に，日本の太平洋岸に移動性高気圧があり，日本海を低気圧が発達しながら北東進するとき，暖域に強い南風が吹き込み突風が発生する。春一番がそれである。この突風は，低気圧が40°N以北を通過するときに起こりやすい。
・寒冷前線前方の暖域の下層に熱帯低気団が湿舌として侵入し，上層に寒気が移流しているような状態のところへ寒冷前線が近づくと，対流が起こり，収束して不安定線（スコールライン）が発生する。この不安定線が突風やしゅう雨をもたらす。

(2) 寒気突風

寒冷前線の西側，いわゆる低気圧の進行に伴う，寒冷前線の背面は寒域であり，寒気団の領域である。ここで起こる突風を寒気突風という。

・寒冷前線背後（西側）にある寒気団に比べて地表面の温度が高いと，大気が不安定になって突風性の風が吹く。
・上層に寒気がたまり，それが寒冷前線面に沿って吹きおりてくると，地表面の空気との間で激しい対流が起きて突風が吹く。

3 気象・海象

問14 台風に遭遇したときの避航操船について述べよ。

答 RRR の法則：右半円では，風を右舷船首に受けよ。風向は右転する。
LRL の法則：左半円では，風を右舷船尾に受けよ。風向は左転する。

問15 台風のエネルギーを支えているものは何か。

答 台風の持っている莫大なエネルギーの源は，水蒸気の凝結で放出される潜熱である。熱帯海上の空気は暖かい海面からの蒸発で，多量の水蒸気を含んで上昇することにより，積雲や積乱雲を作る際に，水蒸気が凝結し潜熱を放出する。

問16 台風の右半円にいる場合，ハンマーロック方式による錨泊を行うとき，振止め錨はどちらの舷にするか。

答 北半球において，台風の中心が泊地の北側（右半円）を通過する場合では，風位は順転する。つまり，北寄りの風が徐々に強盛になり，やがて東寄りの風に変わり，最強風は南寄りの時点で出現する。よって，振止め錨は左舷錨とする（下図参照）。逆に，台風の中心が泊地の南側（左半円）を通過する場合は，風位は逆転（反時計回り）する。よって，振止め錨は右舷錨とする。

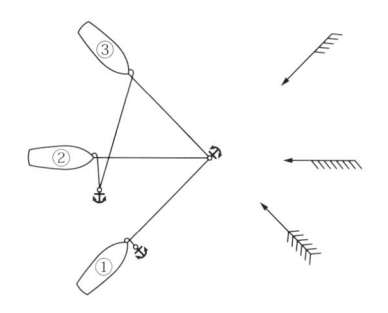

問17 台風の一生について述べよ。

答 発生期：北太平洋高気圧の南西部にあり，進行方向および速度は不安定である。中心付近の最大風速は次第に増大し，17m／s を超えれば台風となる。

発達期：北太平洋高気圧の等圧線に沿い，毎時約 20km の速度で西または西北西に進む。最大風速は増大して 30m／s 以上となり，規模も直径 500km を超えるようになる。

最盛期：西進を続けて最盛期に達するものもあるが，北西に進むものは 20〜30°N で次第に北に向きを変え，転向点に達して最盛期を迎える。このときの最大風速は 50m／s，直径は 1000km にも達する。速度は遅く，停滞状態となることもある。

衰弱期：転向点を過ぎると台風は衰弱期に入り，最大風速および規模は次第に減少する。進行方向は北北東（NNE）を経て北東（NE）に変わり，同時に速度は増大して，北日本の緯度に達すると毎時 50km 以上になることもある。

問 18 台風の右半円，左半円とは何か。また，右半円が危険半円と呼ばれる理由を述べよ。

答 ＜右半円＞
　熱帯気団の流入が多いので，濃密な積乱雲がほとんど切れ目なくつながって豪雨が降り続く。湿度も高く高温なため，ムシムシとした天気である。
　右半円は危険半円とも呼ばれ，台風を押し流す一般流の風向が，台風自身の風向と同方向のため，風が強められる。右半円にいる船舶は台風の進行軸上に押される風を受けるうえに，台風が接近してくるので，台風圏内にいる時間が長引く。
＜左半円＞
　左半円は可航半円とも呼ばれ，一般流の風向が台風自身の風向と反方位のため，台風の持つ風がいくぶん弱められる。さらに，左半円にいる船舶は台風の外側へ押し出す風を受けるので，比較的脱出しやすい。

問 19 台風の暴風円とは何か。また，予想円とは何か。

答 暴風円とは，平均風速でおおむね25m／s以上の暴風が吹いていると考えられる範囲のこと。
予報円とは，台風の中心が到達すると予想される範囲のこと。

問20 台風の進路予想で，24時間後の予想円に入る確率は何％か。

答 台風の中心が入る確率は70％。予想円の中心は0.1度単位で表される。

問21 秋台風の特徴を述べよ。また，秋台風が日本に上陸しても勢力が衰えない理由を述べよ。

答 ＜特徴＞
日本の南海上で進路を北東に変え，速度を速めながら日本付近に接近する。日本付近にある秋雨前線の活動を強め，大雨を降らせる。
＜理由＞
南の海上から湿った空気が供給されるため，勢力が衰えにくい。

問22 熱帯低気圧（熱エネルギー）と温帯低気圧（位置エネルギー）の違いについて述べよ。

答 台風の持っている莫大なエネルギーの源は，水蒸気の凝結で放出される潜熱（凝縮熱）である。
一方，温帯低気圧のエネルギーは，主として隣り合った気団の温度差により前線に蓄えられた位置のエネルギーが放出されたもの。暖気は軽いから寒気の上に上がろうとし，寒気は重いから暖気の下に潜ろうとする。つまり，位置のバランスが不安定なので，安定な状態に向かおうとして空気の移動が起こる。この寒気と暖気の境界が前線にあたる。これは位置のエネルギーが運動のエネルギーに変わっているものであり，これが低気圧の運動を支えるエネルギーである。

問23 台風の強さと大きさについて述べよ。

【答】

強さ	中心付近の最大風速	国際記号
表現しない	17m／s（34kt）以上，25m／s（48kt）未満	T.S（Tropical Storm）
	25m／s（48kt）以上，33m／s（64kt）未満	S.T.S（Severe Tropical Storm）
強い	33m／s（64kt）以上，44m／s（85kt）未満	T（Typhoon）
非常に強い	44m／s（85kt）以上，54m／s（105kt）未満	
猛烈	54m／s（105kt）以上	

大きさ	風速15m／s以上の半径
表現しない	500km未満
大型（大きい）	500km以上，800km未満
超大型（非常に大きい）	800km以上

問24　台風の進路予想，転向点の予想について述べよ。

【答】
・外挿法によって，半日か，せいぜい1日前後までの進路を予想する。
・台風は気圧下降の最も大きい方向に進む。気圧等変化線図を作るとよい。
・台風は暖域に向かって進む。
・500hpa等圧面の気流から，台風を押し流す風，すなわち一般流を見つけ出す。
・台風は，500hpa等圧面天気図上で，5820～5860mの等高線に沿って進む傾向があり，東西に伸びる気圧の峰の南3～5°（緯度）で転向しやすい。

問25　台風は上陸すると一般に勢力が弱るが，その理由について述べよ。

【答】　海上から蒸発した水蒸気が補充されなくなり，台風のエネルギーである潜熱の発生が少なくなるためである。また，台風が上陸すれば地面摩擦のため衰弱するのが普通で，山脈を越えるときには中心が分裂することもある。

③ 気象・海象

問 26 台風の発生とその接近について，一般的兆候を述べよ。

答 ＜うねり＞
・うねりは台風の進行速度よりも速く進むので，いつもと違った波長，周期，方向を持ったうねりが観測されれば，台風の接近が予想できる。
・海岸地方では，うねりが海岸に当たって海鳴りを起きこす。

＜雲＞
・台風のはるか前方では，巻雲が台風の中心から広がっている。放射状巻雲が水平線の一点から広がっているとき，その方向に台風がある。
・巻層雲によって太陽や月に「かさ」がかかる（温暖前線のときと同様）。
・日出没時に空が異常に赤くなる。
・台風は背が高く上層の風に流されるので，上層雲の動きに注意すると，その動く方向や速さなどから台風の動きが予想できる。

＜気圧＞
気圧がその地の日変化以上に下がるときや，その場所の平均よりも5hpa以上低いときは，台風の接近が予想できる。

＜風＞
・貿易風や海陸風は規則正しく吹くが，これが突然乱れるとき。
・風向が東寄りから北寄りに変わるとき。
・台風期に，風が平均よりも25％以上強くなるとき。

＜その他＞
・低緯度でスコールが頻発するときは，台風の発生が予想できる。
・空電が多いときは，台風の接近が予想できる。

問 27 北半球において，台風の左半円からの脱出方法および，ちちゅう法（heave to）に比しての注意事項を述べよ。

答 順走法（scudding）
波浪を斜め船尾方向に受けながら，波に追われるように航走する。利点は，船の受ける波の衝撃力は最も小さく，相当の速力を保持してもよいので，荒天海面，特に台風中心から積極的に脱出するような場合によい。

欠点としては，プープダウンを招きやすく，保針性も悪く，ブローチングを誘発しやすい。また，風下側に十分な水域を必要とする。

問28 台風接近時の高潮について述べよ。

答 日本においては，南から接近してくる台風による暴風が高潮の原因となりやすい。高潮が発生しやすい場所は
・湾口が南側（太平洋）に面している
・湾内の水深が浅い
・入り江の奥行きが長い場所
である。具体的には，東京湾，伊勢湾，大阪湾，周防灘，有明海等があげられる。台風のもたらす風向を考慮すれば，当然ながら，これらの湾や海域の西側を台風が通過したときに高潮が発生しやすい。

問29 サイクロンについて述べよ。

答 インド洋北部のサイクロンは，4月～6月と9月～12月の2シーズンに分かれて発生する。発生場所はアラビア海，ベンガル湾で，ベンガル湾では特に秋に発生する。インド洋北部では盛夏の頃が雨期にあたるため，7月～8月にはほとんど発生しない。

問30 高層天気図の種類とそれぞれの利用法を述べよ。また，船舶で使用しているのはどれか。

答 (1) 種類と利用法
　　＜850hpa（地上約1500m）＞
　　　地上に近いので，地上天気図では判定しにくい前線や気団の解析と下層の風系の発散や収斂を調べる。
　　＜700hpa（地上約3000m）＞
　　　中層雲の高さに相当するので，地上の降水現象の判断材料になる。
　　＜500hpa（地上約5500m）＞
　　　大気圧の半分に近いところで，大気の平均構造を代表している。し

たがって，大気の水平循環を判断するのに重要で，台風の進路予報，発達した低気圧の進路予報に使用される。

<300hpa（地上約9000m）>

対流圏の上部にあたり，ジェット・ストリームと圏界面の解析に使われる。

(2) 船舶で使用しているのは500hpaである。500hpa面は対流圏のほぼ中間の高度に位置し，大気構造を代表する高さであるとともに，500hpa面の気圧の谷は1日に経度10°ぐらいの速さで東進するため，気圧系を追跡しながら2〜3日の短期予報を行う場合に重要である。

また，地上低気圧の進行方向・発達等の判断に使用する。

- 対流圏上部に達しない低気圧は，500hpa面の風の方向に進む。
- 一般に，500hpa面における地衡風速の半分の速さで進む。
- 気圧の谷の西側では，低気圧は東進あるいは南東進するが，移動が遅くなる。気圧の谷の東側では，東北進する傾向を持ち，速度も速くなる。
- 500hpa面の流れが地上の前線に平行なとき，この前線上で低気圧は発達する。
- 500hpa面の強風帯が地上低気圧の真上かすぐ北側を流れているとき，低気圧は発達する。
- 地上の低気圧と500hpa面の気圧の谷の間を通る等温線の間隔が周りに比べて狭いと，低気圧は発達する。

問31 高層天気図の高層の低気圧の位置と地上天気図の地上の低気圧の位置は一致するか。また，等高度線に対して，風はどの方向に吹くか。

答 地上の低気圧の中心や気圧の谷は，高層に行くほど寒気側に寄る。よって，一致しない。

逆に，地上の高気圧の中心や峰は，高層に行くほど暖気側に寄る。

高層風は摩擦の影響が少なく，地衡風に近い。したがって，等高線にほぼ平行に風が吹く。

問32 高層天気図はどのように描かれているか。

【答】（下図参照）
- 気象要素として，風向・風速，気温，気温と露点温度の差。
- 等高線が実線で表され，普通60mごとに引かれている。300hpa面では120mごとに引かれている。等高線は，一定の気圧が各地でどの高さにあるかを測定し，その等値を連ねた線である。
- 等温線が破線で表され，6℃ごとに引かれるが，必要に応じて3℃ごとになる。
- その他，必要に応じてC（寒域），W（暖域），高気圧，低気圧，熱帯低気圧，台風が記入される。

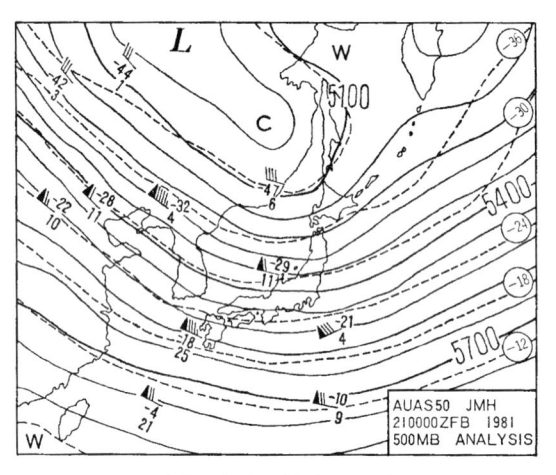

高層天気図の例（500hpa）

【問】33 地上天気図と高層天気図の関係について述べよ。

【答】　地上天気図は，地表上の建物や地形の影響で空気が乱されたり，摩擦のために渦流ができ，大気が擾乱を受けるため，気圧分布も複雑になる。これに対し，高層天気図では，上空ではこれらの影響がないので，気圧型が単純で，数日前から低気圧や高気圧を追跡するのが比較的容易である。高層の気象と地上の天気には密接な関係があるから，高層の気圧型を追跡することによって，数日後の地上の低気圧の発生や発達，高気圧の発達状態を予測することができる。

問 34 高層天気図を利用して地上低気圧の発達を予想する場合，気圧の谷の西と東ではどのように違うか。

答
- 地上の低気圧に高層の偏西風波動の気圧の谷の東側が重なると低気圧は発達し，気圧の谷の西側が重なると低気圧は衰弱する。
- 高層の気圧の谷の西側は北西流の場で，この気流に乗って寒気が気圧の谷の西方から谷に向かって南下してくると気温傾度が増大し，谷の東方で低気圧が発生・発達する。
- 気圧の谷が深まるほど寒気は南下しやすく，低気圧は発達する。
- 等高線が気圧の峰の部分よりも谷の方で混んでいる場合，低気圧は発達する。

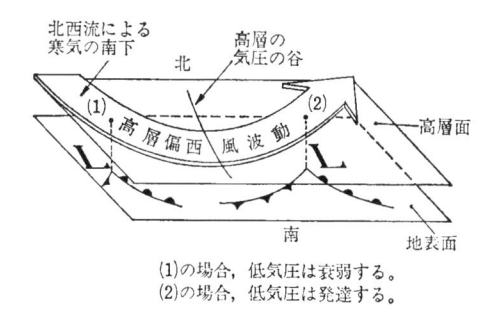

高層面と地表面との合成図

問 35 高層天気図の気圧の谷は，一日にどの程度の速度で進むか。また，高層の風の流れに対して地上低気圧はどの程度の速さで進むか。

答
- 500hPa 面で一日に経度 10°ぐらいの速度
- 500hPa 等圧面における地衡風の半分の速さ

問 36 高層天気図で，船舶着氷が発生するかどうかを判断する方法を述べよ。

答 上空の寒気（− 30℃）が，どの位置まで南下しているかどうかを調べる。

問 37　高層天気図（500hpa，850hpa，渦度解析図）から，地上図の低気圧の今後の予想を根拠とともに述べよ。

答
- 500hPa 面の流れが地上の前線に平行な場合，この前線上で低気圧は発生・発達する。
- 850hPa 面において，前線を直角に押す実測風速の成分に対し，寒冷前線はその風速で，温暖前線はその 70 〜 80%の速さで進む。
- 渦度解析図では，（＋）は低気圧性の渦，（－）は高気圧性の渦である。（＋）の渦度移流が大きいところでは，低気圧が発生・発達しやすい。
- 低気圧は閉塞するまでは発達し，閉塞の初期がその最盛期である。
- 等高線と等温線が平行な場所は移流が起こらず，谷の付近の温度分布は時間が経過しても変化しないので，発生した低気圧は発達しない。
- 谷の東方（前方）に暖気の移流，西方（後方）に寒気の移流が生じるので，等温線は波型に変形し，時間が経過すれば，谷は北から流入した寒気で満たされ，発生した低気圧は発達する。

問 38　気温減率，断熱気温減率について述べよ。

答　気温減率とは，高さによる気温の減少率をいい，約 0.6℃／100m である。
　断熱気温減率とは，気塊を断熱的に上昇させたときの気塊内の気温減少率で，乾燥空気では常に 0.98℃／100m である。

問 39　フェーン現象について述べよ。

答　対流圏内の一般大気中では，平均すると気温は 100m につき 0.5 〜 0.6℃下がる。これに対し，ある空気の塊が急激に上昇すると，上空は気圧が低いので，同じ気圧になろうとしてその空気塊は膨張する。このことは，物理的にいうと外に対して仕事をしたことになり，その分だけエネルギーを消費したことになる。つまり，温度が下がる。これが乾燥断熱変化で，その割合（乾燥断熱減率）は，1℃／100m で下がる。
　ところが，上昇空気とともに水蒸気も同時に運ばれるから，気温の低下

とともに湿度が高くなり，さらに上昇を続ければ，やがて飽和に達する。飽和後も気温が下がれば，すなわち上昇が続けば，余分な水蒸気が水滴になる。このとき，潜熱を放出して空気を暖めるので，気温の下がり方が半減し，約 0.4 〜 0.5℃／100m になる。これを湿潤断熱変化という。

　温暖多湿な空気が山を越えるために上昇すれば，風上側（山の手前）では，最初は乾燥断熱変化をするが，やがて飽和に達する。その後，湿潤断熱変化を長期にわたり起こし，雨を降らせる。やがて山を越えて，風下側にこの空気が吹きおりてくると，雨のため水分が少なくなっているので，湿潤断熱変化は少なく，乾燥断熱変化が長くなる。その期間が長ければ乾燥断熱昇温の効果が大きくなり，風上側の大気に比べて高温となって乾燥した風が吹く。これがフェーン現象である。

　フェーン現象は，日本海低気圧型の気圧配置の場合に起こりやすい。この気圧配置は，立春を過ぎ 2 月半ばによく見られ，低気圧が発達しながら日本海を北東進し，太平洋沖合いの移動性高気圧との間の暖域に日本列島が入る気圧配置である。このとき，太平洋岸から強い南風が吹き込み，日本海側にフェーン現象が起きやすくなる。

問 40　大気の安定・不安定について述べよ。また，日本で不安定が生じる状況について述べよ。

答　＜大気の安定・不安定＞
　大気中で，一部分の空気塊がわずかに上昇あるいは下降したとする。このとき，もし空気塊が元の高さに逆戻りしようとする傾向があれば，大気の成層状態は安定であるという。また，空気塊が移動した後，さらに元の高さから離れていこうとする傾向があれば，大気の成層状態は不安定であるという。

＜日本海低気圧型のとき＞
　春先の 2 〜 3 月に生じる。南西風が強く，気温が上昇し，日本海側ではフェーン現象が起こることがある。平地では天気は良いが，山岳地帯では暴風雨になる。日本海の低気圧が東方海上に進むと，低気圧は発達し，大陸高気圧が張り出して，気圧配置は西高東低となり，日本付近では北西風が強まり，太平洋側は晴天，日本海側は雨または雪になる。

《参考》
<安定>
　大気の気温減率が乾燥断熱減率より小さい場合である。空気塊がわずかに上昇すると，この空気は断熱冷却するため，周囲の一般の大気よりも冷たく重くなって下降し，旧位置へ戻ろうとする。わずかに下降すると，周囲の空気より温度が高くなって上昇し，旧位置に戻ろうとする。
<中立>
　大気の気温減率が乾燥断熱減率に等しい場合である。空気塊の温度は，新しい位置において周囲の空気と同温度であるため，中立な平衡状態を保つ。
<不安定>
　大気の気温減率が乾燥断熱減率より大きい場合である。空気塊は上昇すると周囲より温度が高くなり，下降すると低くなる。そのため空気塊はさらにその移動を大きくしようとする。

問41 日本付近の代表的な気圧配置について述べよ。

答　<西高東低型（冬の代表）>
　大陸にはシベリア高気圧が張り出し，アリューシャン方面に低気圧がある型。気圧傾度が急峻で強い北西季節風をもたらす。寒気があふれ出し，日本近海は寒い。
<台湾坊主（東シナ海低気圧。冬～春）>
　季節風が弱まったとき，台湾付近の等圧線が丸くなって発生する。東シナ海から日本の太平洋岸を通る。天気変化は早く，ときには非常に発達して大しけとなる。
<日本海低気圧型（冬～春）>
　日本海を低気圧が北上する型で，弱い低気圧が急に発達することがある。日本は暖域の中に入り，暖域に吹き込む風は強く，突風となる。気温が上昇するので，この風は「春一番」と呼ばれる。
<二つ玉低気圧型（冬～春）>
　日本を挟んで北と南に二つの低気圧が並んで東進する。太平洋側を進行する低気圧は三陸沖に達した後，発達する。その後，季節風が強まる。

<移動性高気圧型（春と秋）>
　シベリア高気圧と小笠原高気圧が，一時，退いている期間に出現する。高気圧内では天気が良く，穏やかであるが，後から低気圧が続くので好天は長続きしない。
<帯状高気圧型（春と秋）>
　移動性高気圧が東西にいくつも並んで進む。そのため，好天が続く。
<梅雨（初夏）>
　6月中旬から7月中旬の約1カ月間。オホーツク海高気圧と小笠原高気圧に挟まれた前線が日本の南岸に停滞し，雨がちのぐずついた天気が続く。
<南高北低型（夏の代表）>
　小笠原高気圧の張り出しが南寄りに日本を覆い，低気圧が大陸の北方に存在する。夏の季節風をもたらし，蒸し暑く，良い天気が続く。
<東高西低型（夏）>
　南高北低に比べて，小笠原高気圧の張り出しが北に偏る場合。天気は安定し，高温で乾燥する。南方では豆台風の発生が多くなる。
<台風（夏と秋）>
　台風が日本を襲来するときの型で，日本各地に暴風雨をもたらす。
<北高南低型（主として秋）>
　オホーツク海高気圧が存在したり，移動性高気圧が北に偏ったりするときに，日本南岸に停滞前線ができる。秋の長雨がこれである。北日本は天気が良いが，関東以西では気温が低く，天気がぐずつく。
《参考》
　天気図については，気象庁のウェブサイトの「日々の天気図」(http://www.data.jma.go.jp/fcd/yoho/hibiten/index.html) を参照。

問 42 偏西風の定義を述べよ。また，偏西風によって天候にどのような変化が生じるか。

答　<偏西風>
　中緯度高圧帯から亜寒帯低圧帯に向かって吹く西よりの風である。
<偏西風による天候の変化>
　中緯度で上空に吹いている偏西風の気流は，南北に振動しながら西か

ら東に流れる。これを偏西風波動という。偏西風波動は通常，東向きに進行するが，波動の谷の前方では低気圧が，後方では高気圧が発達しやすいので，波動の振幅および進行速度は，地上の天気を予測するのに利用できる。

問 43 前線の種類と気象の変化について述べよ。

答 ＜温暖前線＞
暖気が寒気の位置へ前線を押し進めるもの。
気圧変化：前線が接近すると，気圧は下降を続ける。前線通過後は下降は止まり，ほぼ一定となる。
風：前線の前方では南東風で，接近とともに強くなる。前線通過後は風も一時弱まり，南西風となる。
雲：1000km 前方から巻雲，巻層雲が出現し，前線接近とともに雲は低く厚くなり，高層雲となる。やがて 500km 前方から乱層雲（雨雲）に変化して，雨が降る。
降水：500km 前方の乱層雲とともに雨が降り出す。持続性のある，しとしと雨で地雨という。前線通過まで降り続く。
気温：前線が通過するといくらか高くなるが，その後ほぼ一定になる。

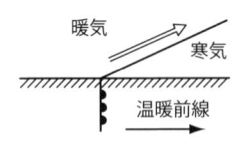

＜停滞前線＞
暖気と寒気の勢力に差がなく，ほとんど移動しない。

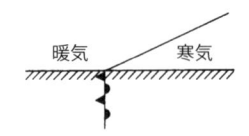

＜寒冷前線＞
寒気が暖気の位置へ前線を推し進めるもの。

気圧変化：それまでほぼ一定だった気圧が前線接近とともに下がり，前線が通過すると次第に上昇する。

風：前線の前方では南西風が吹いている。前線接近とともに風は一段と強くなり，強風とともに突風が吹く。前線通過後には北西風に変わり，風も次第に収まる。

雲：前線の前方300kmあたりに高積雲が現れる。やがて50km前方になると，積雲と積乱雲が堤のように押し寄せてくる。前線通過後もしばらく雲が残り，後方150kmまで続く。

降水：50km前方の積乱雲とともに強弱の激しいしゅう雨が降り，ときには雷が混じる。前線後方100kmまで続く。

気温：前線の前方では暖気内にいるので気温は高めであるが，前線通過後は新鮮な寒気内に入るので気温は顕著に下がる。

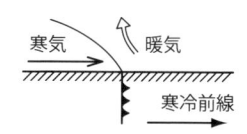

<閉塞前線>

寒冷前線が温暖前線に追いつき，温暖前線の寒気と寒冷前線の寒気の間でできる前線。

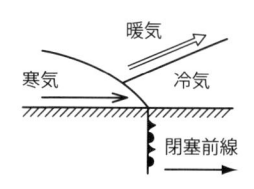

問44 波浪図と低気圧の関係について述べよ。

答
・波浪と低気圧の進行は必ずしも一致せず，低気圧通過後に高波高域が取り残されることがある。
・高波高域が残存するところへ引き続いて低気圧が接近してくると，異常に高い波が発生することがある。
・高波高域のあるところへ後からきた低気圧によって起こされた波浪がぶつかりあって，混乱波が生じることがある。

問45 外洋波浪図について述べよ。

答 ＜記載事項＞
　　風浪の周期・波高・方向
　　風向・風速
　　うねりの方向・周期・波高
　　等波高線
　　卓越波高
＜利用価値＞
　船体に働く外力のうち，最も大きいものは波浪である。その意味で船体の強度はもちろん，積荷の移動，航行速力等のすべてが波浪の大小に大きく影響される。自船の現在位置から次にとるべき針路を決めるうえで，波浪図は情報価値をもつ。各海域の波高変化の追跡，高波高域の動向の判断，高波高域と高気圧・低気圧や前線系との相互関係の調査に利用できる。
＜利用上の注意＞
・波高は風浪・うねりとも有義波高である。
・等波高線は，風浪とうねりの合成波である。
・沿岸付近の磯波や潮波は考慮されていない。
・海流と風向が反対の場合，現場では波浪図以上の波がたち，険しい波になる。
・擾乱規模として200km以上を扱っているので，その以下の解析は十分でない。

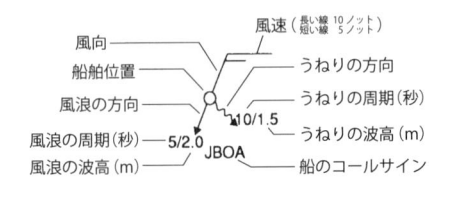

　　　　　　　　　　　　風速（長い線 10ノット）
　　　　　　　　　　　　　　 （短い線 5ノット）
　　　　風向
　　　船舶位置　　　　　　　　うねりの方向
　　　風浪の方向　　　　　　　うねりの周期（秒）
　　　　　　　　　　　 10/1.5
　　風浪の周期（秒）─5/2.0　うねりの波高（m）
　　　　　　　　　　　 JBOA
　　風浪の波高（m）　　　　　船のコールサイン

　　──3── ：等波高線(m)　　H：高気圧
　　　⇒　　：卓越波向　　　　L：低気圧
　　　⋯⋯　：混乱波の発生海域　T：台風
　　　　　　　　　　　　　　⊕：H, L, Tの中心と中心示度

外洋波浪図の記号

③ 気象・海象

問 46　潮浪とはどのような現象か。

答　潮流や海流の強いところにできる波のことである。特徴としては，風浪に比べて波長が短いわりに波の高さが非常に高い。風が潮流や海流と反対方向に吹いているとき，特に高い波が立つ。冬に西風が吹いているとき，潮流が反対方向に流れると，高い波が立ち，乾舷の低い船や貨物満載時の船では，海水が船上に打ち上げて危険なことがある。潮海流の強い明石海峡，播磨灘付近，大隅半島や伊良子水道の神島付近などに起こりやすい。

問 47　高潮はどのようなときに，また，どのような場所で起きるか。また，気圧による海面の上昇はどれくらいか。

答　＜台風来襲時＞
　台風が来ると気圧が低くなるため，海面が吸い上げられる。
＜強風時＞
　沖から吹きつける風が強いとき，海水は岸へ吹き寄せられて海面が高くなる。風による海面上昇は風速の自乗に比例して，浅くて長い湾ほど激しい。
＜日常の潮汐＞
　満潮時には大きな高潮になる。
＜風浪＞
　風のために高い波が立って，堤防なども越してしまい，高潮を増加させる。
＜高潮が起こりやすい場所＞
　南に向かって開いた遠浅の湾である。高潮が起きたときの台風の経路を見ると，湾のすぐ西側を台風の中心が通過している。すなわち，台風がすぐ近くを通り，気圧は低く，台風の危険半円に入るため，強風（南風）が吹き込んでくる。
＜気圧による海面の上昇＞
　気圧が 1hpa 下がると 1cm 上昇する。

問 48　津波の発生について述べよ。

答　津波は，地震や海底の火山の噴火等によって海底の形が急激に変わるときに起こる。海底が変形したところを中心として波が四方に広がっていくが，このとき海水は海底から水面まで同じように水平に移動する。風浪では表面の海水しか動かないが，津波では深いところの海水も動く。津波は岸に近づいたとき，波の高さも高くなり，湾口がU字形やV字形に開いていると，湾内の水位は非常に高くなり，被害を生じることがある。停泊船は，津波警報が発令されたら広い沖合いに出ることが必要である。

＜地震津波の特徴＞

周期（波長）が非常に長く，数分から数十分のものが多い。海洋の震源地から環状に広がるため，震源の位置と時刻を観測することにより，津波の到達時刻を予測することができる。速度が極めて速く，約200m／sである。最初の波高は極めて小さいが，深く陸地に切れ込んだ湾に達すると急に波高が大きくなり，数メートルから数十メートルの水壁となることもある。

問 49　有義波高とは何か。

答　海上の波にはさまざまな規模のものが入り混じっているので，その海域を代表するような平均的な波高をもつ波を計算で求め，それを有義波または1／3最高波と呼んでいる。

有義波の波高は，引き続いて観測されたN個の波の中から，波高の高いものからN／3個選び，それらの各波高を平均して求める。

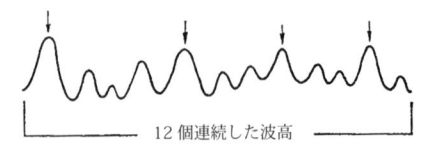

12個の波高のなかから，その1／3に相当する矢印の4個を選び，平均したものが有義波高となる。

同様にして選んだN／10個の波の平均波高と平均周期を有する波を1／10最大波という。1／3有義波の波高を1.0とすると，1／10最大波

の波高は 1.27，1/100 最大波の波高は 1.61，1/1000 最大波は 1.94 となる。

問 50 船舶と波浪との出合周期（算式）について述べよ。

答 $T = \lambda / Vw + Vs \cdot \cos\theta$
　　T：出合い周期（s）
　　λ：波長（m）
　　Vw：波の伝搬速度（m/s）
　　Vs：船速（m/s）

問 51 パイロットチャートに記載された記号（ウィンドローズ）について述べよ。

答
・5°四方毎に記載されている。
・八方位で，風の吹いてくる方向と割合（軸の長さ），矢羽で強さ（ビューフォート階級）を示している。
・中央の数字は calm の割合を示す。
・風向の割合が 29%以上の場合は，軸に数字を記載している。

問 52 天気図において，GW，SW とは何の略か。

答 GW：Gale warning
　　SW：Storm warning

問 53 海上保安庁刊行の潮汐表に掲載されている潮高，潮時の誤差は，どの程度か。

答 潮時で 20〜30 分，潮高で 0.3m の最大誤差がある。

問 54 海図記載の水深の許容誤差について述べよ。

176　Part 2　運用

答　最低水面下の水深をメートル表示している。
　　21m 未満：0.1m 未満部分切捨て
　　21m 以上 31m 未満：0.5m 未満部分切捨て，0.5m 以上を 0.5m としている
　　31m 以上：1m 未満部分切捨て

問 55　ECDIS（電子海図情報表示装置）において，水深の精度はどのように表示されるか。

答

ZOC	測位位置の精度	測深精度	測深範囲	測深方法	CATZOC Symbol
A1	± 5m	0.50 m + 水深の 1%	全エリア探査。海底形状の探査および測深。	DGPS または高精度なクロスベアリングとマルチビームを使用した高精度な位置および測深精度。	(※※※)
A2	± 20m	1.00 m + 水深の 2%	全エリア探査。海底形状の探査および測深。	最新のエコーサウンダーとソナーまたは掃海による測深。位置精度および測深精度が ZOC A1 より劣る。	(※※※)
B	± 50m	1.00 m + 水深の 2%	全エリア探査でない。海図未記載の物体，航海上の危険は予見できないが存在するかもしれない。	最新のエコーサウンダーまたは掃海による測深。測深精度は同程度だが位置精度が ZOC A2 より劣る。	(※※※)
C	± 500m	2.00 m + 水深の 5%	全エリア探査ではない。水深の誤差が予想される。	低精度の探査または航路の測深時に付随的に収集されたデータ。	(※ ※ ※)
D	ZOC C より悪い	ZOC C より悪い	全エリア探査ではない。大幅な水深の誤差が予測される。	低品質のデータまたは情報の欠落により，品質の評価のできないデータ。	(※ ※)
U	評価を実施していない。測深データ品質の評価を行っていない。				(U)

問 56　任意時の潮汐の求め方について述べよ。

答　厳密に求めるならば，潮汐表の「任意時の潮高を求める表」を使用する。
　　高潮と低潮の時刻と潮高がわかっている場合，その間の任意時刻における潮高の概算を求めるには，高潮時と低潮時の間はおよそ 6 時間 12 分だ

から，その間を6等分すると，時間毎に1：2：3：3：2：1の比率で潮高が変化する。すなわち，最初の1時間では潮差の1／12，次の1時間（2時間後）では2／12，次の1時間（3時間後）では3／12と変化する。

たとえば，

　　低潮　0520　0.3m
　　高潮　1120　2.4m

のとき，0944の潮高を求めるには，低潮から4時間後の範囲に入るので，

　　(2.4 − 0.3) × (1／12 + 2／12 + 3／12 + 3／12) ≒ 1.6
　　0.3 + 1.6 = 1.9m

となる。

問57 海流が気象・海象に与える影響について述べよ。

答 海流は，絶え間なく莫大な量の海水を運び続けているが，それとともに，大量の熱，塩分等を運搬している。このため，海流はその地域の天気や気候に大きな影響を与える。

問58 海流の成因について述べよ。

答 ＜風成海流（吹送流）＞

風が定常的に海面を吹けば，海水の粘性によって流れが起こり，海流となる。風で海面の上皮が動くため，皮流（風漂流）ともいう。地球が自転しているために働く力，コリオリ力があるため，海流は風向に沿って流れない。北半球では風向に対して右にずれて，南半球では左にずれて流れる。

＜地衡流（密度流）＞

原因が何であれ，海水が運動すればコリオリ力が働き，圧力分布に不均衡が生じる。これを釣り合い状態にしようとする作用が地衡流である。

＜傾斜流＞

海水が風によってある方向に移動すれば，沿岸近くでは海水が堆積して海面に傾斜が起こる。この傾斜が海水中に圧力分布を起こし，これと平衡するために海水の運動が起こることによる海流。

<補流>
　1つの主な海流があると，海水を補充するために周囲から海水が動いてできる海流。湧昇流（上昇流）と沈降流（下降流）も補流の一種である。
<赤道潜流>
　赤道直下を，海水の表面とは逆向きに東に流れる水深100mを中心にした流れをいう。

問59 太平洋の海流について述べよ。

答　㋐：北赤道海流（暖流）

　　北回帰線の南側を0.5〜1.0ノットで西流する。西へ進むほど流速が増す。フィリピン諸島に当たって北上するものが黒潮に連なり，南下するものがミンダナオ海流になる。

㋑：赤道反流（暖流）

　　赤道の北側に存在し，北赤道海流と南赤道海流の間を東流する。

㋒：黒潮（暖流）

　　台湾の南東から北上し，沖縄の西方を通過，屋久島の南西のトカラ海峡を通って太平洋に出る。その後，日本の太平洋沿岸沿いに北東進し，潮岬沖で最も陸岸に近づく。三宅島と御蔵島間は浅所となっており，流速も強く（4〜5ノット），黒瀬川などといわれている。その後，北上した流れは寒流である親潮と三陸沖で出合い，東流する。

㋓：親潮（寒流）

　　オホーツク海，千島近海，カムチャツカ半島付近の海氷が溶けて南下する海流で，0.3〜1.0ノット程度の流速を持つ。

㋔：北太平洋海流（暖流）

　　東流した黒潮はしばらく黒潮続流として流れるが，40°N〜50°Nの偏西風帯による西風皮流の北太平洋海流となって，アラスカやカナダ沿岸に達する。

㋕：アラスカ海流（寒流）

　　北太平洋海流の一部が北上し，反時計回りのアラスカ海流となる。

③　気象・海象　179

㋖：カリフォルニア海流（寒流）
　　北太平洋海流の一部が北米大陸西岸に当たり南下し，カリフォルニア海流となり，やがて北赤道海流に連なる。
㋗：南赤道海流（暖流）
　　南東貿易風によってできる海流で，北赤道海流に比べると幅がはるかに広い。西流してオーストラリアの東に達する。
㋘：東オーストラリア海流（暖流）
　　南赤道海流に連なって，オーストラリア東岸を南下する海流で，0.5～3ノットの流速をもつ。
㋙：周南極海流（寒流）
　　南半球では，40°S以南ではほとんど陸地がなく偏西風も強い。これに伴う西風皮流である。
㋚：ペルー海流（寒流）
　　周南極海流の一部が南米南端で二分し，一部は大西洋を北上し，一部が南米西岸を北上し，ペルー海流となる。
㋛：南極海流（寒流）
　　60°S以南の南極大陸をめぐる西流で，周南極海流と境を接する。流氷，氷山が多い。

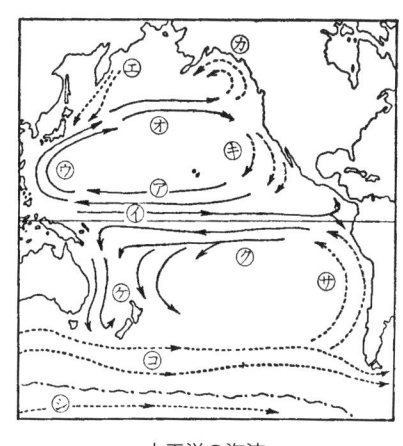

太平洋の海流

問60　大西洋の海流について述べよ。

答　㋐：北赤道海流（暖流）
　　北回帰線の南側を西流する。西端では，西インド諸島の東側を北西進するアンチール海流（㋑）になる。一部はメキシコ湾に入り，フロリダ海峡から流れ出すフロリダ海流（㋒）になる。
㋓：赤道反流（暖流）
　　太平洋ほど顕著ではなく，アフリカ西岸のギニア湾付近に出現する反流で，アフリカ大陸沿いに東進する。

㋖：ガルフストリーム（暖流）

フロリダ海流とアンティル海流を源として，ハッテラス岬から大西洋の中央部アゾレス諸島まで北進する。黒潮よりも強勢な暖流である。

㋕：アイルランド海流（暖流）

メキシコ湾流の続きからイギリス近海までをアイルランド海流という。

㋖：北大西洋海流（暖流）

イギリス近海からノルウェー，北極海までを北大西洋海流という。偏西風による西風皮流であり，北ヨーロッパに温暖な気候をもたらしている。

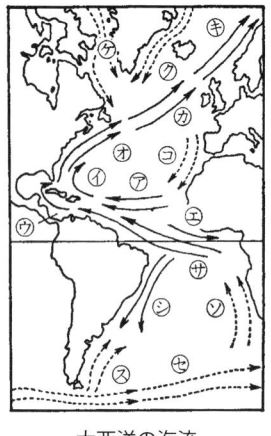

太西洋の海流

㋗：東グリーンランド海流（寒流）

北極海を起源として，グリーンランド東岸を南下する海流である。

㋘：ラブラドル海流（寒流）

バフィン湾を起源としてデービス海峡を通ってニューファンドランド沖合いに達する。いずれも，春季に多量の流氷や氷山を運ぶ。

㋙：カナリー海流（寒流）

メキシコ湾流の一部がポルトガル沖で南下し，アフリカ西岸のカナリー諸島を南西に流れる。

㋚：南赤道海流（暖流）

赤道付近にあって西流する。ブラジルの東，サンロケ岬で北上し，フロリダ海流に連なるものと，南下してブラジル海流に連なるものがある。

㋛：ブラジル海流（暖流）

南米東岸を南下する暖流。

㋜：フォークランド海流（寒流）

周南極海流から分かれてホーン岬を北上してくる寒流。

㋝：周南極海流（寒流）

40°S以南付近を東流する西風皮流である。

㋞：ベンゲラ海流（寒流）

東流する周南極海流の一部がアフリカ南端から西岸を北上し，ベンゲラ海流となる。

3 気象・海象　181

問61 インド洋の海流について述べよ。

答　インド洋では，季節風の交代によって海流の向きが反転する季節風海流が特徴である。

冬は北東季節風がベンガル湾，アラビア海を吹くので，赤道との間に反時計回りの北東季節風海流（暖流，⑦）が卓越する。この反時計回りの赤道付近の流れが赤道反流（暖流，④）を形成する。赤道より南側は北側と同じように反時計回りの流れとなっている。

夏は南西季節風によって時計回りの南西季節風海流（暖流，㋙）が発達し，南赤道海流（暖流，㋒）との間で大きな環流をなし，赤道反流は不明瞭となる。

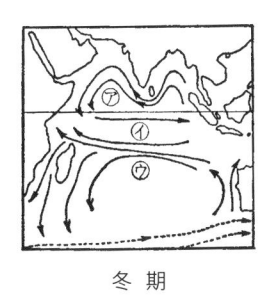

冬　期 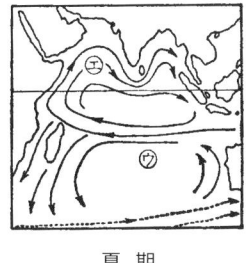　　　　　夏　期

問62 南シナ海の海流について述べよ。

答　南シナ海も，インド洋と同じように季節風によって海流の流れが逆転する季節風海流である。

冬は北東季節風によって南シナ海を反時計回りに流れる海流となり，東側よりも大陸沿いに南下する海流が卓越する。

夏は南西季節風によって南シナ海を時計回りに流れる。やはり，東側よりも大陸沿いに北上する海流が卓越する。

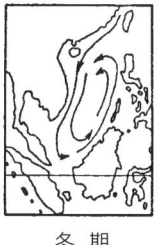

冬　期 　　　　　夏　期

問 63　アフリカ南側の海流について述べよ。

答　インド洋側では，南赤道海流が西流してアフリカ東岸に達し，アフリカ大陸とマダガスカル島の間を南下するモザンビーク海流（暖流，㋐）となる。これがさらに，南アフリカ東岸から喜望峰の南岸にかけて南流するアグリアス海流（暖流，㋑）に連なる。

一方，アフリカの西岸では，東流する周南極海流の一部がアフリカ南端から西岸を北上し，ベンゲラ海流（寒流，㋒）となる。

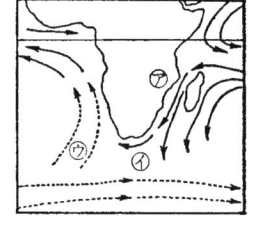

アフリカ南側の海流

問 64　エルニーニョについて述べよ。

答　ペルー沖の海域は，普段は湧昇流によって栄養分に富む冷たい海水で満たされているが，数年に一度の割合で，赤道方面からの暖かい海水が流れ込むことがある。これをエルニーニョという。その原因は十分解明されていない。エルニーニョは数カ月も続き，沿岸の気候に影響を与え，海中のプランクトンを死滅させるので，世界有数の漁場である同海域の漁獲量を激減させる。

問 65　ボア（Tidal Bore）とは何か。

答　自由潮汐波の進行速度は深さの平方根に比例するから，深さが浅いほど小さくなる。水深に比べて潮差が大きいところでは１つの波の中でも山と谷とでは速度が異なり，山の方が早くなる。そこで，波形は進行の前面が急になり，後面が緩やかになるから，上げ潮の時間は下げ潮の時間よりも短くなる。河川に潮汐波が入っていくところでは，この現象がよく見られる。これが甚だしくなれば，波の前面はほとんど垂直の壁となって，瀑布のようになって進み，やがて海岸近くの砕け波のように巻いて砕けることがある。これをボアという。中国の銭塘江口におけるものが有名である。

問 66　雲の種類について述べよ。

答　対流圏の高さは季節によって変動するので、雲の発生する高度も季節によって変化する。平均的には次表の通り。

雲の分類	雲の種類	雲の高さ
下層雲	層雲（St），層積雲（Sc）	地表付近，500～2000m 以下
中層雲	高積雲（Ac），高層雲（As），乱層雲（Ns）	2000～6000m 以下
高層雲	巻雲（Ci），巻層雲（Cs），巻積雲（Cc）	6000m～圏界面の高さまで
垂直に発達する雲	積雲（Cu），積乱雲（Cb）	地表付近500m～圏界面の高さまで

高層雲は主として中層に発生するが、上層に広がることが多い。乱層雲は主として中層に発生するが、上層、下層に広がることが多い。対流圏の高度は、中緯度では冬期9000m、夏期15000mで、年間を通じた平均値は、おおよそ12000mと考えられる。なお、一般に雲の高さは海面から雲底までの高さをいう。

問 67　雲の観測による天候の予想について述べよ。

答　＜天候の予想＞
　巻雲：強い低気圧に伴って発生するもので、この雲の動きを見れば、低気圧等の進路が予想可能である。巻雲が解消すれば好天が連続するが、巻雲がしだいに下層雲に変化するときは、前線の接近するときである。
　高層雲：低気圧の前方に現れることが多く、天気が悪化する兆しである。
　積雲：好天のときに発生する。
　乱層雲：降雨の近いことを示す。
　積乱雲：局地的に、突風、しゅう雨、雷雨を伴うことが多い。
　波状雲：上層に不連続雲の存在することを示し、著しいものは天気悪化の兆しである。
　＜雲形＞
　雲形は大気の安定度と密接な関連があり、一般に雲形を大別すると、積雲形のものと、層雲形のものとに分かれ、積雲形のものは対流性のもので、大気の安定度がよくない場合に発生する。

<雲量>

一般に相対湿度が小さいと雲量が少なく，反対に相対湿度が100%に近いと，雲量はほぼ10と考えてよい。このように，湿度と雲量は密接な関係がある。この両者の関係には，おおよそ次表のような関係がある。ここでいう湿度は，雲のできる高度，すなわち地上1000～2000m付近で観測するのが理想的であるが，地上の湿度を代用しても差し支えない。

湿度	100%	90%	80%	60%	40%
雲量	10	8	6	4	2

また，気温が非常に低いときは標準より雲量が少なく，雲の厚さも薄い。低気圧の中心付近，不連続線の付近などでは雲量が多く，雲の層も厚い。

問68 インド洋の季節風について述べよ。

答 冬期は，アジア大陸の内陸にシベリア高気圧があり，インド洋の赤道付近には赤道収斂線（赤道前線）の存在する気圧配置となっている。したがって，シベリア高気圧からの右回りの吹き出しが赤道収斂線に向かう形となり，北東風の季節風となる。風は8000m級のヒマラヤ山脈に遮られるので強くなく，風力2～4程度，海上は好天で穏やかである。

夏期は，赤道収斂線が北上して中国方面に達する。このため，南半球の南インド洋高気圧による南東貿易風が赤道収斂線めがけてアジア大陸の内陸まで吹き込む。南東貿易風は北半球に入ると，コリオリ力のため右偏し南西貿易風となる。風は平坦な洋上を何千海里も吹きわたるので，強く，風力5～7に達する。海上はしけ模様となる。

問69 南シナ海の季節風について述べよ。

答 季節風の発生原因である気圧配置は，冬期，夏期ともにインド洋方面と同じである。ただし，冬の季節風は，発達したシベリア高気圧の南東端からの吹き出しにより，東シナ海から南シナ海へと洋上を吹きわたってくるので，風力は強く，5～7に達する。風向きは，日本近海から南下するに

つれてコリオリ力によって右偏し，北東風となる。夏期の季節風は，吹き込む南西風が南シナ海南部のジャワ島，スマトラ島に遮られることもあって，インド洋ほど風力は強くない。海上の荒天の度合は，インド洋とは反対となり，冬期は荒れ，夏期は比較的穏やかになる。

問70 日本近海の天気を予想する場合，高気圧について考慮すべき事項を述べよ。

答
- 高気圧の位置，強さ等からその種類，性質を考慮する。
- 高気圧には停滞性，移動性のものがあり，また，寒冷型，温暖型，局地型のものがあって，それぞれにしたがいその域内の天候には特色がある。シベリア高気圧は停滞性高気圧であるが，低気圧が日本東方洋上に発達すると，それを追って移動性のものとなり，東進する。シベリア高気圧は寒冷型で，それが停滞しているときは日本近海には強い季節風が吹き，気温も低くなる。
- 高気圧の性質を判断する場合に，地表面付近の状況だけで判断してはいけない場合がある。ブロッキング高気圧（切離高気圧）の場合，下層は寒冷型でも上層は温暖型となっており，この期間は，日本付近では天気は悪くなる。オホーツク高気圧はこの好例で，寒冷型であるが背が高いため天気は悪くなる。オホーツク高気圧が日本近海に影響を与えるのは梅雨の時季となって，天候は悪い。
- 日本近海では高気圧は西から東へ移動するのが普通であるが，ブロッキング現象によりできた高気圧は，西に逆行することもある。
- 寒冷型高気圧は，気温が低く，シベリア高気圧の場合は強い季節風を吹かせ，オホーツク高気圧の場合は天候を悪くする。
- 温暖型高気圧（小笠原高気圧）は，空気は乾燥し，気温は高く，風は一般に弱く，好天が続く。
- 移動性高気圧は，風が弱く，天候もよい。
- 局地型高気圧は，一日で消滅する。

問71 天気図から低気圧の状態（盛衰，進路等）を予測する方法について述べよ。

答 天気図から低気圧の状態を予測する方法の1つとして，天気図の時系列による比較（過去のものから最新のもの）によって，その移動方向，速度および盛衰の状況を知り，これによって将来の低気圧の位置とその状況を予測する方法がある。

また，低気圧の性質によって予測することも可能である。
・低気圧は，気圧が最も下降している方向に進む。
・低気圧は，前線帯に沿って進む傾向がある。
・低気圧は，降雨域の広い方向に進む。
・低気圧は，上陸すると衰弱し，進行速度も遅くなり，海上に出ると発達し，速度も増す。
・周囲の高気圧が発達すると，低気圧も発達する。
・気圧傾度は中心に近いほど急で，同じ値の等圧線の直径が大きくなるときは発達する。
・前線を境にして存在する寒暖両気団が湿っているほど発達する。
・気圧傾度が中心に近いほど緩やかであり，中心が分裂しているときは衰弱し，風も中心より外側の方が強いほど衰弱することが多い。
・閉塞した低気圧は，一般に衰弱する。

問 72 天気図のみの情報しかなく，その情報量も少ない場合の洋上における天気予察の方法について述べよ。

答 ＜気圧の昇降＞

中緯度以北の高緯度地方で，気圧の変化が少なければ，天候は安定し，持続する。低緯度地方では，日変化が大きい（9時頃最高，15時頃最低で，赤道付近ではその差が4hpa以上となる）ので，比較するには同じ地方時のものでなければならない。日変化以外に気圧の下降が1時間に1hpa以上に及べば，暴風雨（台風，低気圧）が接近してきていると考えられる。

＜風＞

朝から昼にかけて風力が強まり，それから夜にかけて減ずるときは，一般に好天が期待されるが，夜になって風力が強まるのは，低気圧接近の兆しである。

③ 気象・海象

<雲>

　種々の高度に雲が層状に横たわるようなときは，天候が悪くなるか，あるいはなろうとするときである。中層雲がだんだん濃くなるときは雨が近く，温暖前線が接近していると考えられる。上層雲は，台風の進行方向の予知に利用できるが，低気圧に対しては，その量の増し方が速い場合には予報的な価値がある。上層雲が西方から出現する場合には，悪天候の接近の兆しである。このような場合，まず巻雲が現れ，ついで巻積雲，日中なら日暈，月夜なら月暈がかかる。この変化が速いほど天気が悪くなる確率は大きい。

　気圧が下がり，雲量が急増し，雲が低くなるようなら，まず天気は悪くなるものとみて差し支えない。入道雲は雷雲の特有のものであるが，これほど高くならなくても，むくむく盛り上がった雲が線上に広がっているときは寒冷前線の存在を示しているので，やがて海上には突風が吹き，しゅう雨があるものと考えられる（季節に関係ない）。入道雲の頂上付近に巻雲状の雲が取り巻くと，ほとんど確実に雷雨が起こる。

<視程>

　朝霧が日の出とともに消えるときは天気は良いが，持続するときは悪くなる。

<その他の現象>

　星が瞬いたり，あるいは潤んだようなときは天気は悪くなる。夕焼けは一般に良い天気が約束されるが，朝焼けは天気が悪くなる。

問73 日本近海で冬期の季節風が強い理由について述べよ。

答 冬期は，西方にシベリア高気圧があり，アリューシャン方面には発達した低気圧があって，西高東低型の気圧配置となる。等圧線は，日本付近で南北になり，気圧傾度が急になるため，北西季節風が強く吹く。風力は6〜8に達する。また，シベリア高気圧のもたらす寒冷な空気が洋上で温められて不安定化し，強風に伴って突風性の風が吹くことになる。

問74 地衡風および傾度風とは何か。

答 地衡風とは，直線状等圧線に平行に，低圧側を左に見て進む風のことい

う。これは気圧傾度力と地球自転の偏向力（コリオリカ）が釣り合った結果生じるもので，摩擦の影響のない上空1000m以上で吹いている風がこれにあたる。

傾度風とは，上空の曲線状等圧線に沿って吹くと考えられる風のこという。気圧傾度力とコリオリカ，そして，曲線運動をするために働く遠心力の力の釣り合いにいよって生じる風である。

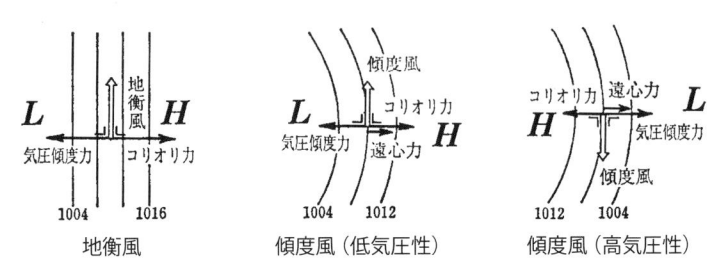

（図：地衡風　　傾度風（低気圧性）　　傾度風（高気圧性））

問75 地表面で吹く風について，等圧線との関係を述べよ。

答 上空の地衡風，傾度風に対して，地表面では摩擦があるため，これが風の力を弱める方向の摩擦力として働く。このため，直線状等圧線であれば，気圧傾度力，コリオリカ，摩擦力の釣り合いであり，曲線状等圧線であれば，気圧傾度，コリオリカ，遠心力，摩擦力の釣り合いとなる。この結果，風は弱くなると同時に，風向は等圧線を横切って低気圧側に吹き込むことになる。

等圧線と風向のなす角（傾角）は，摩擦の小さい海上では約15～30°，摩擦の大きい陸上では約30～40°となる。低緯度ほど，また風が弱いほど傾角は大きくなる。

風速は，海上で地衡風速の約70%程度，陸上では50%程度。

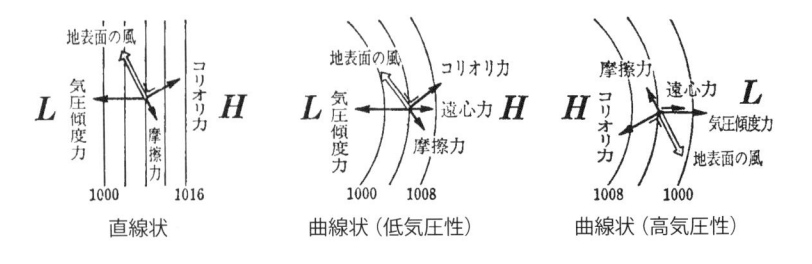

（図：直線状　　曲線状（低気圧性）　　曲線状（高気圧性））

③ 気象・海象　189

問76 気団の安定・不安定について述べよ。

答 移動してきた気団がその場所より低温である場合，この気団は寒気団である。寒気団の場合，下層から暖められるので，その上の寒気との間の温度勾配が大きくなって，断熱線よりも気温減率が大きくなる。そのため上昇気流が起こり，空気の対流が生じる。寒気団は，気団の不安定化を起こす。天気は悪くなる。

　移動してきた気団がその場所よりも高温である場合，この気団は暖気団である。暖気団の場合，下層から冷やされるので，その上の暖気との間の温度勾配が小さくなって，断熱線よりも気温減率がますます小さくなる。そのため気団は一層安定化し，空気の対流が起こりにくくなり，風は穏やかに定吹する。天気は良くなる。

問77 日本付近で見られる気団の安定および不安定現象について述べよ。

答 気団の安定の例としては，夏の北太平洋気団（小笠原気団）が日本近海に来る場合である。この気団は熱帯海洋性気団のため，高温・多湿であるが，日本近海に北上してくると，下層から冷やされるので安定した気団となり，日本各地に穏やかな夏の季節風と好天をもたらす。

　不安定の例としては，冬のシベリア気団が日本近海に来る場合である。この気団は寒帯大陸性気団であるため低温で乾燥した気団である。これが日本海に来ると対馬海流によって下層が暖められ，かつ水蒸気の補給を受けて不安定化し，日本海側に雪を降らせる。そしてこの気団が日本列島を抜けて海上に出ると，北太平洋の黒潮等によって再び下層が暖められ，かつ水蒸気の補給を受けるので，もう一度不安定化して，雲が多くなる。

問78 第二次寒冷前線は，どのように形成されるか。

答 冬期，シベリア大陸に蓄えられた寒気が，季節風に伴って吹き出してくる場合，一定に吹き出してくるわけではなく，ある間隔をもって波状的にやってくる。低気圧がアリューシャン方面に進行し，閉塞前線が大きくなった頃，寒波の第二波が襲来すると，閉塞前線の背後の古い寒気を暖気

とし，第二波の寒波を寒気として新しく寒冷前線ができることがある。このようにして形成されるのが，第二次寒冷前線である。

問 79 不安定線は，一般にどの付近に多く形成されるか。

答 不安定線はスコールラインとも呼ばれ，寒冷前線の前方に離れて平行に伸び，寒冷前線よりも速く暖気の中を進んで行く。寒冷前線と前方を行く不安定線との距離が 100 〜 200km 程度になると，最も風雨が激しくなる。そして，両者の距離が 300 〜 500km になると，不安定線は消滅する。不安定線が発生しやすい地域としては，南シナ海，黄海，九州・四国近海があげられる。

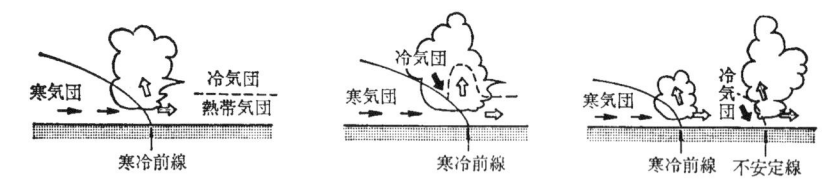

不安定線の形成過程

問 80 疑似前線とは何か。また，どのようなものがあるか。

答 地表面近くで，気温やその他の気象要素が小範囲で不連続になり，あたかも前線が存在するかのように観測されることがある。これは本来の前線とは区別され，疑似前線と呼ばれる。

＜疑似前線の種類＞

地形性不連続線：特殊な地形や海陸の差などによって温度が不連続になる場合で，同一気団内の現象である。

寒冷前線後方の上層寒気の下降域の背後における不連続線：寒冷前線が通過すると，本来は寒気団域に入るので，気温がはっきりと下がる。ところが，上空の寒気があまり低温でないと，前線面に沿って吹き降りてくる寒気は暖熱昇温して，前線が通過しても気温があまり下がらないことがある。そして，下降気流のなくなるころを過ぎて初めて気温が下がりだすので，ここで前線が通過したように見えることがある。このような場合の不連続線をいう。

不安定線（スコールライン）：寒冷前線に似た性質をもち，局地的に強風・突風・雷雨等をもたらすが，寿命は短い。前寒冷前線とも呼ばれる。

問 81 春先に日本では，梅雨に似た長雨（菜種梅雨）が続くことがあるが，その理由は何か。

答 気圧配置は梅雨に似ており，秋の長雨と同じ北高南低型である。3月中旬から4月初旬にかけて，冬期に優勢であったシベリア高気圧が季節とともに後退し，その一部がちぎれて移動性高気圧となって東進してくる。経路は北寄りで，速度は遅く停滞気味である。それに伴って日本南岸に前線が停滞し，関東以西はぐずついた天気となる。

問 82 高気圧は天気が良く，低気圧は天気が悪いのはなぜか。

答 高気圧は周囲より気圧が高いので，風が外側へ吹き出していく。そのため，中心付近では下降気流となる。下降気流は断熱昇温するので，気温が上がり，水滴はどんどん蒸発するので，雲が切れ天気は良くなる。
　低気圧は周囲より気圧が低いので，周囲から風が吹き込んでくる。そのため，上昇気流が活発となる。上昇気流は断熱冷却されて，大気が飽和すると雲が発生し，さらに上昇気流が続くと，水滴は成長して雨となる。

問 83 霧の種類と発生原因について述べよ。

答　＜移流霧（海霧）＞
　暖かく湿った空気が移流して，冷たい地表面や海面によって下から冷やされた場合に発生する。海上もしくは陸上の暖湿な空気が海陸風によって流されて発生するのが沿岸霧（海陸風霧）である。また，熱帯気団が遥か温帯地方まで運ばれて，温帯地方の冷たい海面上で発生した霧を熱帯気団霧という。
　＜蒸気霧＞
　空気が乾燥していて，水面から盛んに蒸発が起こるとき，そこへ非常に寒冷な陸上の空気が吹き込んでくると，水蒸気が冷却されて発生する。

＜放射霧（輻射霧）＞
　移動性高気圧に覆われた穏やかな日の夜間に，昼間に熱せられた地表面から熱が盛んに放射され，地表面が冷却されると，早朝になって発生する。この霧は陸上の霧であるが，海上に流れ出すことがある。
＜前線霧＞
　前線に伴って降る雨が，落下中に蒸発したり濡れた地面や海面から蒸発し，蒸発時に熱を奪われたり気温の降下等により，水蒸気が霧となり，発生する。通過する前線に応じて，温暖前線霧と寒冷前線霧がある。さらに，前線通過時に，一方の寒気と暖気が入り混じって，寒気が暖気を冷やして生じる霧を，混合霧（前線通過霧）という。

問84 梅雨前線はどうして発生するのか。

答　初夏の頃，北にはオホーツク高気圧が発達し，北東風に伴う寒冷で湿潤な空気を送り込み，南には小笠原高気圧が南寄りの風に伴う温暖で湿潤な空気を送り込んでくる。この両者が相対峙すると日本南岸に停滞前線が発生し，ぐずついた天気をもたらす。そして，梅雨が本格的になると，本来は背の低いオホーツク高気圧の上層に，背の高い小笠原高気圧から分離した切離高気圧（ブロッキング高気圧）が重なる。このため，オホーツク高気圧は背が高くなる。この切離高気圧が移動してくる低気圧の進路を妨げて停滞させたり，向きを変えさせたりするので，停滞前線が梅雨前線として長く居座ることとなる。

問85 北半球における高気圧と低気圧の違いについて述べよ。

答

	高気圧	低気圧
気圧	相対的に周囲より気圧が高い	相対的に周囲より気圧が低い
風向	時計回りに，外側に風が吹き出す	反時計回りに，内側へ風が吹き込んでくる
気圧傾度と風速	気圧傾度も緩く，風は穏やか	気圧傾度もきつく，風は強い
垂直流	中心付近では，下降気流になっている	中心付近では，上昇気流になっている
天気	雲が切れ，好天である	雲が発達し，降水を伴う
天気変化	ほぼ均一で，大きな変化はない	前線の通過に伴って，気温，降水現象が大きく変化する

問 86　小笠原高気圧とシベリア高気圧の成因の違いについて述べよ。

答　＜小笠原高気圧＞
　夏期，赤道付近の空気は，太陽熱を他地方より多く受けて熱せられ，上昇気流が盛んになる。この気流は上空の圏界面まで達して南北に分かれ，北に流れた気流は北緯30°付近の上空から下降気流となって地表に吹きおりてくる。この赤道付近の上昇気流に伴う上空の南北流が緯度30°付近で下降気流になる理由として，①高緯度になるにつれて経度幅が狭くなり，赤道からの空気が狭い場所に押し詰められる。②北上につれて地球自転の偏向力（コリオリ力）を受けて右偏し，北進する成分が次第になくなることなどがある。この気流の流れが亜熱帯高気圧であり，北太平洋では小笠原高気圧がその例である。このようにしてできた高気圧は，空気が温暖にもかかわらず，上空から地表にいたるまで高気圧の性質をもっているので，温暖高気圧といわれる。高層まで伸びているので，背は高い。

＜シベリア高気圧＞
　冬期，シベリア地方の地表面は非常に低温となり，地表に接する空気層が冷やされ，冷たく重い空気が地表近くに堆積する。この空気の堆積は，上空2000～3000mまでの下層にとどまり，この層は高気圧の性質をもつが，それより上空は低気圧域になっている。このようにしてできる高気圧は寒冷高気圧といわれ，シベリア高気圧がその例である。空気の堆積が下層にとどまるため，背は低い。

問 87　低緯度地方における天気図は，等圧線の代わりに何が描かれているか。

答　低緯度地方は一般に気圧の差が少ないので，等圧線の間隔が広がり過ぎてまばらになり，等圧線では気象状態を十分に表現できないため，大気の流れを示す流線解析で描かれている。

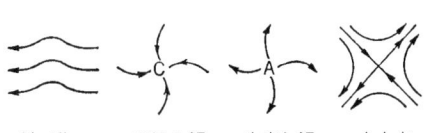

波動（谷や尾根に相当）　吸込み渦（低気圧に相当）　吹出し渦（高低気圧に相当）　中立点（鞍状部に相当）

大気の流れを示す流線解析の図

問 88　FAX の天気図の種類について述べよ。

答　＜種類＞
① 地上解析図（AS）：地上天気図のこと
② 地上 24 時間予想図（FS）：1 日先の予想図である。記号は地上解析図に準じて使用される。
③ 高層解析図（AU）：等圧面天気図のことで，850，700，500，300hPa 面等がある。
④ 外洋波浪図（AW）：洋上の船舶，沿岸の観測所からの資料をもとに，波浪の状況を解析した図。
⑤ 平均海面水温図（CO）：各観測所，観測船および一般船舶からの資料をもとに作成した 10 日間の水温平均図
⑥ 海流図（SO）：前月の日本近海における海流観測資料をもとに作成した図。
⑦ 海氷図（ST）：気象衛星その他の観測資料をもとに，海域の海氷状況と海面水温を解析した図。

＜種類符号（TT）＞

解析図（A）	地上資料（S）	予想図（F）	警報（W）	平均図（C）
AS：地上解析	SO：海洋	FS：地上予想	WH：ハリケーン警報	CO：海洋平均
AU：高層解析	ST：海氷	FU：高層予想	WO：その他の警報	CS：地上平均
AW：波浪解析	SX：その他	FW：波浪予想	WT：台風警報	CU：高層平均
AX：その他		FX：その他	WW：警報と概況	

＜地域符号（AA）＞

AS：アジア	PA：太平洋	XN：北半球
FE：極東	PN：大西洋	
JP：日本	PQ：北西太平洋	

問 89　気圧の谷について述べよ。

答　＜地上天気図における気圧の谷（trough：トラフ）＞
両側に高圧部があり，その間に細長く横たわっている低圧部をいう。
＜高層天気図での気圧の谷＞
各高度線は，波形を描いているが，それらの線の最も南に突き出した

点を連ねた線をいう。
＜気圧の谷が低気圧の付近に来た場合の低気圧の動き＞
　一般に気圧の谷に向かって進行する。
＜気圧の谷が東西にできる場合と南北にできる場合の天気変化の違い＞
　東西方向にできる場合は，天気は比較的持続性がある。南北方向にできる場合は，天気の持続性はなく，天気は比較的変わりやすい。

問90 ジェット・ストリームとは何か。

答 ジェット・ストリーム（ジェット気流）は，中緯度地帯の対流圏上部，圏界面付近にあって環状に地球をとりまく偏西風の強風帯である。ジェット気流は，長さ数千km，幅が数百km，厚さが数kmの規模で，平均風速が50〜75m／sと非常に強く，100m／sを超えることも珍しくない。そして冬期に強く，夏期はその1／3程度の規模に弱くなる。冬期は30°N付近に存在し，夏期は40°N付近になる。高度は約10kmである。ジェット・ストリームを解析するには，300hPa等圧面天気図を用いる。

問91 ウェザー・ルーティングとは，どのようなものか。

答 自船がこれから航海しようとする海域の数日間における気象予報をもとにして，予測される風向・風速，波浪を算出し，目的地までの最短時間航路の選定や自船の安全性に基づいた航路の選定を行うものである。気象・海象に基づいた航路選定法である。

問92 船体着氷について述べよ。

答 風，気温，海面水温，波浪といった気象要素が関係する。一般的に，海面水温が4℃以下の海域では，気温－3℃以下かつ風速8m／s以上（波高1.0〜1.5m）に達すると，船体着氷が始まる。気温－6℃以下，風速10m／s（波高2.0m）を超えると，強い着氷（1時間に厚さ2cm以上成長する着氷）が起こる。

④ 操船

4-1 操縦性能

問1 UKC とは何か。また，UKC はどのようなことを考慮して決定されるべきか。

答 Under Keel Clearance（余裕水深）の頭文字をとったものである。
＜安全な余裕水深の適量を決定する場合の考慮すべき事項＞
- 航走中の船体沈下とトリム変化（12 ノットで 1m）
- 動揺による船体の上下動（0.7 〜 1.7m）
- 海図の水深精度
  水深 0 〜 20m：許容誤差 0.3m
  水深 20 〜 100m：許容誤差 1.0m
- 気象・海象などの環境条件
  気圧：1hPa 高くなると約 1cm 海面が下がる。
  潮位：海図記載の水深は略最低低潮面からの水深であるので，通過時の潮位を水深に加える。
  海水比重較正
  底質：岩盤質の場合 + 60cm，砂質の場合 + 30cm する
- アンカーを投下した場合の海底上の突出に対する余裕水深
- 主機冷却海水の取り入れのための余裕水深

問2 動的 UKC と静的 UKC について述べよ。

答 動的 UKC ＝（水深＋潮汐±誤差）－（喫水＋(Squat＋Heel＋Pitching)）
静的 UKC ＝（水深＋潮汐±誤差）－ 喫水

問3 シンガポール海峡の UKC について述べよ。

答 VLCC（15 万 DWT 以上の油タンカー）および深喫水船（喫水 15m 以上）は，少なくとも 3.5m の余裕水深を確保することが義務付けられている。

東航：20.1m ＝ 水深 22.5m ＋ 潮高 1.1m － 3.5m
　　　西航：18.5m ＝ 水深 20.9m ＋ 潮高 1.1m － 3.5m

問4 ヨーロッパ水先人会（UMPA）の引受け基準 UKC について述べよ。

答　外海水路：喫水の 20%
　　　港外水路：喫水の 15%
　　　港内：喫水の 10%

問5 瀬戸内海主要港の標準余裕水深について述べよ。

答　喫水 9m 未満：喫水の 5%
　　　喫水 9m 以上 12m 未満：喫水の 8%
　　　喫水 12m 以上：喫水の 10%
　　　加古川港，水島港は，喫水の 10% ＋ 50cm

問6 浅水影響とは，どのような影響が出ることか。また，水深がどのくらいになれば影響が出るか。また，その影響に操船者が気付くのは，水深がどのくらいになったときか。

答　＜浅水影響＞
　　浅水域を航走すると，洋上とは異なり，船底へ流れ込む水の流れは側方へ回って平面的に流れ，船体周りの水圧分布の様子を変える。前進中は船首の水圧が最も高く，船体中央部付近では圧力が下がって流れが速くなり，船尾では空隙を埋めるように流れる伴流（wake）によって再び水圧は高められる。この水圧の強弱や船体周りの分布は船型，喫水，水深によって変わるもので，浅くなるにつれて，そして増速するにつれて，船体中央部の低圧部は船尾の方まで広がり，船体沈下現象を起こす。具体的には，次のような現象を生じる。
　①　船体抵抗が増大するので，船速は減少する。したがって，深海域と同等の速力を維持するためには，回転数を増加させる必要がある。
　②　船体中央部の低圧部が広がるので，船体は沈下し，トリム変化を起

こす。船体重心が沈下し、トリムは船首トリムとなる。船体沈下とトリム変化の量は初期トリムによって異なり、船速が大きいほど大きくなるが、主として、船首部が海底に接近する。
③ 回頭時は旋回抵抗が増えるので、旋回性は悪くなる。しかし、方向安定性は良くなる。深海と浅海で等しい角度の転舵をした場合、浅海の方が船体を回頭させようとするモーメントが小さい。また、浅海では深海に比較して旋回半径が大きい。したがって舵効が低下する。
④ 船尾の伴流が強くなるので、プロペラ各翼の推力の差からプロペラトルクに不規則な変動を与え、これが異常な船体の振動の原因となる。なお、船体抵抗に影響する水深 H (m) の基準は、超大型船の速力試験では、次の式による。

$$H > 3\sqrt{B \cdot d}$$

ただし、B：船幅 (m), d：喫水 (m) である。

＜操船者が浅水影響に気付く水深＞

航走中の船（速力 V (kt), 長さ L (ft), 喫水 d (m)）が受ける船体抵抗に対して水深の影響が現れる水深 H (m) は、

$$H = 10d\,(V/\sqrt{L})$$ である。

水深が喫水の4倍以上あれば、水深の影響はほとんど無視することができる。
・船体の前進抵抗への影響：$4d$（低速）～ $10d$（高速）以下
・前進方向の操縦性への影響：$2.5d$ 以下
・船体正横方向への影響：$2.5d$ 以下
・操縦性に影響ありと気付く程度：$1.5d$ 以下

問7 深水中、(1)船速を半速にした場合、(2)機関停止し惰力で航走している場合、(3)浅水域に入った場合、それぞれの針路安定性、旋回性の変化について述べよ。

答 (1) 半速の場合：プロペラ放出流が舵面に当たるが、旋回径は通常の場合より大きくなる。同じ理由で舵効きは維持されているので、針路安定性は通常と同じである。
(2) 惰力の場合：プロペラ放出流がないため、舵がプロペラよりも後方にある船では舵効きが弱くなり、通常より旋回性能は悪くなる。また、

速力減少とともに外乱を受けやすくなり，針路安定性（保針性）も悪くなる。
(3) 浅水域の場合：回頭時は旋回抵抗が増えるので，旋回性能は悪くなる。一方，針路安定性は良くなる。

問8 乗船していた船の停止惰力（距離），旋回径について述べよ。

答 乗船中に，船舶のそれぞれの値を調べておくこと。
＜例：練習船O丸＞
停止惰力：主機連続最大出力で前進中（約19ノット）で3.0ノットまで減速の場合…航走距離1284m（10L），航走時間約10分
旋回径：主機常用出力で前進中（約19ノット）で舵角35度の場合…左485m（4.22L），右577m（5.02L），旋回半径2.3L
反転惰力：
　主機常用出力で前進中（約19ノット）から0ノットまで…航走距離1315m（10.5L），航走時間約5分
　S／B Full で前進中（約11ノット）から0ノットまで…航走距離704m（5.6L），航走時間約4分
最短停止距離
　1万トン型：6〜8L
　5万トン型（26ノット）：30L
　10〜15万トン型（15ノット）：14〜15L

問9 航行中に行脚を止める方法について述べよ。

答
・プロペラ後進力（船速が高速・低速の場合）：強力な後進力を主機逆転（CPPにおいては翼角変化）によって発生させる。
・主機と舵の併用（船速が高速の場合）：VLCCのような大出力の巨大船に対して有効なジグザグ停止法
・アンカーを利用（船速が低速の場合）：アンカーの走錨抵抗の利用
・大舵角転舵による船体抵抗の利用（船速が高速の場合）：360度旋回して元の針路に復帰したとき，速力は初速の3分の1まで減速する。
・タグの利用（船速が低速の場合）：タグの強力な推力で本船の速力を

問 10 操縦性指数 T，K について述べよ。また，乗船していた船舶の値について述べよ。

答 乗船中に，船舶のそれぞれの値を調べておくこと。

舵を右または左にとると，船は定常旋回に入るまでに時間的な遅れがあり，その後の定常旋回運動は舵角の大きさに比例した旋回角速度で旋回するようになる。すなわち，船の操縦性は，入力として舵角 δ_0 を与えると T 秒後に出力として K 倍された角速度の定常旋回運動が起こるといった T，K の 2 つの定数で，運動の過渡期における船の特性を言い表すことができる。

このように操縦運動を応答モデルで考えたとき，T，K を船の操縦性を表す操縦性能指数といい，T（秒）は追従性，K（1/秒）は旋回性を表す指数という。なお，T は舵を中央に戻したときの直進への追従能力として針路安定性も表すので，追従性指数ともいわれる。

問 11 スパイラル試験と Z 試験について述べよ。

答 ＜スパイラル試験＞

スパイラル試験は，針路安定性が良いか悪いかを判断する試験である。超大型船のように針路安定性が一般に劣弱であるとき，あるいは針路不安定かもしれないという疑いのあるとき，この方法によって判断することが可能である。

測定方法は，舵角（δ）に対する旋回角速度（ω）を求める。まず，ある舵角（例えば 15 度）で右または左旋回をする。旋回角速度が一定に落ち着いたら，それを計測しておき，舵角を 10 度に減じて旋回を続け，旋回角速度が一定になったところで旋回角速度を計測し，舵角を 5 度に減じて，旋回を続け，旋回角速度が一定になったところで旋回角速度を計測する。このように，舵角を右 3 度，舵中央，左 3 度，左 5 度，左 10 度，左 15 度と変え，再び，左 10 度，左 10 度，左 5 度，左 3 度，舵中央，右 3 度，右 5 度，右 10 度，右 15 度と変えていって，その都度，旋回角速度を計測する。

この結果を，旋回角速度を縦軸に，舵角を横軸にして作図すれば，安定と不安定が良くわかる。進路不安定な船では，舵角 δ_1 より小さい右舵をとった場合，右旋回することもあれば左旋回することもある。どちらに旋回するかは，船がそれまで行っていた運動による。

針路安定な船では aoa'oa。針路不安定な船では ABCDA'DEBA を経た2つの曲線パターンができる。不安定船の作る BCDE のようなループの幅と高さが大きいほど不安定度が高い。

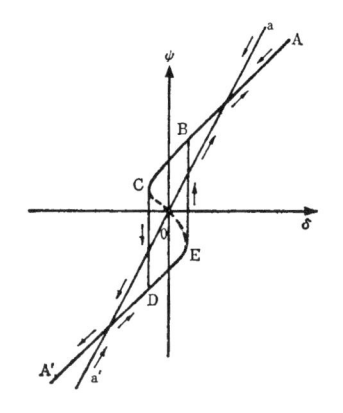

スパイラル試験による $\delta\psi$ 曲線

『航海便覧（三訂版）』（航海便覧編集委員会編，海文堂出版）より

＜Z試験＞

Z試験は，針路安定性，応答の速さ，旋回力などを判断する試験である，操縦性指数T（追従性指数）とK（旋回性指数）を求めることができる。

測定方法は，できる限り直進させながらアプローチする。そのときのコースを＜000＞とする。10°Z試験の場合，舵を右（左）10度にとる。コースが元の針路からずれ始め，10°偏位したとき，左（右）に10度の舵をとる。コースがピークに達し，やがて反転し，元のコースから反対方向に10度偏位したときに右（左）10度にとる。これを3回繰り返す。舵角の位置，コースの変化を記録し，これをもとに操縦性指数を計算する。

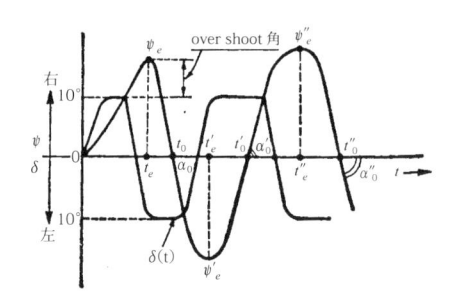

Z試験における舵角および回頭角の図

『航海便覧（三訂版）』（航海便覧編集委員会編，海文堂出版）より

問 12　2船間の相互作用（インターアクション：interaction）について述べよ。

答　2船が互いに接近して航行する場合や，ある船が停泊中の他船の近くを航過する場合，両船は互いに他船に対して側壁影響と同じような流体作用を及ぼし合う。このとき両船は，左右不釣合いの力や回頭モーメントを受け，針路からそれたり，回頭させられたりする。このような2船間に起こる流体現象が操船に及ぼす影響を，2船間の相互作用（インターアクション）という。また，この相互作用は側壁影響とは異なり，両船の位置関係の変化などにより急激に変化・消長するので，操船上困難な事態を招くこともある。

問 13　スクオート（squat）とは何か。

答　スクオート（squat）とは元来，「しゃがみ込む」の意味を持ち，河川を高速で航行したとき，極端に船尾が沈下することを指す。しかし，浅水航走中の船体沈下の総称として使用されており，現象的には船首沈下（bow squat）と船尾沈下（stern squat）がある。Squatの影響は，船舶の速力の減少によって弱めることができる。

問 14　球状船首（bulbous bow）の針路安定性とその理由，および球状船首の利点（目的）を述べよ。

答　船首部の水面下に球根状のバルブ（ふくらみ）を付け，喫水線付近の幅を狭くして水線水切角を小さくした特殊船型をいう。この船型にすると，普通の船型に比べて浸水面積が増すので，摩擦抵抗が増大し，低速では全抵抗がやや増加する傾向にあるが，速長比（$V/\sqrt{L}$。V：ノット，L：m）が0.8以上の高速になると，造波抵抗が減少して，全抵抗も3～8%減少する。馬力の節約となる。また，最近では，肥大船型の船首部の水の流れをバルブによって整流するためにも採用されている。

　球状船首は旋回時に船首尾方向への抵抗として働くので，旋回力は弱まるが，針路安定性には貢献する。

4 操　船　203

問 15　側壁影響（wall effect）について述べよ。

答　航走中に生じる船体周りの水圧分布は，浅水のほか，狭い水路幅にも影響され，思わぬ回頭モーメントのため保針が困難になる。
① 側壁に近づいた場合
　　水路の側壁に接近して走ると，船体両側の流れに差を生じて圧力分布が変わる。側壁と船に挟まれた船側付近の水位は低下し，船体を側壁に引き付ける吸引力が生じ，船首部は反発力によって水路の中央に押され，船は斜行の姿勢をとる。したがって，側壁沿いに航走する場合は，当て舵を側壁の方向へとり，斜行角を広げようとする回頭モーメントを抑えなければならない。
② 海底が傾斜している水路を航走中の場合
　　船の進路に対して直角方向に海底が傾斜している浅水域を航走する場合，側壁に沿って航走したときと同じ作用が働き，船首部は海底斜面からの反発力を受けて深い方へ押し出される。このとき，回頭モーメントを抑えきれる反対方向への当て舵操作をすれば，うまく陸岸線に沿って保針できるが，失敗すると海岸に乗り揚げることになる。このような反発作用をバンク・クッションという。

問 16　船体の旋回運動について述べよ。

答　旋回圏：舵を一方にとったとき，船の重心 G が描く軌跡をいう。この大きさは舵角，船型，喫水，水深などによって変わり，舵効きの良さを端的に知る一つの目安になる。
　　最大縦距：転舵時の船の重心位置から 90 度回頭したときの船体重心の原針路上での縦移動距離を旋回縦距といい，さらに旋回が進み，原針路上の最大の縦移動距離を最大縦距という。
　　旋回径：船が 180 度回頭したときの横移動距離を旋回径といい，距離的にはほぼ最大縦距に等しい。
　　最大横距：船が 180 度回頭して，さらにもう少し回頭して原針路から最も正横に移動した距離を最大横距という。
　　最終旋回径：最大横距の位置を通過して定常旋回運動に入って描く旋回

圏の円の直径を最終旋回径という。

心距：最終旋回径の中心を旋回中心というが，その位置は転舵時の船の重心位置よりも前方にずれており，原針路方向の中心縦距離を心距という。

船尾キック：舵をとった旋回運動の初期では，船は原針路上から回頭しながら横滑りをする。舵力によって船が原針路から外方に押し出されて横に寄せられることをキックという。

旋回径の目安

　1万トン型：3〜5L

　5万トン型（26ノット）：3L

　5万トン型（S／B）：2〜2.5L

　10〜15万トン型：3L

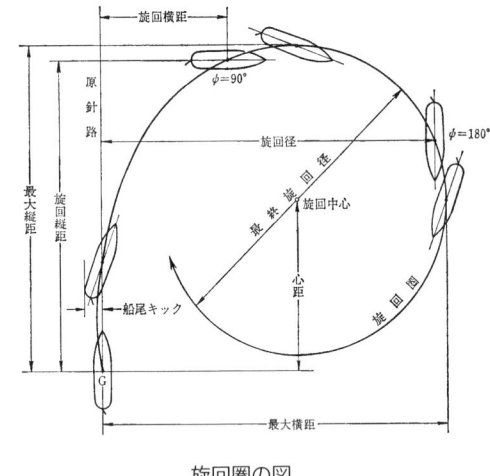

旋回圏の図

問17 キックの大きさは，普通どのくらいか。

答 最大舵角で船が20°くらい回頭したとき，船の長さの1／7程度である。

問18 操船におけるキックについて述べよ。

答 キックは船速が大きいほど著しいので，利用するときは速力が大きいほうがよく，これを避けるときにはできるだけ速力を落とす。

　＜キックを有利に応用する場合＞

　① 船首至近に障害物を発見し，とっさにこれを避けるため，大角度の転舵を行う場合。このときは障害物が本船船首のいずれかの舷をかわるように操船し，船首がかわった直後に反対の舵をとる。船尾がキックによって障害物から遠ざかるように操船して回避する。

　② 航行中に人が海中転落した場合に，直ちに人の落ちた同一舷に大角

度転舵して，船尾のキックアウトを利用して船体を人から遠ざけ，プロペラに巻き込まれないようにする。

＜キックが不利になる場合＞
① 船舶を岸壁または他船などの横付け位置から前進力で離れる場合。この場合，前進力を与えて急に大角度の舵をとって離れようとすると，船尾はキックによって岸壁または他船に急に接近して接触して破損の危険がある。
② 他船を追い越すために接近して大角度の舵をとって離れようとする場合。このような場合も急に他船の方にキックアウトして，接触，衝突等の危険がある。

問 19 一軸右回り船では，右旋回と左旋回とでは，どちらの方が旋回性がよくないか。

答 通常，右旋回の方が，左旋回よりもわずかではあるが旋回性能はよくない。旋回の内側と外側での船舶に沿う流れを考えるとき，内側の流れは外側よりも伴流の影響が強いので，プロペラ翼の流入角は大きく，翼はほぼ失速状態にある。そして，この状態では空気を吸い込みやすい。したがって，船尾の伴流の強い旋回の内側をプロペラ翼が下方から上方へ回るときは空気の吸い込みはほとんどないとみてよいが，上方から下方へ回るときは水面から空気を吸い込みやすい。以上のことから，一軸右回り船では，右旋回の方が空気を吸い込みやすいので，舵力を減じ，左旋回の場合よりも一般的に旋回性がやや悪くなる。

問 20 一軸の可変ピッチプロペラ（CPP）船のプロペラは，一般的にどちら回りか。

答 左回りが一般的である。その理由は，CPP船に一軸右回り船と同じ後進時の回頭特性を持たせるためである。

問 21 舵を一杯にとって旋回した場合，一回転したころの船速はどれくらいか。

[答] 旋回すると船舶は斜航するので船体抵抗が増し，旋回遠心力の影響や舵の抵抗も加わって推進効率も低下する。このため旋回速力は，直進速力よりも減少し，その減少率は旋回径が小さくなるほど大きくなる。一般に，肥大船は旋回性がよいので，その速力低下はやせ型の船よりもさらに大きい。速力 16 ノットで航走中の VLCC が舵一杯で旋回すると，270°回頭で約 5 ノット程度に減速するといわれている。
　乗船していた船舶の操縦性能試験の青図を調べておくこと。

[問] 22　制限水路影響について述べよ。

[答]　船舶の喫水，船幅に比して，浅く狭い河川，運河のような水域を一般に制限水路 (restricted water または confined water) というが，このような水域を船舶が航走すると，広く深い洋上を航走する場合と異なり，船舶の運動に浅水影響 (shallow water effect) が現れ，狭くなると，この浅水影響が助勢され，さらに側壁と船体とに生じる吸引反発の相互作用が側壁影響 (wall effect) となって現れるようになる。この両者の混合影響を制限水域影響という。

[問] 23　ONE FATHOM BANK での MAXDRAFT について述べよ。

[答]　20.5m

[問] 24　日本でのバースへの着岸時の UKC について述べよ。

[答]　港湾区域における UKC は
　　　0.5m （$d \leq 10m$）
　　　0.05d （$d > 10m$）
　　　　d：喫水
である（『港湾の施設の技術上の基準・同解説』（国土交通省港湾局監修，（社）日本港湾協会発行）を参照）。

問 25 BOW Squat の例について述べよ。

答 Tanker Type（D：水深／d：喫水 ＝ 1.2）
Lpp ＝ 325m　B ＝ 53m　T ＝ 21.7m

船速 (kt)	船首沈下量 (m)
4	約 0.15
6	約 0.25
8	約 0.5
10	約 0.75
12	約 1.2
14	約 1.6
16	約 2.1

4-2　一般運用

問 1　見張り（航海当直）を行う場合の注意事項について述べよ。

答　＜目視による見張り＞
- 見張りには，通常，双眼鏡を使用するが，肉眼の視野 200 度に対して，双眼鏡の視野は 7 度にすぎないことに注意する。
- 見張りは，窓，ウィング扉を開放して行うのがよい。特に視界が悪い場合には，船内を静粛に保って聴覚も活用した見張りを行う。
- 相対方位の観測には，自分の位置を定めたうえ，マストその他の船体構造物との見通し線を利用する。
- 夜間，明るい灯火に眼をさらすと見張りに支障をきたすので，海図室の照明はできるだけ暗くしておく。
- 自船の外に光が漏れないように注意する。これらの光は，他船が自船の航海灯を認めるのを妨げるばかりでなく，自船の見張りの妨げになる。
- 夜間，灯火を発見した場合，それが他船の灯火であれば航海灯の確認に努め，船種，船型，針路等を判断する。また，同時にコンパスにより方位変化を測定する。
- 漁船を発見した場合，漁具をどの方向に投入しているか等を含め，操業の状況を確認する。また，漁船が自船の接近に気付いていない場合もあるので注意する。

＜レーダーによる見張り＞
- レーダーの原理・性能および運用に関する十分な知識と技量を持った者が，連続して観測にあたる。
- 使用レンジは，自船の速力，視程，船舶の輻輳等を考慮して決定するが，適当な間隔を置いてレンジを切り換え，自船の周囲や遠方の状況を監視する。
- レーダーは，探知しようとする目標の種類，距離等監視の目的を考慮したうえ，外部環境の変化に合わせて，ゲイン，海面反射，雨雪妨害等を調整して，常に最良の状態で運用する。
- レーダーによる見張りを行っている場合でも，通常の視覚，聴覚等による見張りを怠ってはならない。
- レーダーの情報は過去の情報である。ARPA の反応は遅いので，ARPA を全面的に信用してはならない。

問2 岸壁係留中の注意事項について述べよ。

答
- 常に潮汐およびドラフトの変化に注意して係留索を調整し，風波が強くなれば係留索および防舷物等を増す処置をとる。
- 舷梯，その他舷外への突出物が，岸壁等に接触して破損しないように注意する。
- 他船が本船の前後の岸壁に係留または解らんするときは，その動静に注意し，必要に応じた処置をとる。
- 船内に出入りする者が多くなるので，常に舷門当直者を置き，保安および盗難防止に努める。
- 船内巡視を励行し，火災および盗難の防止，旗章の掲揚，甲板上の整理整頓，照明および危険防止，油排出等による海洋汚染の防止，舷側に接近する舟艇に注意する。

問3 バラスト航海において保持すべき排水量の目安，トリム，プロペラ深度等について述べよ。乗船していた船はどのくらいバラストを持って航海していたか。

④ 操船

答 ＜排水量＞
　夏季：夏季満載排水量の50％
　冬季：夏季満載排水量の53％
＜トリム＞
　船の長さの1～2％船尾トリム（大型船では1％以下で船首トリムとする。スラミング防止のため）
＜プロペラ深度＞
　　軸心深度／推進器径＝0.3以上（極限は0.2）
　プロペラの没水量をプロペラの直径の20～30％に相当する高さだけ翼上端に水位の余裕を持たせる。
＜面積＞
　受風面積／水中面積（側面）＝2.5～2.6

※乗船していた船舶のおおよそのバラスト量を解答できるように調べておく。

問4 入港時、タグを使用する場合のタグの必要総馬力の目安について述べよ。

答 ＜通常の条件下における、DW4～15万トンタンカーのDW（載荷重量トン数）に対するタグボートの必要総馬力の計算式＞
　　全所要馬力＝$7.4 \times (DW)^{0.6}$
＜大雑把な目安としてのタグの必要総馬力の略算式＞
　DW1万トン級：(DW)×10％
　VLCCの満船：(DW)×5％
　VLCCの空船：(DW)×7％
＜4万トンの場合＞
　$7.4 \times (40000)^{0.6} ≒ 4270$ PS
　$40000 \times 0.1 = 4000$ PS

問5 DW10万トンの船に必要なタグボートの総馬力はいくらくらいか。また、1隻タグをとって左回頭するとしたらどのようにタグをとるか。

答　7.4 ×（100000）0.6 ≒ 7400 PS
100000 × 0.07 = 7000 PS
よって，総馬力は 7000 〜 7400PS くらいである。
＜1隻タグによる左回頭＞
　なるべく早く回頭したい場合は左舷船尾横押しとするが，本船に行き脚がある場合，キックが大きいことに注意が必要である。急がない場合は左舷船首横引きとする。回頭は比較的遅くなるが，元の進路からのキック量は少ない。

問6　横押しに必要なタグ支援力（馬力）の概算について述べよ。

答　静的にバランスした定常移動時の水圧横力と正横風圧力の和をとる。
　正横風圧力（トン）= 1/16 ×受風面積（m^2）×風速（m/s）× 10^{-3}
（風圧力係数を1とした場合）
　水圧横力（トン）= 1/2 × 0.1045（海水密度）× 水圧応力係数
　　　　　　　　　× LOA（m）× 喫水（m）× 横移動速度（m/s）
　タグ支援力（馬力：PS）≒（正横風圧力＋水圧応力）× 100
　大まかな風圧力については，以下のように概算できる。1000m^2 の受風面積に 10m/s の風を真横から受けた場合，タンカー（VLCC）：6トン，コンテナ船：7トン，自動車船：8トン
　例として，全長200m，高さ20mの自動車船の場合：
　200 × 20 = 4000
　4000 ÷ 1000 × 8 = 32 トン

問7　タグの推進装置の種類について述べよ。

答
・普通舵付固定ピッチプロペラ型（FPP）：100PS あたり前進推力1トン，後進は前進の約80%
・ノズル舵付可変ピッチプロペラ型（CPP）：100PS あたり前進推力1.35 トン，後進は前進の約60%
・フォイトシュナイダー型（VSP）：100PS あたり前進推力0.95 トン，後進は前進の約90%

・ノズル付 Z プロペラ型（ZP）：100PS あたり前進推力 1.5 トン，後進は前進の約 90%

問 8 タグの取り方および配置について述べよ。

答 ＜取り方＞
1 本取り（single headline tie-up）：タグの船首から 1 本の曳索を本船に引き上げ，ボラードに係止する方法。曳索はタグのものを使用する。
2 本取り（double headline tie-up）：タグの船首両舷から 2 本の曳索を本船に引き上げ，ボラードに係止する方法。タグの姿勢を一定に保持したまま，押し，引きが可能。
3 本取り（power tie-up）：タグの船首から前方へ後進用の曳索，船首から後方へ前進用の曳索をとり，さらに船尾からブレストをとって，タグを本船にしっかりと固定する方法。本船とタグの相対姿勢を一定に保持したまま，タグの主機と舵を自由に使用可能。デッドシップの曳船操船で有効。

＜配置＞
フック引き：本船に対してタグを船尾付けでとる方式。
頭付け：本船に対してタグを頭付け（船首付け）してとる方式。
横だき：本船に対してタグをやや内側に向く姿勢で横だきにとる方式。
かじ船：本船の舵の役割を分担させる。後進によりブレーキの役目も可能。

問 9 停止中，タグを右舷に取り引いた（押した）場合の本船の動きについて述べよ。また，前進中，タグを右舷に取り引いた（押した）場合の本船の動きについて述べよ。

答 ＜停止中の場合＞
・右舷クォーターにタグを取り，頭付けで押した場合，船首から約 1/3 の点を中心として回頭する。
・右舷ショルダーにタグを取り，頭付けで押した場合，船尾から約 1/3 の点を中心として回頭する。

＜前進中の場合＞
- 右舷クォーターにタグを取り，頭付けで押した場合，すばやく回頭できるが，キックが大きく，また横流れも大きい。
- 右舷ショルダーにタグを取り，頭付けで押した場合，回頭は遅くなるが，キックの量は小さい。

問10 タグボートを使用する場合，操船上のどのような動きの補助として使用するか。

答 バースへのアプローチ操船では，低速航行時のコースライン上の保針操船，変針操船，前進行脚の制動。離着岸操船では，横押し，引出し，その場回頭。

問11 タグボートの使用に関連する事故を防止するのに，どのような点に注意しなければならないか。

答 ① 作業開始前の諸準備
- タグの依頼（手配）は早めに行う。
- タグとの相互連絡は早めにしておき，港内の状況，他船の動静などを十分把握する。
- 風浪が強く，タグ作業の可否が疑わしいときは，早めにタグの船長に作業の可否を確認しておく。
- 使用するタグの配置を決め，それに応じて船内の準備を整えておく。
- 2隻以上のタグを使用するときは，タグの性能に応じて，配置を決める。

② 作業前にタグの船長に作業要領を説明し，また連絡方法も決めておく。

③ タグによって操船する範囲と本船自体で操船する範囲およびその時機を明確にしておく。タグ使用中は極力，機関の使用を制限する方が効果的である。

④ タグの曳索を取るまでには多少の時間がかかるので，この間の風潮流などの外力の影響を十分考慮しておく。

⑤ タグの能力を十分に発揮させ，また安全を図るため，本船の行き脚

はできるだけ小さくする。
　⑥　タグが横引きにならないように注意する。
　⑦　船首にタグを取っている場合，錨作業は十分に注意する。
　⑧　曳索を放すとき，推進器に絡ませないように注意する。

問12　タグボートを転覆させるおそれがあるような状況とは，本船とタグボートがどのような状況のときか。

答　タグが横引きになるような状況。
　横引きは，本船の行き脚が大きすぎるとき，タグが大きく回頭しようとするとき，船尾にとったタグが本船の推進器の排出流にはねられたときになりやすく，タグを転覆させたり，危険な状態に陥れる場合がある。

問13　タグボート2隻が，本船を船首尾に対して角度 θ で曳航した場合，本船はどのような動きをするか。

答　同一の曳引力を持つ2隻のタグに，船首尾線に対して角度 θ で同時に曳航した場合，本船は θ よりも小さい角度 α で斜航する。これは，船体の移動に対する見かけ質量の増加が船首尾方向より横方向に大きいため，また，本船は横よりも前後に移動しやすいためである。

問14　タグラインの安全係数について述べよ。また，タグラインが切れるときは，どういうときか。

答　タグラインの安全係数は，一般的に3を用いる。
　タグラインが切れるのは，ラインを取って，急激に力をかけて引き始めたとき。

問15　大型船の接岸速度を決めるための考慮すべき事項について述べよ。また，着岸時の速度はどの程度にすべきか。

214 Part 2 運 用

答 ＜考慮すべき事項＞
・岸壁およびフェンダーの強度
・船体構造強度
・タグの配置と性能
・回頭角速度
・付加質量の値
・風潮の影響
＜接岸速度＞
　接岸速度の大きさは船の大小によって異なるが，一般に 10cm／s 以下，大型船では 2～5cm／s 程度。20cm／s を超えると接触事故を招く場合が多い。

問 16　乗船していた船のバウスラスターの馬力および推力について述べよ。

答　直前まで乗船していた船舶のバウスラスターの出力等を調べておくこと。
＜例：練習船 O 丸＞
出力：510PS，375Kw
推力：Slow：1.0t，Half：3.0t，Full：5.3t

問 17　前進速力が増加するとバウスラスターの見かけの出力はどのくらい減少するか。

答　1 ノットあたり約 20％減少する（約 5 ノットで，ほぼ効かなくなる）

問 18　ターニングベースンにおいて回頭する場合，船の長さの何倍くらい必要か。

答　港湾構造設計基準では，右その場回頭では直径 3L，タグの使用で 2L が標準である。
　地形状やむを得ない場合，錨，風潮を利用した自力回頭では直径 2L，タグ支援で 1.5L である。
　大型タンカー場合，2L の円形水面が必要である。

問19 船舶に備えなければならない操舵装置の能力について述べよ。

答 最大航海喫水において，最大航海速力で前進中に，舵を片舷35度から反対舷35度まで操作でき，かつ，片舷35度から反対舷30度まで，28秒以内に操作できるもの。

問20 錨鎖を1節巻き上げるのに，何分かかるか。

答 錨鎖の巻き上げ速度はJIS（日本工業規格）で決められており，9m/分である。よって，1節を巻き上げるのに約3分かかる。
《参考》
　ウインドラスの定格馬力：チェーン（3節＋錨自重）×2の重さの同時巻上げが可能な馬力，または，巻き上げ速度9m/分である。

問21 錨鎖の投入量を決めるときに考慮すべきことは何か。

答
・水深
・船にかかる外力（風圧，流圧）
・周囲の船舶の状況
・予想される気象・海象の変化

問22 深海投錨法について述べよ。

答 水深が25m以上のときは，錨と錨鎖との自重で相当の早さで錨が落下し，錨鎖が切断したり，錨が海底に強く接触して亀裂が生じたりするので，ウインドラスで海底近くまで，ウォークバックさせて投錨する。

問23 深海投錨を行う際，水深はどの程度まで可能とするか。

答 ウインドラスの能力からみて，片舷巻込みの場合で錨鎖4節（110m）程度。

問24 錨泊するときの注意事項について述べよ。

答 ＜進入時＞
- 進入経路の選定，これに伴う船首目標，避険線の設定
- 錨地の選定，方位と目標の選定，海底電線，その他の障害物の有無の確認
- 速力逓減の時機，目標の選定
- 第2，第3の予備錨地の用意

＜投錨時＞
- 風潮がなければ両舷の錨を交互に使用する。風潮がある場合，風潮上舷の錨を使用する。
- 激しい動揺がない限り，S/Bアンカー（コックビル）にしておく。
- 水深20m以下の場合，通常，コックビルの状態からウインドラスのブレーキを開放して自由落下させる普通投錨を行う。手動ハンドルで，不安なくブレーキ操作のできる落下速度は3〜4m/sである。
- 錨鎖を1節毎にブレーキを緩めながら繰り出す。
- 水深が深い場合は深海投錨法による。
- 捨錨の事態を考え，ジョイニングシャックルをコントローラストッパーの後ろに置く。

問25 錨泊してからの注意事項について述べよ。

答
- 安全な錨泊状態を保持するため，天候の変化に注意する。
- 適宜，船位および振れ回りを確認し，走錨の有無を確認する。
- 錨鎖の状態を確認し，錨鎖伸出量の調整をし，絡み錨を防止する。
- 周囲の船舶の動静に注意し，要すれば必要な措置をとる。

問26 強風潮時，投錨時の注意事項について述べよ。

答
- 風による圧流は，風速にもよるが，流れ始めてからは，時間の経過に伴って流速を増す。したがって，その修正措置を早めに強めに行うことが必要。

- 予定錨地の風上に船位を保つ。
- 惰力低速航行中は，潮流による圧流を強く受けるので，修正措置を早めに強めに行う。
- 予定錨地に対してどの方向から圧流されているか判断し，適切な進入経路をとる。
- 風と潮流を同時に受ける場合，風の強さ，自船の状況にもよるが，潮流を主として考えて操船する。操船の自由が制限されるときは風を主として考えて操船する。
- Lee Way を考慮した針路とする。
- 本流とワイ潮の境界，防波堤出入り口付近の流れに注意する。

問27 錨泊中の振れ回りに対する外力の影響について述べよ。

答 風を受けると，錨泊中の船は周期的に振れ回る。潮流等の流れの中においても振れ回り減少は起きるが，それほど大きくはない。波，うねりでは起こらないとみてよい。

水中に垂れたカテナリー部の錨鎖が，一つのばねの働きをして風上，風下への前後揺れを起こし，風が強くなると平均風軸からの左右の揺れ，船首揺れも加わり，振れ回りが増幅される。風速 10m／s を超すあたりから，船の重心 G は横 8 の字の軌跡を描く。

問28 錨泊するときの速力逓減要領について述べよ。

答 ＜練習船 O 丸の場合＞

	エンジンモーション	速力
2マイル前	S/B eng. & Full Ah'd	11.5〜12 kt
3000m 前	Half Ah'd	11.5〜12 kt
2000m 前	Slow Ah'd	12〜10 kt
1500m 前	Dead Slow Ah'd	10〜7.5 kt
1000m 前	Stop eng.	7.5〜3.5 kt
300m 前	Slow Astern	3.5〜後進 1〜2 kt

<一般船の場合>

	エンジンモーション
5マイル前	S/B eng. & Full Ah'd
4マイル前	Half Ah'd
3マイル前	Slow Ah'd
2マイル前	Dead Slow Ah'd
1マイル前	Stop eng.

< VLCCの場合>

	エンジンモーション	速力
16マイル前	S/B eng. & Full Ah'd	15 kt
10マイル前	Half Ah'd	12 kt
6マイル前	Slow Ah'd	10 kt
4マイル前	Dead Slow Ah'd	8 kt
2マイル前	Stop eng.	4 kt
1マイル前	Ver.	2 kt
1L前	残速 0.5 kt	0.5 kt
錨地付近	残速 0 kt	0.5 kt

問 29 錨泊中に荒天をしのぐ場合，振れ回りを抑止する方法（排水量，トリム等）について述べよ。また，トリムを By the Head にするには，本船のどのタンクを利用するか。

答
① 振れ止め錨を入れる
　　振れ止め錨の伸出量は水深の 1.5 〜 2 倍。
② 双錨泊
　　両舷錨鎖の水平開き角を左右同等にする。一般船で 30 度，VLCC で 45 度。
③ 喫水を増やす（排水量を増やす）
　　荒天停泊中，満船は空船よりも風圧が少なく，船の振れ回りも少なくなる。
④ おもて脚にトリムにする
　　トリムをおもて脚にすることにより，船尾が風に落とされやすくなり，船首が風に立つ。おもて脚にするには，錨鎖庫に漲水，FPT に漲水する。
⑤ 主機の使用
　　特にタービン船は，前進 20 〜 30 回転にしておくと，錨鎖にかかる力の緩和に効果的。

問 30　単錨泊時のアンカーチェーンの伸出量はどの程度にするか。また，概算式は何に影響されるか。また，風が与える影響はどの程度考えればよいか。

答　＜アンカーチェーンの伸出量＞
　　通常：3D＋90（m）　　風速20m/sと波高1mまで
　　荒天：4D＋145（m）　　フェリー等　　風速25m/sと波高2.5mまで
　　　　　　　　　　　　　　フェリー以外　風速30m/sと波高2.0mまで
　　英国の操船論等で目安とされている伸出量　$39 \times \sqrt{D}$（m）
　　　　　　　　　　　　　　　　　　　　＊ただし，風速30m/s程度まで
概算式は水深Dによって変化する。
＜風が与える影響＞
・1万トンクラスの船舶が船首2.5点から風速20m／sの風を受けた場合の風圧は，おおよそ23トン。
・同様に，1万トンクラスの船舶が船首2.5点から風速30m／sの風を受けた場合の風圧は，おおよそ30トン。

問 31　把駐力と錨，錨鎖，懸垂部の長さの関係について述べよ。

答　把駐力＝8（把駐力係数）×錨重量＋2（把駐力係数）×錨鎖重量
　　1万トンクラス：錨重量4トン，錨鎖0.1トン／m
　　底質の良い場合：30〜50％増し
　　底質の悪い場合：20〜50％減
　　懸垂部＝$\sqrt{y^2 + 2(H/w)}\ y$
　　y：ホースパイプと海底までの距離
　　H：水平外力
　　W：1mあたりの錨鎖の水中重量（錨鎖重量×0.87）

問 32　錨泊時，他船とはどの程度離すべきか。

答　単錨泊：R＝全長＋錨鎖長さ＋90m
　　双錨泊：R＝全長＋錨鎖長さ＋45m

状況が許すのであれば，自船や他船の走錨を考慮して0.5マイル程度とし，余裕を持たせる。

問33 走錨はどのように検知するか。

答
- 船位を測定し，その振れ回り範囲で知る。
- 正横近くの見通し線のずれ具合で知る。
- ハンドレッドを使い，その張り具合で知る。
- 他の停泊船をレーダーでプロットしておき，そのずれ具合で知る。
- 片舷からだけ風を受けるようになったときは走錨している。
- 異常なショック感や錨鎖の張り具合で知る。
- 走錨すると振れ回りがほとんどないか，小さくなるのでわかる。
- ECDISのアンカーワッチ機能の利用

問34 底質の違いによって把駐力係数はどのように変化するか。具体的な数値を用いて説明せよ。

答 把駐力係数は，それぞれアンカー重量に対する倍数で表す。

	砂	泥	走錨中
JIS型	3.5	3.0	1.5
AC14型	7	10	2

《参考》

錨鎖の摩擦抵抗係数

	泥	砂
係止中	1.0	3/4
走錨中	0.6	3/4

問35 VLCCのような大型船での投錨時の注意事項について述べよ。

答
- 超大型船では，水深のいかんにかかわらず，深海投錨法を行う。錨が海底に到達するまで，あるいは錨鎖の伸出量のすべてをウォークバックする。
- 巨大船はその惰力が極めて大きいので，錨地への速力低減は前広に行

④ 操　船　　221

う。
- 投錨時は行脚を 0 として投錨する。
- 風潮流の影響の少ない底質の良い所で，かつ十分な広さのある所で，船首目標が明確であり，早い時期に投錨針路上を航行できるところを選ぶ。
- ウインドラスの操作には熟練者をあてる。

問 36 風潮流のある場合，前進投錨法による双錨泊の方法について述べよ。

答　風潮上舷の錨を第一錨とし，予定錨泊位置手前で第一錨を投下して前進しながら錨鎖を伸ばし，第二錨は予定錨泊位置に対し第一錨とほぼ対称な位置に投下し，次に第二錨の錨鎖を伸ばし，第一錨の錨鎖を巻き込みながら，予定錨泊位置に移動する。

問 37 振れ止め錨の投下方法を説明せよ。また，それはどのような効果があるか。

答　単錨泊中に荒天となったとき，他舷錨を投下して船の振れ回りを抑える振れ止め錨の投下方法には，その使用する舷に船が一杯振り切ったときに投下する一般方式と，その使用する舷と反対舷に一杯振り切ったときに投下して，両舷錨鎖を故意に交差させた X 字型とするハンマーロック方式とがある。
　一般方式の場合，投下した錨の錨鎖は水深 1.5 ～ 2 倍程度伸ばす。振れ回りの抑えは錨を常に引き回す状態の方が効果があるので，錨鎖はあまり長くしない方がよい。この方法の利点は，双錨泊と比べて台風時のような風向の変化にも船首は風波に立ち，外力の影響を小さくできる点である。たとえ走錨しても，振れ止め錨の錨鎖を伸ばして食い止めることができ，また，揚錨にも作業時間は比較的短く，ときには一方を捨錨して出航することも可能である。なお，振れ止め錨を使用した単錨泊は，風速 25m／s 程度が走錨しない限度といわれている。

問 38 港内での錨の利用法を述べよ。

答 港内での操船上の錨の利用法としては，錨鎖を短く伸ばして錨の走錨抵抗を利用する場合がある。このときの錨かきは爪を完全に海底にかかせることなく，錨鎖を水深の1.5～2倍程度のショートステイの状態で使用する。このような人為的な走錨を dredging anchor といい，荒天時，風浪のために起こる自然的走錨（dragging anchor）と区別される。具体例として，①前進行き脚を抑え，②狭い水面において用錨回頭（dredging round）をし，③強風で係船岸壁に横付けが困難なときに投錨して船首の風下に落とされることを防ぎ，④出航のとき容易に離岸させるため前もって着岸時に投錨しておく，などの方法がある。

問 39 用錨回頭するとき，錨鎖は水深の1.5倍程度が良いといわれているが，それはなぜか。

答 錨鎖が水深に対して十分伸出しなければ，アンカーシャンクは海底面に対して仰角をもち，把駐力は減少する。したがって，水深の1.5～2倍程度伸出すれば，適当な抵抗となって用錨回頭がスムーズに行われるからである。

問 40 プロペラ流の回頭作用について述べよ。

答 ＜回頭作用＞
① 舵中央で前進中の船首の偏向
　船尾喫水が深い場合は，左回頭の傾向があり，逆に浅い場合は，右回頭の傾向がある。
② 左右の旋回性能
　通常，右旋回の方が左旋回するよりもわずかではあるが，旋回性能はよくない。
③ 舵中央で後進した場合の回頭特性
　船首は右に回りながら左後方に大きく旋回するように後進する。

《プロペラ流についての参考》
・吸入流
　前進時，水面下の船尾線に伴う吸入流は船底から上向きの斜流となってプロペラ回転円に流れ込む。このため，プロペラ翼が回転円の

右半円を回るときは，左半円を回るときよりも推力を増し，全体の推力軸線が船体中心線から右にずれて，船首をやや左に偏向させる。

後進時，舵中央では作用しないが，舵をとるとその裏面に吸入流が働き，とった舵の方向に船尾を押す。

・放出流

前進時，舵中央では，右回りしながら放出される流れは，プロペラ軸から上部の舵面には左から右方へ，下部の舵面には右から左方へ流れ込む。このとき舵面への流れの入射角は下部の方が大きいので下部舵圧が優勢となり，舵中央にもかかわらず，船尾は左へ船首は右に回頭させようとする。特に舵上部が水面から露出した場合，上部舵面積が小さくなるので，右回頭の傾向をさらに強める。

後進時，船尾から船首の方へプロペラ流が放出される。この流れは船尾右舷の船側外板に，深い入射角でしかも広範囲にわたって放射されるから，船尾を左に強く押す。この作用を放出流の側圧作用といい，操舵に関係なく特に顕著な右回頭を起こす。

問41 ホーサー（1本の場合）の破断荷重，安全率について述べよ。

答
・破断荷重は，材料等によって異なるので，乗船していた船舶のホーサーの種類・材質を調べておく必要がある。
・安全率は，造船艤装設計基準に準じて，ワイヤー 2.5，繊維索 3.8 とされている。

　　安全率＝破断力／安全使用力（安全に使用できる最大荷重）

《参考》
① マニラロープ
　　破断荷重 ＝ $(D/8)^2/3$
　　安全使用荷重＝$((D/8)^2/3) \times (1/6)$
② ワイヤー
　　破断荷重＝$(D/8)^2 \times 2$
　　安全使用荷重＝$(D/8)^2 \times (1/3)$
　　　安全使用荷重は破断荷重の 1/6
　　　同じ太さであれば，ワイヤーはマニラロープの 6 倍の強さ
　　　D はロープ径

問 42 ローディングマニュアルについて述べよ。

答 ローディングマニュアルは，船体強度よりも船体が過大な曲げモーメントやせん断力を受けないように貨物や燃料，清水，バラストをバランス良く積み付けるための計算指導書である。静水中曲げモーメントおよび静水中せん断力は，設計時に想定されたあらゆる積付け状態（計画積付け状態）について計算され，その最大値を用いて縦強度が定められる。しかし，実際の運航においては，計画積付け状態と異なる積付け状態で航海することも多々あるから，その場合においても，静水中曲げモーメントや静水中せん断力が設計時に用いられた最大値を超えないようにする必要がある。これを確かめるための計算方法を示すのが，ローディングマニュアルである。通常は，軽荷状態，バラスト入出港状態，載荷入出港状態（航路，積荷毎），特殊な状態（ドッキング，荒天バラスト，タンククリーニング等）の計算結果が含まれている。

問 43 ベンディングモーメントとシェアリングフォースについて，それぞれ説明せよ。

答 ベンディングモーメントは船体を曲げようとする力（ホギング・サギング，船体長さ方向に作用）のことで，シェアリングフォースは船体をはさみ切るような力（上下に作用）のことである。

問 44 縦強度について，ベンディングモーメントが最大のとき，シェアリングフォースはどのような数値か。

答 ゼロである（下図参照）。

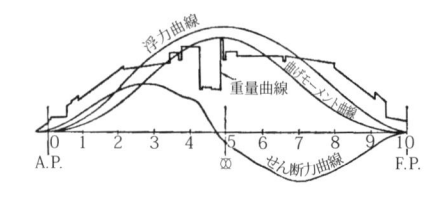

縦強度に関する曲線

『航海便覧（三訂版）』（航海便覧編集委員会編，海文堂出版）より

[4] 操 船　225

問 45　船体強度計算について，どのように強度を確認するか。また，造船所において計算する場合の条件について述べよ。

答　＜船体強度計算＞
　ローディングマニュアル記載の簡易計算式を用いて，曲げモーメントやせん断力を計算し，許容値内にあることを確認する。最近は PC を用いて計算している。
　＜造船所において計算する場合の条件＞
　　波長：船の長さと同等
　　波種：規則波，トロコイド
　　波高：波長の 20 分の 1
　　計算方法：ストリップ法

問 46　新針路距離とは何か。

答　変針するとき，新旧針路の交点，つまり返針点で舵をとったのでは，船を新針路の進路上にうまく乗せることはできない。応答の遅れを見込んで，変針点の手前から舵をとらなければならない。このように，原針路上における変針点と転舵位置の船体重心点との縦距離を新針路距離といい，変針点に対する操舵位置を示す。

　旋回半径 R とすると，変針角 ψ_0 に対する新針路距離は，
　AC ＝ AB ＋ BC
　AC ＝（リーチ）＋ $R \cdot \mathrm{Tan}\,(\psi_0／2)$
となる。

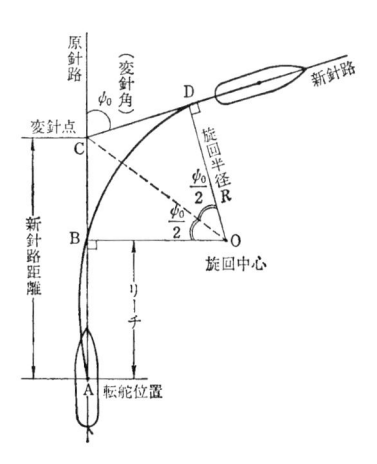

新針路距離

問 47 90°変針を行うとき，変針点前のどれくらいの距離で転舵を始めるか。また，それは何に基づいて決めるか。

答 新針路距離に基づいて決定する。
＜実用概算式＞
AC ＝ 500 ＋ 6 ×（変針角）m
AC ＝ 500 ＋ 6 × 90 ＝ 1040m

問 48 船長として乗船した場合，乗船してから出港するまでの間で，まず知るべき本船の操縦性能等について述べよ。

答
・港内速力の設定基準
　前進，後進ともに，各回転数（Full, Half, Slow, Dead Slow）および速力。特にタービン船の場合，増減速標準（規定回転に達するまでの所要時間）。
・舵角15度および35度のときの旋回径，操舵上の固有の性質。
・停止惰力，反転惰力（逆転停止惰力）。

問 49 予備燃料の量について述べよ。

答 次航の航程，航行区域，時期，海象および予定速力を勘案して燃料消費を算定し，燃料消費量とタンク容量の関係から決定する。燃料タンクに対する搭載量は多くても90％，通常は80〜85％である。
　ショートバンカーしないように，航程の見積もりを増やして，マージン（15％程度）を持つようにする。

問 50 オーバードラフトかどうかの判断は，どのようにするか。また，船体にヒールがある場合はどうするか。

答 ローディングマニュアルによって，到着時の積荷量，燃料，清水，コンスタント等を用いて計算して，ドラフトを求めることによって，判断する。

ヒールがある場合は，ヒールコレクションをして計算する。

問 51 ブイ係留の方法について述べよ。

答 ＜操船＞
　1点ブイ係留（SBM：single buoy mooring）は普通，船首から出した錨鎖またはブイロープでブイ本体と係留する，いわゆる「馬つなぎ」の係留法である。
　プロペラの作用で，後進をかけたときに現れる1軸右回りの回頭特性を考えると，ブイを右に見て船幅Bの約1～1.5倍離したコースを取る。ブイに至るまでの保針は，船を慣性でゆっくり進めるか，停止に近い，行き脚から主機を一時的に Full Ah'd または Half Ah'd を使用する。
　シーバース用の大型ブイにタグを伴った VLCC が接近する場合，ブイを左に見て接近するのがよい。もし，ブイを右に見て接近した場合，行き脚の制動に主機を後進にすれば右回頭が必ず現れ，VLCC の場合，慣性量が大きいのでこれを抑えるのは容易ではない。右船首直下にブイが来ていれば圧流し，ブイおよび油送管に損傷を与えかねない。ブイを左に見て接近すれば，本船の行き脚の減殺に主機後進を気兼ねなく使用でき，右回頭が現れてもブイから離れるので安全であり，タグの押す力で抑えることができ，係留作業中の船位保持が楽である。

＜ブイ係留の一般作業＞
　ブイ係留用のチェーンを船首端中央ホールから出す場合は作業がしやすいが，片舷の錨の錨鎖を切り離してその錨鎖を使用する場合，錨を舷下に振り出す作業に手間取る。
① 本船がブイに近づくと，本船から出した綱取りボートにブイロープを積み，ブイまで運んでロープをブイリングに取り付ける。ブイロープをウインドラス等で巻き，ブイが船首ホースホール直下に来るまで巻き込む。
② 錨鎖を伸ばして，別に降ろしたブイシャックルで錨鎖とブイリングを接合し，その上をワイヤで巻止め（mousing）しておく。
③ ブイロープを外し，スリップワイヤを反対舷から導いて，ブイリングに通し，両舷にバイト（bight）に取る。
④ 風潮の影響が強く，ブイロープだけで作業が困難なときは，スリッ

プワイヤも巻き込んで船首部をブイから離れないようにする。要すれば，タグの支援を要請しておく。

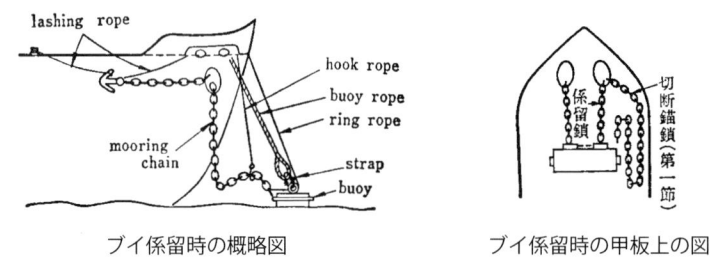

ブイ係留時の概略図　　　　ブイ係留時の甲板上の図

『航海便覧（三訂版）』（航海便覧編集委員会編，海文堂出版）より

問 52　IMODCO Bouy とは何か。

答　オイルターミナルのシーバース用として，大型タンカーを SBM 方式で船首を係留し，油荷役も可能な大型係船ブイである。IMODCO (International Marine and Oil Development Corporation の開発) ブイは，風速 30m／s，潮流 5kt において，安全に係留や作業ができるように設計されている。

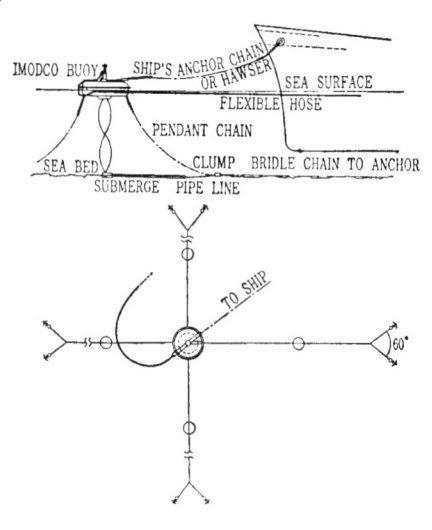

IMODCO Bouy の概略図

『航海便覧（三訂版）』（航海便覧編集委員会編，海文堂出版）より

問 53 狭水道通行時の操船上の注意事項を述べよ。

答 ① 船位を常に確認し，コースからの横流れに注意する。航路ブイはときに移動したり流出するので，ブイの位置を過信してはならない。
② 状況によりS／B速力とし，投錨用意を行い，水深を連続して測深する。
③ 夜間航行，霧中航行のように視界が悪い場合，レーダーを併用しながら見張りを行う。ARPAは昼光においても衝突危険に関するデータ情報を指示器上に表示するが，直接避航操船するときは付近の航行状況を再確認してから行う。
④ 余裕水深が問題となる浅水域を航行するときは，満潮時を選び，ときには減速して航行しなければならない。また，この水域では他船と接近した追越しを避け，海底の起伏・勾配により船に不安定な回頭モーメントを与えることも予想されるので，操舵に十分注意する。
⑤ 強潮流の水道を通航するときは，憩流時で視界がよく，交通量の少ない時機を選ぶ。
⑥ 沿岸近くを高速で走ると，発生する航走波によって沿岸の係留船は激しい揺れ運動を起こし，船体が岸壁に激しくぶつかり損傷させることがある。このようなおそれのある狭い水路では，減速して通過しなければならない。

問 54 海洋から河口に入り，河川内を航行する場合の注意事項について述べよ。

答 ・海洋から河口に入るときは，海水と淡水との比重差によって船の喫水およびトリムが変化するから，出入前後の比重によって，予定喫水，トリムを算出しての喫水の増加量の予測，トリム調整をする。
・河川の水深は変化しやすく，海図記載の水深は，そのまま信頼できない場合があるので，水路に関する情報，データを事前に入手して航海計画を立てる。また，その水域に精通した水先人を乗船させる。
・一般に大河口は陸岸が遠く，平坦な場合が多く，陸上物標の視認は困難で，灯船やブイ等が設置されているが，それらは河口内に設置され

ているブイとともに移動しやすいので，位置に注意する。
- 河口には浅く堆積した場所があるのが常なので，喫水の深い船舶は満潮時を選び，要すればイーブンキールとし，また，うねりのある場合は，その影響のために触底しないように十分注意する。
- 狭水路を航行する場合，圧流，乗揚げに注意し，激流のある場合は渦流のない水面を通航する。水路内で行き会うような場合，遡航船は広い水路で下航船を待ち，通航する。
- 航法に関する特別の規定などの調査およびそれらの遵守
- 変針目標の選定や避険線の設定
- 測深の励行と船位の確認

問 55 風が与える操舵への影響について述べよ。また，なぜ風上に切り上がるのか。

答 前進中の船は斜行のため，水の船体への流入角が小さいから，水抵抗の船首尾線上の作用点Eは風圧中心Cよりも船首寄りにある。このため，重心G周りの回頭モーメントは船首を風上に切り上げ，向風性を示す。風向が斜めから正横に移るにつれて風圧中心Cは船の重心Gに近づき，ますますこの傾向を強める。

問 56 航走中の横流れ（相対風向と回頭モーメントの関係）について述べよ。

答 船は風下に圧流されながら航走するので，船首方位と船の移動方向とは一致せず，斜行の姿勢をとる。この斜行角を風圧差（Lee way）または横流れ角といい，この大きさは航走中の船の横流れの度合いを示す。この風圧差 β が一定で，そのまま斜行状態を保ち，斜めに直進してるときは風，水抵抗，舵力の3力の横力が釣り合い，さらにこれらの力による船の重心回りの回頭モーメントも釣り合うときである。

　通常，風圧差10度といえば，保針不可能に近いかなりの横流れで，風速が強く，船速が低速になるほど風圧差は大きくなる。逆に高速では，斜行するときの水抵抗の横力が船速のほぼ2乗に比例して増大するから，これが風下への圧流を抑えて風圧差を小さくし，横流れも小さくなる。

[4] 操船　231

問 57　風を受けて航走中の船舶における回頭作用について述べよ。

答　風を受けて航走中の船舶には，横揺れのほか，風力，海水の側圧抵抗，舵力による回頭モーメント等の力は互いに釣り合うが，このとき，もし当て舵をとらなければ船首は風上に切り上がるか（向風性），風下に落とされるか（離風性）のいずれかの傾向を示す。

問 58　風が吹いた場合に，船舶はどれだけ傾斜するか。風圧力（算式）を示して述べよ。

答　$W \cdot GM \sin \theta = PA\cos \theta \cdot h$
W：排水トン数
A：正横受風面積
P：単位面積あたりの風圧（毎秒 v メートルの風は 1m² あたり $\frac{1}{16}V^2$ の風圧となる）
H：風圧中心と海水の側圧抵抗中心との距離

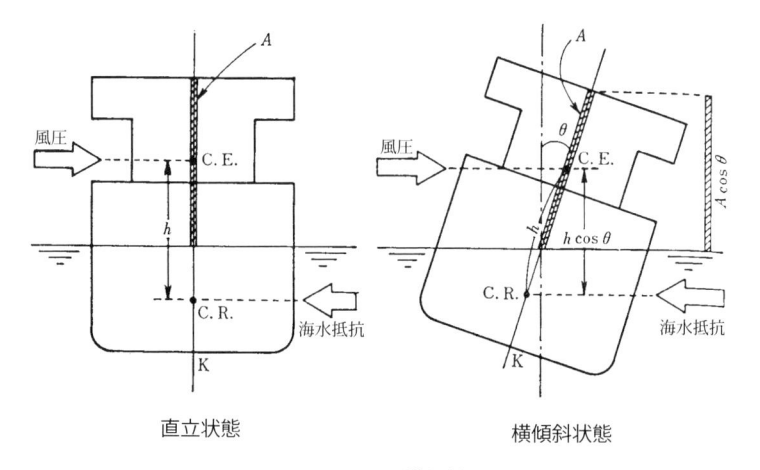

風圧による横傾斜

『基本 航海力学』（明渡範次著，海文堂出版）より

問59 風速と側面風圧面積（正横風圧）の関係について，略算式を示せ。

答 ＜側面風圧面積（正横風圧）＞
　　$Y = 0.08BV^2$
　　Y：正横風圧（kg）
　　B：側面面積
　　V：相対風速（m／s）
＜任意方面からの風圧＞
　　$R = 0.08 (A\cos^2\theta + B\sin^2\theta) V^2$
　　R：風圧（kg）
　　A：正面投影面積
　　B：側面投影面積
　　θ：船首尾線からの風の角度
　　V：相対風速（m／s）

問60 機関を停止して風を受ける場合，船はどのような姿勢をとるか。また，その理由について述べよ。

答 停止中のときは，正横から少し斜め後方10〜20度（1〜2点）から風を受けて漂流する。
　理由は，船のトリムは船尾トリムが多いので，水抵抗の中心が船体中央から少し船尾寄りとなり，風圧中心がこれと合致する風向（正横から少し斜め後方）になるまで回頭し，回頭力を失ったところで平衡状態を保つためである。

問61 相対風速角度によって保針不可能領域が発生することあるが，風速と船速比がどの程度を超える場合か。

答 6000台積みPCC（LOA200m，側面風圧面積5500m^2）を例として，風速と船速比が3.7を超える場合

問 62 岸壁接岸中，岸壁に倉庫等がある場合の操船上の注意事項について述べよ。

答 岸壁側から比較的強い風が吹いている場合，倉庫と倉庫の隙間から吹き出す風が突風となって，船体に影響を与えることがあるので，あらかじめ対策を立てておく必要がある。

問 63 操船に及ぼす外力について述べよ。

答 ＜風の影響＞
　船舶は，向かい風を受けると風圧で減速し，追い風を受けると逆に増速する。船首尾線に対して斜めまたは横の風では，船舶は横流れ（drift）しながら船首は風下に落とされるか風上に切り上がるか，いずれかの回頭モーメントが働く。特に低速で航行中に強風を受けると，風による回頭モーメントの方が舵による旋回モーメントよりも勝り，操船不能に陥ることがある。概して，空船時に受ける風力3，4の影響は，半載では風力5，6，満載では風力7，8に相当するといわれている。

＜潮流の影響＞
① 一様な流れの水域で，船舶が横に流されながらある進路上を直進するとき，その保針には圧流差（tide way）の針路修正が必要である。
② 潮流の強い狭水道を通過するときは，反流（ワイ潮），渦潮，湧昇流のある乱流域では，船首は左右に大きく振るので保針に注意する。しばしば大きな当て舵をとらなければならない。
③ 本流とワイ潮の境界，あるいは防波堤外側に沿う流れのある防波堤出入り口付近では，通過するときに流れの強い回頭作用を受ける。
④ 着岸，着桟時の操船のように最低速で係留位置に接近するときは，潮流の影響を注意しながら前進行き脚の調整を図る。
⑤ 接岸操船のとき，タグの支援力の推定や船舶の係留力の算定に潮流の影響を考慮する。

問 64 シーソーイング現象とは何か。

答 大型船と速力差の小さい小型船との間に起こる，追いつ追われつの運動現象で，2船が接近して並航したときに起こる。

小型船が前の波頂を乗り越えようとすれば阻まれて減速し，大型船が先行すると，後方の波頂が小型船の船尾を押して小型船を前に加速させる。小型船が前に押し出されて前の波頂の付近に来ると，再び阻まれて減速して大型船が先行し始める。このように追いつ追われつのシーソーゲームに似た追従運動をシーソーイング現象といい，あたかも曳索なしの曳航に似ているので wireless towing ともいわれる。

これらの運動は，両船の吸引・反発力に基づく相互作用というよりも，大型船の船首から造成される八の字波，横波の前後の波頂の間に小型船がはまり込み引かれていく運動現象とみてよい。

問65 外洋に面した泊地に錨泊する場合の注意事項について述べよ。

答 ＜操船上の注意事項＞
① 錨地の選定に際して，泊地における突風，地方風，波浪，うねりの侵入方向，潮流の状態を考慮し，周囲の状況からみて，その影響のできるだけ少ない錨地を選ぶとともに，走錨のおそれを考慮して，障害物に対して十分な余裕水域をとること。
② 風潮やうねりがあるときに入港錨泊する場合，外洋に対して開放されている方向によっては，その影響を直接受けることになるので，その場合，余裕水域があるときには，風潮，うねりをできるだけ船首に受けて入港針路をとり，投錨するとともに，風潮による圧流を十分に考慮して操船すること
③ 風潮のある場合，投下錨は必ず風上舷の錨を使用する。また，横揺れの激しいときは，船首を風浪に立てるように一時変針して，錨が船底をかわるまで錨を下ろした後に元の針路に戻すか，予定水深が浅いような場合，収錨位置より投錨する。
④ 風浪が強く投錨しても錨が効かずに，ただちに走錨するような場合には，すでに錨泊可能な限界であって，たとえ，錨が効いたとしても走錨の危険があるので錨泊を取り止め，沖に出てヒーブツー（ちちゅう）するかライツー（漂ちゅう）する。

④ 操　船　235

<錨泊中の注意事項>
① 気象の急変，風向の変化に特に注意し，風浪が強くなると予想される場合には，早めに機関準備をすること。
② 走錨の早期発見につとめ，停泊には周到な注意をする。
③ 風力が増大すれば，適宜，錨鎖を伸出し，また，周囲の状況により錨泊に不安を感じるときは，転錨するか，洋上に避難する。

問 66 岸壁に横付け係留する場合の係船索の効果的な使用方法について述べよ。

答　<ヘッドライン（スターンライン）>
　ヘッドラインは，船舶を前方に引っ張る力と，横方向へ引っ張る力および船舶を岸壁に引き寄せる力が考えられ，それらの力の合成として船体に作用する。このラインの使用方法としては，係止場所によってこれらの作用を調整することができるので，どのビットにラインを取るか考慮する。たとえば，船首方向から強く係止したい場合，船首方向のなるべく遠いビットにラインを取る。
<前部スプリングライン>
　前部スプリングラインには，船舶が岸壁に平行に惰力で前進しているとき，その運動を減殺し，旋回を少なくし，船舶を岸壁に接近させたり，または，スプリングを係止してから，舵と機関を使用して，岸壁に船体を接近させる使用方法がある。
<注意事項>
　岸壁への係留作業では，船橋と前後各部との連絡を密にし，さらにブリーフィング等で操船者の意図を確実に理解して作業にあたる。また，船首，船尾との協同作業であることもよく理解しておかなければならない。たとえば，船首のみを岸壁に引き寄せれば，船尾は離れることになる。
　岸壁への係留作業は危険な作業が多いので，ラインの巻込み，伸出には十分注意し，索の緊張度，方向，船体の岸壁への接近速度，船体と岸壁との角度，索の巻取り速度に注意し，事故防止に万全を期さなければならない。

問 67 操船に及ぼす外力の影響のうち，波浪の影響について述べよ。

答 波浪のある海上を航行する場合は，速力に変化を生じ，船体が圧流されるとともに波浪はさらに船体を動揺させ，船首に回頭作用を起こさせて保針を困難にする。船舶の進行状態によってその影響は異なる。

　長大な波浪は，前進，後進，停止中を問わず，いかなる場合にも波間に船体を横たえようとする著しい作用をなす。

＜停止中＞

　船体は，次第に旋回され，船首を少し波の下方に向けた状態で，波の谷に平行になったまま漂泊し続ける。この場合は，波を横から受け，船体動揺は激しい。

＜前進中＞

　船舶の長さに比して短い波浪を船首尾方向に受けて航行する場合は，船体の回頭にはほとんど影響はない。しかし，横波を受ける場合は，一般に船首の波下側の水圧は，波上舷側に当たる波の衝撃に負け，船首は波下に落とされる。

＜後進中＞

　船首水圧はなくなるが，船尾はプロペラ，舵等のため水中抵抗が大となり，船尾は波上に切り上がる傾向を生じる。

問 68 前進力の小さい船舶は波谷（Trough）に陥りやすい理由について述べよ。

答 前進力の小さい船舶は，常に見かけ上，比較的長大な波浪に遭遇することになり，波頂と波底の付近に船首尾部をほとんど同時に置くようになる。したがって，船首が波頂付近に達する頃，船尾は波谷付近にあり，船首は波の衝撃で波下に落ちる傾向を生じ，また，船首が波谷付近に達する頃，船尾は波頂付近にあり，トロコイド理論により船首は水粒子の軌道運動に垂直になろうとする傾向を生じ，波谷に横たわるようになる。このように，前進力の小さい船舶は波谷に陥りやすくなる。

④ 操 船 237

> **問 69** 船首揺れ（Yawing）が最大となる針路について述べよ。

答 波の方向に対して，船舶の針路が45度または135度のとき。

> **問 70** 冬季，広い泊地に右錨を用いて単錨泊中，季節風が強くなった場合，把駐力を増すため，双錨泊とする場合の方法について述べよ。

答 ① 出入港部署と同じ要領で総員を配置し，準備する。
② 船首と風に立てて，右錨の錨鎖を巻き，必要であれば，舵，機関を使用する。左錨の投錨の準備をする。
③ 右錨の錨鎖が水深の1.5〜2倍程度になったら巻くのを停止し，機関を前進にかけて舵を使用して左錨の投錨予定位置に進みながら，右錨の錨鎖を適宜伸ばす。
④ 左錨投錨地点に来たら，行き脚を止め，船舶が後退し始めたら（必要に応じて機関の後進を使用する）左錨を投下し，後退しながら錨鎖を伸ばし，水深の1.5から2倍に伸出したときに，いったん，錨鎖の伸出を止め，左錨を十分効かせる。
⑤ 船舶の後進につれて左錨の錨鎖を伸ばし，所定量を伸出したら止め，右錨の錨鎖のたるみを取り，両舷の錨鎖が均等に張るようにして係止する。

＜注意事項＞
・錨鎖を伸ばすときは，徐々に伸ばすことが大切で，一度に多量に伸出して，船舶が風に対して横にならないようにしなければならない。
・左錨の投錨位置は，右錨の左方で風向に対して直下になる方向として，両舷錨のなす角度が小さいほど把駐力が大きく，120度以上になると単錨泊のときの把駐力に劣る。
・錨鎖を係止するときは，捨錨のことを考慮してジョイニング・シャックルを甲板上にしておく。
・伸出させる錨鎖の量は，船舶の状態，底質，風力等に応じて十分に伸出する。

問 71 ジョイニングシャックルに入っているピンの名称を述べよ。

答 テーパーピン

4-3 特殊運用

問 1 荒天航海中に減速する場合は，何を目安に減速する時期を決めるか。

答
・横揺れ，縦揺れの程度（激しい縦揺れがおさまる程度まで減速する）
・船首への海水の打ち込み（満載状態で 1 時間に 10 回，縦揺れ 50 回に 1 回）
・スラミング（バラスト状態で 1 時間に 5 回，縦揺れ 100 回に 1 回）
・プロペラレーシングの有無
・常用の航海速力のプロペラ回転数で航走しているにもかかわらず，S／B Full 程度の速力まで低下した航行状態となったとき。

問 2 氷海を航行する場合の注意事項について述べよ。

答 ＜船体損傷の防止＞
　着氷を防ぐために，ウインドラスやウインチ，その他蒸気が通じるパイプには蒸気を通し，暴露部や甲板上の清水ライン，海水ラインは中間弁で通水を中止し，ドレンを出して管の破裂を防ぐ。また，熱湯や人力でできるだけ氷を排除する。
＜気温に対する注意＞
　風速と気温から着氷のしやすさが決まってくる。風速 8m／s，気温－3℃，波浪 2m になると着氷が始まり，風速 10m／s 以上，気温－6℃以下になると急に着氷しやすくなる。水温は一応 4℃以下が目安。気温が－16℃以下になるとしぶきが凍結するので，着氷は少なくなる。
＜操船上の注意＞
　氷海域を航行すると，船体，舵，プロペラに損傷を与えたり，ときには群氷に閉じ込められたりする。このおそれがあるときは，ためらうことなく迂回航路をとる必要がある。見張りにおける注意および航路選定

上の注意に十分留意のうえ，以下の点に注意して操船する。
- 群氷中で大きな変針をすると，船尾のプロペラ，舵に氷塊を当て損傷させることがある。変針は小舵角で徐々に行い，一度に30度以上の変針は避ける。
- 氷山に接近して通過することは絶対に避ける。
- 氷原または群氷の比較的やわらかい部分に突入して航行するときは，氷原の縁に船首を直角に突入させて，舵の効く3～5ノット程度の進入速度とする。
- 氷が硬く，前進力だけで破砕できなくなったときは，前進・後進を繰り返しながら前進する。
- 氷原中で航行が困難になったときは，新しい水路を求めるよりも，元の進路に引き返す方がよい。
- 氷海航行中は舵効きが得られる程度の速力とし，常に急停止のできるようにしておく。
- 氷山の中には，岩礁と見誤ることが多いので，連続測深によって確認することが必要である。

＜氷山等の発見方法＞
- レーダーの見張りによる早期の発見
- 群氷の周辺には氷片や砕氷が漂流しているのが普通である。これを利用する。
- 自船の発する汽笛などの反響音がある場合
- 氷山の亀裂音

問3 多礁海域航行時の注意について述べよ。

答 ＜一般事項＞
- 測量不完全・水路資料不足などによる図載位置の不正確や未測の暗礁の存在もありうるので注意する。
- ところによっては，熱帯低気圧の発生により，予想外の降雨や荒天に遭遇することもある。
- この海域の島付近では，予想外の強い海潮流を経験することもある。
- 測深によって船位を推定することは，非常に危険である。
- 経験のある見張り員を高所に配置し，水の色による水深に対する注意

も怠らないこと。水深10m前後では青緑色に見えることが多い。また，白波の砕ける様子などで浅堆を知ることもある。
- この海域の島は一般に平坦で，地物による船位測定が困難なことがある。天測その他を利用して船位の確認に努める。

＜礁に対する見張り＞
- 高所からの見張りを実施する。水中の礁は高い場所から発見しやすいので，前部マスト，フライングブリッジなどからの見張りを行う。
- 海水の色による識別。水深がごく浅いと海水は黄褐色を呈し，水深が増すにしたがって青緑色に，さらに藍色に変わる。海水の色によって浅い海域の発見に努める。
- 波の反射の様子による判別。礁があるところでは沖合いからのうねりが波に反射し，付近と異なった海面の攪乱（反射波）が見られるので，これによって判別する。
- 太陽光線の方向の見張りに対する影響。太陽高度が低く，しかもこれを前方に見ながら進むときは，見張りは困難で礁は発見しにくい。太陽を背にして，かつ，高度が高いときが発見しやすい。

＜操船について＞
- 礁間を経て陸地に接近していく場合は，通常，うねりを船尾に受ける姿勢で進行していく場合が多い。したがって，この態勢では保針が難しく，ヨーイングしやすいので，保針に十分注意する。
- 浅い礁を発見したら，ただちに回避できるように連続的な測深を実施し，その早期発見に努めるとともに，応急措置が行えるように投錨準備，主機スタンバイをしておく。また，可能な限り速力を減じて航行するが，保針性低下や海潮流による圧流や礁間の複雑な流れに対抗できる程度の適度な速力を維持する。

問4 河川を航行する際の注意事項について述べよ。

答
- 高速での航行は操船が困難であり危険を伴うので，低速で航行し，投錨や測深の準備をしておく。
- 浅洲が両側に拡大している狭水道を通過するときは，上流の洲に接航し，激波が多くて操船が困難な水面では中流の静水面を航行する。
- 上流へ向けて航行中，大屈曲部での変針時に，水流の関係で上流方に

回頭不能となった場合，減速して，投錨回頭を行う。
- 下流へ向けて航行中，回頭は水流を利用するようにし，それが不可能な場合にはドレッジングラウンドを行う。
- 狭水道で行き会うときは，上流へ航行する船舶は減速し，下流へ航行する船舶が最狭部を通過するのを待つようにする。

問5 船舶が乗り揚げた場合の処置について述べよ。

答 ＜船体・機関の損傷状況の確認＞
- 損傷箇所とその程度
- 浸水の有無とその程度，今後の変化の予想
- 復原力損失の程度，今後の変化の予想
- 主機使用の可・不可

＜人命・積荷の状況の確認＞
- 損傷の有無とその程度
- 今後の変化の予想

＜実施すべき処置＞
- 船固め処置
- 人命，積荷，船体，機関等の損傷あるいは損傷防止処置
- 気象・海象状況の予測

問6 任意乗揚げを行うのは，どのような場合か。

答 海難発生時に沈没のおそれがあり，船体および積荷を救助する非常手段として行う場合。

問7 任意乗揚げ場所の選定に関して述べよ。

答 ＜波浪・うねり＞
　できるだけ波浪・うねりから保護される場所であること。波高 3m くらいが限度であって，それ以上になると，波浪やうねりによって船体が海底に対して動き回り，船体破壊が進行し，救助作業も困難を増す。

＜水深＞

水深変化がなるべく緩やかな場所であること。また水深は 15m くらいを限度する。これ以上の水深では，救助作業が著しく困難になる。一方，極端に浅い場所も不適である。

＜底質と海底の状況＞

海底の底質は砂が最適である。岩盤は船底を破損させやすいから浸水の危険が増す。泥は潮高変化に伴って船体が沈下する危険があり，また，浸水沈没するときに船内に泥が浸入するなど，損害の程度を大きくしやすい。

問8 任意乗揚げ時の注意事項について述べよ。

答
- 海岸線に直角に，全速力で乗り揚げる。
- 乗揚げ後，船体が海岸線に平行にならないように船固めする。
- タンクや空の船倉にはできるだけ海水を張り，喫水を深くして乗り揚げ，浮揚作業時には排水して浮揚しやすくする。
- 船首喫水を深くして，船首錨を投入し，全速後進で乗り揚げる方法も有効である。
- 舵やプロペラは乗揚げ時の海底との接触等で損傷しやすいから，船尾ができるだけ接触することを避けたり，適切な時機にプロペラの回転を止める等の考慮をする。

問9 乗り揚げた場合，自力離礁するときに確認すべき事項について述べよ。

答
- 離礁作業前に，次の状況を確認しておく。
    - 座礁の状態
    - 損傷の場所とその程度
    - 浸水の有無とその程度と，本船の排水能力
    - 潮差
    - 喫水の変化
    - 船内重量物の配置
    - 本船の機関の状況
    - 本船の主錨の重量と揚錨機の能力

海底の状況

　　風浪やうねりの有無
- 離礁の時機は，高潮時またはその直前を選ぶ。このとき離礁方向に動く風潮がある場合は，それを利用する。
- 機関を後進に使用するとともに，引き下ろし方向に錨を入れている場合は，錨索を巻き締めて補助する。なお，機関の回転数は徐々に増加して使用する。
- 機関の使用にあたっては，冷却海水管系統に砂泥が流入して，管系を閉塞するおそれがあるので注意を要する。
- 岩礁に乗り揚げている場合は，機関の後進使用は危険である。
- 満潮時の自力浮上による離礁は一般的であるが，このために船体重量の軽減を極端に行うことは危険である。天候の急変，離礁後の安全に注意を払った処置をとらなければならない。
- 船首部を乗り揚げている場合は，船首喫水の軽減措置をとる。
- 船尾部を乗り揚げている場合は，船尾付近を詳細に調査し，プロペラ，舵の損傷のおそれがないことを確認した上で，船尾喫水の軽減を図り，完全浮上となったら慎重に機関を後進とする。
- 泥土上に座礁している場合は，船体に動揺を与えることは引き下ろしに有効である。
- 砂泥上に船側全面にわたって乗り揚げている場合は，なるべく船舶を軽荷状態とし，干潮時に強力なポンプで放水し砂泥を洗い流すと，満潮時に引き下ろし得ることがある。

問 10 座礁時，自力での離礁が不能な場合，救助船が到着するまでの処置について述べよ。

答 自力での引き下ろしが困難で救助船の到着を待つ場合は，事実調査，船体の固定，諸応急処置，重量の軽減および喫水の調節，船主その他の関係方面への報告・連絡を完全にし，船体の保安対策を講じ，かつ，救助船の作業が容易になるように以下の処置を講じておく。
- 損傷箇所の調査および経過記録の作成
- 船固めならびに諸応急工事を完全にする
- 水深，喫水の変化の経過記録

- 干満差，潮流方向，気象・海象の調査
- 積荷の状態に注意し，傾斜防止，その他積荷による危険発生の防止
- 他の船舶の航行に対して危険を及ぼさないように，安全措置を講じる

問11 他船を曳航する場合の航海計画および注意事項について述べよ。

答 ＜航海計画＞
- 季節，海潮流などを考慮して，余裕のある航海計画を立案しなければならない。
- 燃料・食糧の補給の必要の有無
- 目的地への入港，狭水道通過時の時間（昼間がよい）
- 季節に応じて，なるべく逆風とならないように航路を選定する。
- 海域毎に仮泊地，避泊地を選定しておくとともに，十分な調査研究をしておく。
- 泊地は1カ所とせず，第2，第3の候補地を選定しておく。
- 被曳船が曳航航海に耐えうること，およびその応急措置が万全であること。船体強度もさることながら，保安要員の確保も大切である。
- 曳航方法：曳航物体の損傷箇所，程度等により，接舷横引き，船首引きあるいは船尾引きかを決定する。
- 曳航索の決定：曳航索の大きさは曳航速力と被曳船の全抵抗によって決まるが，手持ちの曳航索（船舶設備規程第130条，船舶の艤装数等を定める告示第15条別表第1を参照）と錨鎖を使用し，曳航中のショックが軽減できる適当なカテナリー曲線をもつ重量と長さについて検討する。曳航索のことを，挽索（ばん索）ともいう。
- 曳航速力：曳船の主機関を最大限に使用することはできないので，主機関の種類，能力に応じた基準を決める。最大能力の80％が限度で，10ノット以下である。曳航速力には十分の余裕をとっておく。
- 曳航索の送り方と係止法：曳航索は天候が静穏になってから送るのが確実であるが，状況によっては荒天中でも実施しなければならないので，その方法をあらかじめ研究し，また係止方法も万全を期しておく。
- 被曳船との事前の打合わせおよび曳航中の連絡方法等について十分検討しておく。

<注意事項>
- 曳航の開始時には，機関の微速と停止を繰り返し，曳索が急に張らないようにする。
- 曳航時の変針は小刻みに行う。一度に20度以上の変針をしない。
- 増速も小刻みに行う。一度に0.5ノット以上の増速はしない。
- 曳航中は曳航索の状態，特に摩擦部に注意する。
- 曳航索の長さが波長に対して不適当なとき，すなわち曳航船と被曳航船との波乗り状態が同一でないときは，意外な急張のため索が切断することもあるので，減速して索の長さを調節する。
- 横揺れによる危険がなければ，風浪を正横に受けて航走する。
- 荒天中は減速し，風浪を船首2〜3点から受けるようにする。また，一時中断して，天候が回復するのを待つ。
- 狭い水道や港湾に接近するときは，曳航索を短縮するか，横付け曳航をする。

問12 曳航時の曳航索の長さを決める基準について述べよ。

答　$S = k \times (L_1 + L_2)$
　　　S：曳航索の長さ (m)
　　　L_1：曳船の長さ (m)
　　　L_2：被曳船の長さ (m)
　　　k：係数（1.5〜2.0，外洋の場合は3.0が適当）

両船の運動によるショックの吸収，被曳航船の船首揺れの抑制を考えて，経験的に両船の長さの1.5〜2倍程度がよいといわれている。また，被曳航船の振れを抑えるため，重い曳航索を選んだ場合は，カテナリー部の深度を曳航索の長さの6%と程度する。さらに，沿岸航海の浅水海域航行のときは，海底と接触しない曳航索の長さと曳航速力との調整加減を試算しておく。

問13 曳船の変針要領，および被曳航船が舵を使用できる場合，転舵するタイミングについて述べよ。

答 ＜曳船の変針要領＞
小刻みに行う。一度に20度以上の変針はしない。
＜被曳船の転舵のタイミング＞
・変針点に至って曳船が変針する。
・被曳船は原針路のまま続航して，曳船の変針点に至って転舵して，曳船の航跡に入る。
・変針は一度に20度以内にする。

問14 舵故障により曳航をしてもらう場合，曳航計画の要点について述べよ。また，どのような準備が必要か。

答 ・十分に調査して，排水量，復原力，トリム等を適度とし，ヒールを修正しておく。タンク内の注排水を行い，ハーフタンクのものは無くしておく。重量物の移動，移動物の固縛をする。
・曳航索に対する擦れ当て，台木，滑動部への注油
・曳航索の張力を受ける部分で，負荷に比して弱いと考えられる場所の補強
・スカイライト，カーゴハッチ，スカッツル等の開口部の閉鎖
・排水装置の準備
・曳航中に蛇行しないように応急舵（jury rudder）の準備や両舷船尾からホーサーを流しておく。
・針路安定性の向上を図るため，船尾トリムとする。
・抵抗を少なくするため，プロペラを可能な限り遊転できるようにする。

問15 洋上曳航時の曳索について述べよ。

答 合成繊維索は柔軟で取り扱いやすいが，強度の点で小型船の曳航に限られ，大型船の曳航にはワイヤーホーサーが用いられる。被曳航船の船首から両舷錨鎖を巻き出して縁つなぎとし，これと曳船から出したワイヤーホーサーを結合したもの，あるいは両船から出した曳航索の接合部に中間索として太いナイロンホーサーのような合成繊維索を入れて結合したものなどが，大型船用の曳索の組み合わせとなる。これは，波浪中の船体の揺

れで生じる曳索張力のショックを，前者では錨鎖，ワイヤーのカテナリー部で，後者ではナイロンホーサーの伸びで吸収させるためである。

問16 被曳航船の抵抗について述べよ。

答 被曳航船の船体抵抗には，①摩擦抵抗，②剰余抵抗，③曳索の抵抗，④プロペラの抵抗等がある。一番大きい抵抗は摩擦抵抗である。

問17 洋上での曳索の送出方法について述べよ。

答
- 本船の船首部から導索を送るため，ヒービングラインを投げるか，ロケット式の救命索発射器を用いて投射する。この発射器は，水平到達距離は230m以上の性能があるが，風上から風下に向けて発射できるように両船の位置を保つことが望ましい。
- 救命艇などを連絡艇として，導索を遭難船に送り出すか，荒天のため艇による連絡が困難なときは，索付救命ブイを風上から流して遭難船に拾わせる。このとき，本船のプロペラに絡ませないように注意する。

問18 曳航するため，遭難船に接近する操船法について述べよ。

答 被曳航船をその船首引きで本船の船尾から曳航するとすれば，曳索を送るため遭難船に接近する操船法は，遭難船の船首尾線方向と平行に船尾から近づき，遭難船の船首を交わしたところで本船が停止するように行き脚を止める。このとき，両船の風波による横流れに注意し，本船の横流れが大きいときは遭難船の風上側に進路をとり，逆に遭難船の横流れの方が大きいときは風下側に進路をとりながら接近する。また，横波を受けて作業が困難な場合，遭難船の船首前面で交差する進路をとる。

問19 パンチングとは何か。

答 斜め向かい波で航走中に，船首部側面を波頭でどんとたたかれる現象のことをいう。

問 20　スラミングとは何か。

答　船が波長，波高とも大きい波に向かって航走するとき，縦揺れと上下揺れが激しくなり，ある瞬間に船首部船底が海面から離れ，次の瞬間に激しく海面をたたく。このとき船首部船底に強大な水圧力を受けて，船全体が身震いを起こす現象のことをいう。

問 21　スラミングにより船体に損傷が生じるのは，どのような場合か。また，損傷したかどうかは，どのようにして確認するか。

答　＜船体に損傷が生じる場合＞
- 船の長さが 80～140m の場合。激しい縦揺れを起こすのは波長が船の長さ程度の向かい波を受けて航走するときであるが，洋上では波長が 80～140m の波が卓越しているため。
- バラスト状態のとき
- 船首横断形状が U 字の船底が平たい船
- 船の縦揺れと上下動の固有周期に波の出合い周期が同調するとき
- 風浪の状態が風力階級 5 以上のとき。波長が船長（L）の 0.8～1.3 付近で激しい。

＜損傷の有無の確認方法＞
　FPT のバラスト水の増加の有無によって，損傷したかどうかがわかる。

問 22　ラーチとは何か。

答　航行中の普通の横揺れ中，突然他の傾斜モーメントが重なって，不連続に，しかも大きく傾斜する現象を一般にラーチという。
　＜ラーチの起こりやすい場合＞
- GM が小さいとき
- 積荷あるいは自由水の移動がある場合：積荷の移動は，横揺れ周期が小さい（GM が大きい）ほど，横揺れ角が大きいほど，重心から離れている積荷の表面ほど，起こりやすい。
- 突風を受けたとき

・波浪中で大角度の操舵により旋回するとき

問 23 ビームエンドとは何か。

答 ラーチ現象により船体が大きく傾斜し，デッキビームがほとんど垂直になり，平衡状態に戻る復原モーメントを失った状態をいい，転覆の危険がある。一般に，波浪との出会い周期が船の横揺れ周期に近いときに横揺れの振幅が大きくなり，ビームエンドになりやすい。また，来襲する波の出合い周期が急変する場合にもビームエンドになりやすい。
＜ビームエンドによる危険性＞
・甲板が海水中に入るとき，復原力が急激に減少する。
・甲板上に大量の海水が突然浸入するので，浸水する危険がある。
・甲板上の浸水海水が自由水となり，復原力が急激に減少する危険がある。
・大角度の傾斜のため，船内貨物が荷崩れを起こす危険がある。

問 24 プープダウンとは何か。

答 追い波での航走するとき，船と波の速力との相対速度が小さいときに発生する現象で，青波や崩れ波が船尾から被さるようになる状態のことをいう。針路不安定，舵効き低下，復原力減少を伴い，ブローチングを生じ，転覆のおそれがある。

問 25 ブローチングとは何か。

答 船が追い波で航走するとき，船と波との相対速度が小さいため，船尾が波の谷または傾斜前面に入ったときに，急激なヨーイング（船首揺れ）をして船体が波間に横たわる。これをブローチングという。来襲する波が甲板上に急激に立ち上がって打ち込み，過大な転覆モーメントを与える。

問 26 パンチング，スラミング等の他に船体損傷を生じさせるおそれのある現象について述べよ。また，それらの現象がどの程度まで許容できるか。さらに，船体強度を調べるにはどのような手法によるか。

答 ＜船体損傷を生じさせるおそれのある現象＞
- ホギング：船体中央を上に曲げようとする状態で，重量が船首尾に集中し，かつ，波の山が船体中央に位置するときに最大となる。
- サギング：船体中央を下に曲げようとする状態で，重量が船体中央に集中し，かつ，波の谷が船体中央に位置するとき最大となる。

＜船体強度を調べる方法＞
　剪断力（shearing force）および縦曲げモーメント（bending moment）の計算により，船体の許容剪断力と曲げ応力とのパーセンテージで知ることが可能（重量曲線を求める）。

《参考》
- 最大曲げモーメント
　　$M_{max} = WL / C$
　　　M_{max}：最大曲げモーメント（t-m）
　　　W：満載排水量（t）
　　　L：船の長さ（m）
　　　C：常数（大型貨物船ホグ 35，中型ホグ 32，鉱石船ホグサグ 35，タンカーサグ 40）
- 最大剪断力
　　$F = W / K$
　　　F：最大剪断力
　　　W：満載排水量（t）
　　　K：常数 7～10
　　最大剪断力は，おおむね船の前後端より 1／4L のところに起こる。
- 曲げ応力（船体の任意の断面における曲げ応力）
　　$\rho = My / I$
　　　ρ：任意点の曲げ応力（kg／mm^2）
　　　M：任意点の断面の曲げモーメント（kg-m）
　　　y：断面内の任意点の中立軸からの垂直距離（m）
　　　I：断面の中立軸回りの慣性モーメント（m^2・mm^2）

引っ張り側の許容応力は 11 〜 14kg／mm² くらいのものが最も多く，圧縮側は座屈を考慮して，さらに小さい値となっている。
- 最大剪断応力

    $\tau = CF ／ (2Dt)$

    τ：最大剪断力（kg／mm²）
    F：最大剪断力（t）
    D：船の深さ（m）
    t：船側外板の厚さ（mm）
    C：常数（1.22 〜 1.6）

問 27 荒天時における救命艇の降下手順について述べよ。

答
- 機関を停止する。ただし，海面状況によっては，わずかに前進力を持った方がよい場合もある。
- 降下艇が風下舷になるようにし，風浪の影響を防ぐようにする。
- うねりがある場合は，艇の降下タイミングを適切にとる。
- 溺者救助の場合，本船がその風上側に位置するように接近する。
- 吊索は，ボートダビットに衝動を与えないようにスムーズに伸出する。乗艇者は姿勢を低くして位置を変えないで，ライフライン（救命索）に自分の体重をかけて握る。
- 波頭が頂点に達したときに救命艇のキールが海面に接するように操作する。舵およびロングペインターなどで，浮揚後の艇の前後暴走，本船への衝突を防ぐ。ブロックは後部から外す。

問 28 海中転落者を救助する場合の措置について述べよ。

答 ＜緊急措置＞
- 発見者は，ただちに近くの救命ブイを投下する。船橋，船尾付近のブイには，自己発煙信号と自己点火灯が結びつけられているので，一緒に投下する。
- 発見者は大声で付近の人に知らせながら，ただちに船橋当直者に通報し，そのまま転落者を見失わないように見張りを続ける。
- 船橋当直者は，ただちに船長に報告するとともに，見張り員を増員し

て転落者の位置確認を続けさせる。見張り員の配置は高所が有効である。
- 船内に通報し，救助艇部署を発令して，救助艇の降下準備をさせる。
- ただちにＳ／Ｂ Eng. とし，状況により転舵，機関を停止する。
- 操船者はただちに転落者への接近を図るとともに，救助艇をいつでも降下できる態勢にする。

＜転落者への接近方法＞

転落者が視認できる場合は，シングルターンかダブルターンの操船方法がよい。視認できない場合は，ウィリアムソンターンかシャルノーターンの操船方法をとり，できる限り早く転落者を発見，救助できるように努める。

- シングルターン：転落者の舷へ舵角一杯（35〜40度）にとり，急旋回して転落者に向首し，停止操船する。転落者を視界内に保ちやすいので，転落直後のとっさの操船法として有効である。救出までの所要時間も比較的短くてすむ。ただし，視界が良好であることが必要である。

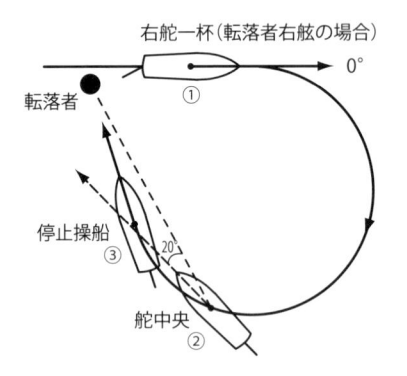

右舵一杯（転落者右舷の場合）
①
0°
転落者
停止操船
③
舵中央
②
20°

- ダブルターン：転落者の舷へ一杯に転舵して，180度回頭して定針して減速し，転落者を看視しながら進航し，正横後30度程度見る頃から再び180度回頭させ，さらに減速しながら元の針路に入り，停止操船する。本船を転落者の風上に停止させる必要がある。風下に停止すると，本船の横流れが大きく救助に手間取る。

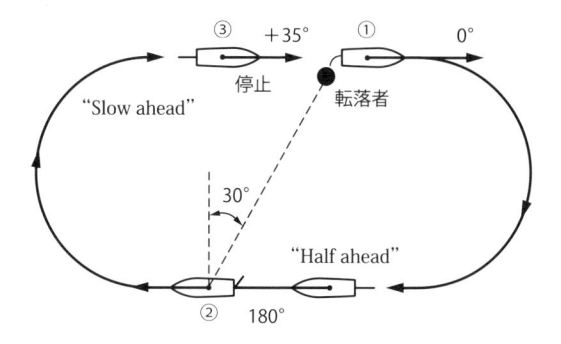

- ウィリアムソンターン：転落者の舷へ一杯転舵し，原針路から60〜90度回頭したときに，逆に反対舷一杯に転舵し，針路が原針路と反対針路（180度回頭）になるように操船，減速して定針，停止する。この方法で原針路と反方位の針路に定針しても，本船の操縦性能，外的な要因によって元のコースライン上にのることは少ないので，特に見張りを厳重にして転落者の発見に努める。また，転落者の位置に戻るまでにかなりの時間を要し，距離も隔たるので，転落者の救助までに時間がかかる。

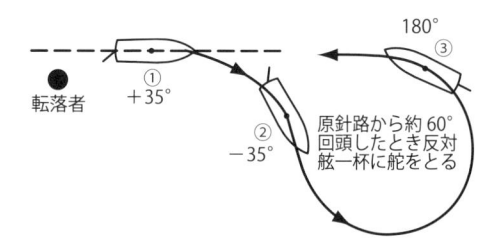

- シャルノーターン：転落者の舷へ一杯転舵し，急旋回し，240度程度回頭したところで反対舵一杯にとり，原針路と反方位の針路に入るようにして減速，停止操船する。早く元の針路に逆戻りさせ，急いで転落者の位置に戻るには有利である。しかし，停止操船には距離的余裕が少なく，また，姿勢保持にもやや難点がある。

> **問 29** 遭難船から乗組員を救助する場合，荒天時と平穏時にわけて救助方法を述べよ。

答 ＜平穏時の救命艇を使用した救助方法＞

　救助船は，遭難船に平行に占位して漂流する。この場合，救助船または遭難船のいずれか漂流速度の速い方が風上側となるように占位して，静かに接近する。救助船が軽喫水で，圧流が速く，遭難船の風上に停留できない場合，救命艇降下後，遭難船の風下に回って救命艇を収容する。

＜荒天時における救助方法＞

　遭難船の乗組員は，救命筏による集団脱出，救命筏が使用できない場合は，救命胴衣の着用による個人脱出を行う。救助船は風下側から海上漂流者に徐々に接近し，救命索発射器によって十分かつ安全な余裕距離を持って漂流しながら，自船から十分な長さのロープに結んだ救命浮環または救命筏を流してやり，これにより遭難者を本船に引き寄せて，救助する。この場合，本船の漂流速度よりもロープに結んだ救命用具の漂流速度が相当大きいことが必要で，そのためにも本船搭載の膨張式救命筏を用いることが望ましい。本船舷側にジャコブスラダー，救助ネットを垂らしておく。

問 30　荒天中の VLCC の運航について，特に機関の取り扱いを述べよ。

答
- タンカーは肥大船型で主機馬力も比較的小さい。常用の航海速力のプロペラ回転数で航走しているにもかかわらず，S／B Full 程度の速力まで低下しているようであれば，S／B 速力まで回転数を下げる。
- 動揺の少ない針路の選定（大型船の満載状態では，風力 8 から荒天操船（船首 2 から 3 点で風浪を受ける）を意識し，風力 9 ～ 10 になると向い波での操船は困難である。バラスト状態では風力 6 ～ 7 で荒天操船を考慮，風力 9 で順走する）
- 波浪中の操舵（大舵角で旋回したり，大角度の変針を避ける。自動操舵の天候調整を調節する。必要ならば手動操舵に切替える）

問 31　自船に危険が迫り，船長として退船を決意するに至る場合，どのようなことを考慮しなければならないか。

答
- 旅客と乗組員の安全を第一にし，救命艇降下の準備と総員退船の準備

④ 操 船　255

をする。
- 遭難呼出および遭難通報を出し，付近を航行している船舶に救助を求める。
- 会社等に，無線通信にて，救助を依頼する。
- 遭難地点，時刻を確認する。
- 救命胴衣を着用させ，適切に誘導する。
- 重要書類の搬出準備をする。
- 最後にもう一度，海難の状況などから判断して，任意座洲，または投錨を検討・考慮する。

問32　船底に破孔を生じ，沈没のおそれがある場合，どのような図面を参照して検討するか。

答
- ローディングマニュアルにより，復原力，船体傾斜の検討をする。浸水による船体の傾斜（またはトリム変化）と復原性の減少をできる限り防止する。浸水によって船体が傾斜すると，復原性が著しく害され，それに外力が作用すると転覆のおそれが生じる。したがって，浸水区画の排水を行う一方で，浸水反対舷の区画に注水して平衡措置をとる。防水区画毎に，浸水による船体の傾斜度，トリムの変化量，およびこれを復するのに要する注水区画，注水方法ならびにそのときの予備浮力の計算をする。
- Pumping plan, piping diagram 等により，本船の排水能力の検討をする。浸水量が排水量に優る場合であっても，放棄することなく，最後まで排水を続行すべきである。その理由は，たとえ沈没のすることが免れない場合や近くの浅瀬に任意乗揚げをする場合でも，人命救助や船体の救助に対して，時間的余裕を有することが大切であるからである。また，予備浮力の確保のためにバラストタンク内の排水を行う。
- 一般配置図等による浸水区画の防圧。浸水発見と同時に排水措置を講ずるとともに，その区画の境界に装置された水密戸，水密滑戸等の密閉を実施し，浸水が多量となっても他区画への侵入を防圧する。浸水区画のバルクヘッドの補強をする。
- 浸水区画が浮力を失ったことによる喫水の増加を知るために，排水量等曲線図を基に喫水を計算する。排水量等曲線図には，船舶の喫水を

縦軸に，横軸には各平均喫水に対する排水量，水線面積，中央横断面積，浸水面積，浮面心・浮心・縦メタセンタ・横メタセンタの位置，方形係数・柱形係数・中央横断面係数・水線面積係数の各ファインネス係数，毎センチ排水トン数，毎センチトリムモーメントなどが記入されている。

問33 洋上航行中，船倉内に火災が発生した場合の処置について述べよ。

答
- 船内に火災の発生を通報するとともに，防火部署を発令する。
- 火元および火災状況を確認し，火災現場にいたる電路を遮断する。
- 火勢が増大しないように，火災現場の通風，諸開口部を閉鎖して空気を遮断する。
- 減速して火元が風下になるように操船する。
- 火災の性質，船倉内の状況，積荷の状態等を考慮して，有効な消火方法をとる。火災の初期で，消火器を使用することが有効と思われるときは消火器を使用するが，一般には炭酸ガス等の鎮火性ガス消火装置を使用することが多い。注水により消火の見込みがあるときは，火元に注水する。
- 船倉内の火災状況は，壁温その他の検温により察知して，延焼防止に努める。隣接する船倉内の温度を測り，延焼のおそれがあれば可燃性・爆発性貨物を移動または海中に投棄する。また，隔壁や甲板に散水して温度を下げる。
- 注水量が多いときは浮力が減少し船体も傾斜し，ときには転覆のおそれもあるので，排水も同時に行う。
- 鎮火後も，早期に船倉内を開放すると再燃のおそれがあるので注意を要する。
- 消火不能と見込むとき，総員退船の準備をする。沿岸航海中であればビーチングの可否を考慮し，その時機を誤らないようにする。船体放棄の際は，人命救助その他の応急処置に万全を期す。
- 火災が発生した場合，船主および関係方面に船位や火災状況等を通報し，要すれば救助を求める。

問 34 汽船の荒天航海におけるヒーブ・ツー（heave to）と順走（scudding）について述べよ。

答 ＜ヒーブ・ツー＞

　北半球においては風を右舷船首（南半球では左舷船首）から受けるようにし，速力は舵効を失わない程度に減速して航行する。荒天中においては船体はなるべく波に順応させることが重要で，高速力で波浪中を航行する場合，船首を波浪の中に突入し，大量の海水が船内に奔入し，危険である。また，速力を低下させ過ぎると舵効を失い，船首が風下に落ち，これを立て直すことができず，船体が波の谷に横倒しになり危険となる。積荷のため，船舶の動揺周期が短い場合，バラスト水の排水または移動によって調整し，波浪と横揺周期が同調する場合は，針路，速力を変更して動揺を緩和する。

＜順走＞

　船首が風下に落ち，船舶が波の谷に入るようになれば危険であるから，このようなときは，北半球においては風を右舷船尾に受けて，舵効を失わない程度に減速して航行する。順走の場合も減速する方が良い。速力が大きいと船体は波に随伴して自由に上下できないため，波浪との衝撃が大きく危険であるが，速力が小さいと船体は波に順応して上下し，波の衝撃を緩和し，波浪に対し無理がない。

問 35 空船航海が危険である理由と耐航性（sea worthiness）を増すための方法について述べよ。

答 ＜危険な理由＞
- 船体は水没部が少なく，露出部分が多くて風圧の影響を受けやすい。また，船尾トリムのため，船首部喫水が浅いので保針が困難であるとともに，船首船底が波浪と激突してパンチング作用を受け，船体が衝撃を受けて破損することがある。
- プロペラは水面に露出する部分があるので，推進効率が減少して速力が低下するばかりでなく，船体の縦揺れのたびに空転が発生し，プロペラ翼や機関を破損するおそれがある。

・舵の浸水度が比較的少ないため，舵の有効面積が少なく，保針が困難となる。
・一般に，船底のバラストタンクを満載とするため，船舶全体の重心位置が低下し，メタセンタ高さが大きくなって，船体の横揺れが激しくなる。

<耐航性を増すための方法>

　航海に耐える最小限度の喫水の標準は，航路の長短，海域，季節等による海面状態，船型，機関の種類，スクリュープロペラの数および直径等によって異なる。一般的には，一軸船の場合での排水量は，夏期は目的港到着時において夏期満載排水量の 40 〜 50%，冬期は到着時において夏期満載排水量の 50 〜 53%となるようにする。船尾喫水は，推進のため最小限プロペラボスが水面下に没することが必要であり，大洋航海においては，プロペラ翼の露出が直径の 1／15 以内を限度とし，完全に水没させれば安全である。トリムについては，船の長さの 2.5%程度とするのが妥当である。

　空船航海のときの喫水調整としては，バラスト航海に必要な喫水に達するまでバラスト等の積載を行う。ただし，推進効率の点からは喫水が浅い（重量が軽い）ほどよいので，海水バラストの場合，航海中の天候に応じて適宜注排水を行い，喫水を調整する。

・燃料は価格等を考慮して可能であれば満載とする
・清水タンクを満載とする
・バラストタンクに海水を満載とする
・一部船倉内に注水する（バルカーの場合）

問 36 港内に在泊中，荒天が予想される場合，港内に留まるか港外に避難するかを決定する諸条件について述べよ。

答
・自船の形状，喫水，トリム，機関の出力等の自船の状態と，その時の風や波浪の予想等を考慮する。
・港内の広狭と在泊船の輻輳状態：在泊船が多いと，自船は十分に荒天に対抗できても，他船の事故で多船が自船に接近してきたり，衝突したりする可能性がある。また，反対の場合も考えられる。港内が狭いと，走錨，係船索の切断等の場合，在泊船等が障害物となって応急操

船が困難となり，風下等に吹きつけられて座礁，衝突等が生じるおそれがある。
- 港の内外の水深，底質：港外の水深が極めて深いか，底質が不良であれば，錨泊には不適である。錨泊しないで湾外や外洋でちゅうしたり漂ちゅうした方が，安全有利な場合もある。
- 台風の進路：台風または低気圧の予想進路から判断して，港内と港外とではどちらが地形，陸上構造物等により，よりよく強風から遮蔽されるかを考える。
- 係留施設の信頼性：岸壁，係船浮標，ドルフィン等の係駐力および新旧，老朽化の具合等による信頼性を確かめる。
- 港内，港外の潮流，波浪の比較：港内の方が一般に港外より潮流，波浪ともに弱いのが普通であるが，地形や港の構造と風向の関係で風浪が打ち寄せたり，また陸岸からの反射波のため，港内の方が不利なこともある。
- 燃料，清水，食料の保持量：港内在泊と港外へのシフトとの間に，これらの消費についてそれほど大きな差異はないが，その保持量が十分な場合と不十分な場合とでは，精神的に安心感に大きな相違がある。
- 大型船の場合，港外へのシフト，湾外・外洋への避難，小型船の場合，港内在泊とするのが一般的であるが，それは状況によるものであって，断定することは危険である。

問 37　自船が，台風の右半円に位置することが予想される場合の錨泊方法および注意事項について述べよ。

答　＜避泊地の条件＞
　　右半円では，左半円よりも強風を受けるので，避泊地の選定にあたっては，泊地の広狭，水深および底質，風・波浪・うねりに対する遮蔽の状況，高潮あるいは潮流の影響等を考慮することが特に必要であるが，船舶の大小，状態，能力等の差異により，その対策条件は異なる。
＜投錨方法＞
(1)　①　北半球においては，台風が西方を通過すると，風向は右転するので，左錨を6節程度投入し，右錨を船舶が最も右方に振れたときに水深プラス1節投入する。右錨は振れ止めの役割である。

②　その後，次第に風向が右転し，風速が加わってきたら，両舷の錨鎖が同じ節数になるまで伸ばし，最大風速時に2錨泊のような状態で凌ぐ。

③　風速が衰えてきたら，錨鎖が船体の振れ回りによって，からまないように単錨泊または振れ止め錨の状態にした方がよい。

(2)　①　風力が強くなり始めたら，風を右舷船首約2ポイントから受けて低速力で前進して右錨を投入し，徐々に右錨鎖を約7節まで伸ばしながら前進し，右錨鎖が張ったら，左錨を投入し，左錨鎖を6節まで伸ばす。

②　風向が約6ポイント右転すると風速も最大となるので，両舷の錨鎖を約7節程度まで伸ばす。

③　さらに風向が約4ポイント以上右転するときは，左錨鎖を少し巻き，船首の振れを防止する。

④　風向が最初から約12ポイント右転すると，台風の中心は遠ざかり，風力も衰える。

＜注意事項＞

①　トリムはバイザヘッドが望ましいが，やむを得ない場合は，イーブンキールまでにする。

②　機関を準備することは当然である。錨鎖の張力を緩和するために前進を使用する。

③　機関使用中の錨鎖の張り具合に注意し，前進行き脚がつかないように注意する（タービン船の場合，回転数を調整することによって，またCPPの場合も翼角を調整することによって，機関を極微速前進にかけたままにして錨鎖への張力の緩和を図ることができる。ディーゼル船の場合，始動空気の関係もあり，機関の発停回数は制限され，低負荷連続運転には不向きであるので，機関の使用には注意が必要である）。

問38　他船と衝突した場合の取るべき処置について述べよ。

答　＜衝突時の一時的な処置＞

①　衝突直後は，必ず機関をただちに停止とし，両船が沈没のおそれがあるかないかを確かめ，衝突現状を検査し，人員，船体の損傷に対し

応急処置をとる。
② 両船のうち一方が他船に食い込んだ場合は，両船が離脱すると破口からの浸水で沈没する危険があるから，食い込んだままの状態を維持し，状況により突入船は極微速前進をかけ，離脱しないように操船する。決して慌てて後進をかけて引き離してはならない。
③ 沿岸航行中に衝突して沈没のおそれがある場合は，浅瀬または海岸まで徐行し，座礁させる場合もある。

＜両船に切迫した危険がない場合の処置＞
① 両船ともに沈没のおそれがなく，事後の航海に支障がない場合，まずお互いに所定の事項（船員法を参照）を確認し合う。
② 衝突前後の状況をなるべく詳細かつ正確に記録しておく（現在はAIS，VDRがあるので，情報は保存されている）。
③ 浸水箇所の有無を速やかに調査し，浸水箇所があれば防水処置と排水作業を行う。また必要に応じて補強工作等を実施する。
④ 相手船が航行不能となった場合は，曳航準備を行う。また，浸水が激しい場合は，積荷，旅客，乗組員を移乗させる等の処置を行う。
⑤ 関係各方面に通信連絡を行い，状況によっては他船の救助を依頼する。

＜自船に切迫した危険がある場合の処置＞
① 救命艇の降下準備，重要書類，貴重品等の搬出準備を行い，状況に応じ時機を失することなく，旅客，乗組員を退避させる。
② 相手船または付近航行中の船舶に救助を求め，また関係各方面にも位置と状況を連絡し，状況により救助を求める。
③ 相手船に人員の移乗等が可能な場合，時機を失せずにその処置をとる。
④ 場合によっては，付近に浅瀬等がある場合，任意座礁を行う。

＜相手船に切迫した危険がある場合の処置＞
① 相手船の人命の救助に万全の措置をとる。救命具，救命艇の準備，舷側にネットをたらす等の処置を行い，また，食い込んでいる箇所からの移乗等の処置をとる。
② 相手船の船体，できれば積荷の保全に必要な協力を行う。排水用具，動力の供給，防水用具の提供，人員の派遣等，可能な限りの協力をなすこと。
③ 相手船の船長の判断に応じて，任意座礁に自船の安全が保持できる

範囲で協力する。特に突入船の場合は，自船の安全保持に汲々として相手船を不当な窮地に陥れてはならない。

問39 荒天航行時に注意すべき事項について述べよ。

答 ＜速力の低下（自然減速）＞
あまり荒れていない海面を航行するとき，風波による船体抵抗の増加とそれに伴う推進効率の低下により，主機出力（回転数）を一定にしているにもかかわらず速力は低下する。これを自然減速といい，風力5～6以上になると，向かい波のとき減速率は大きくなる。

＜荒天中の故意の減速（意識的減速）＞
海が荒れて動揺が激しくなると，船首の海水打ち込み，スラミング衝撃による船首部の甲板や構造物の損傷，荷崩れ，プロペラ空転による主機効率の低下，乗り心地の悪化等のため，常用速力で航行することが危険な場合がある。このようなとき，船舶の安全を保つため意識して減速の措置をとる。

＜動揺の少ない針路の選定＞
横揺れは斜め追い波に同調しやすく，縦揺れは向かい波において激しくなるから，両方の揺れをうまく抑える針路として，風力6～7までは，一般に斜め船首2～3点から受けるのがよいとされている。しかし，大型船の満載状態では，風力8から荒天操船を考慮し始め，風力9～10になると向かい波で操船することは困難であり，さらに風力が強くなると，斜め追い波または追い波で航行する針路法が多くなる。バラスト状態では，風力6～7あたりから荒天操船を考慮し，風力9を超えると順走に移る方がよいといわれている。

＜波浪中の操舵＞
波浪中を航走すると船首揺れも大きくなるので，自動操舵の天候調整，当て舵調整を適切に調整し，無駄な舵をとらないようする。また，要すれば自動操舵から手動操舵に切り替え，当て舵を船首の動きに応じて小刻みにとる。また，船首または船尾方向から風浪を受けた姿勢から，大角度で旋回したり大角度の変針をすることは，横波を受けた姿勢から大きく傾き，荷崩れを起こすことも考えられるので危険である。この場合，20°程度までの変針を数回に分けて行い，出会う大波や小波のうち，小

波を選んで変針する。

＜順走時の注意＞

　風浪を斜め船尾に受けて航走することを順走という。舷の高い大型船は，向かい波では海水の打ち込みやスラミング衝撃で船体の保安上好ましくない場合，これを軽減するために順走に移ることがある。斜め追い波では横揺れが大きくなり，加えて危険なプープダウン，ブローチングが発生し，転覆のおそれがある。また，プロペラ空転に伴う主機出力の変動で安全運転に支障をきたす。舷の低い，甲板上の水はけの悪い船舶では，順走時に船内に打ち込む大量の海水によって復原力を失い，転覆の原因ともなるので，荷崩れの起こしやすい積荷状態のときは，変針に際し，特に注意しなければならない。

問 40　潮流の速い狭水道を航行中の操船時の注意事項について述べよ。

答
- 大角度の変針が必要な場所では，早めにかつ小刻みな小角度の変針を繰り返して所要の針路に向ける。
- 行き会い船がある場合は，他船に不安を感じさせないよう努めて正しく保針する。
- 保針には，コンパスの示度のみに頼らず，船首方向の陸上物標に好目標があればそれを目標として操舵する。
- Steady の操舵号令の使用はせず，転舵を命じた後は船首方向の回頭運動をよく監視し，適当なところで midships を発し，回頭が所要針路を行き過ぎないように反対の操舵をとるようにオーダーし，舵はオーダー時以外は常に中央に保持させるようにし，船首方向の回頭に応じて適宜操舵号令を下す。
- 回頭または他船の避航には，転舵のみに頼らず機関を使用すればさらに容易な場合があるので，必要なときには機関を使用できるように S／B eng. としておく。
- 操舵員の技量をよく見極める。常に舵角の状態を把握しておく。

問 41　錨作業中または錨泊中に，錨鎖切断事故が発生する原因と拾錨の方法について述べよ。

答 錨作業中の発生原因としては，船体の前後行き脚が過大であるときに錨鎖を張らせ，不当な張力をかけた場合，双錨泊でからみ錨鎖の状態で無理に揚錨しようとした場合，揚錨機の誤操作等，錨鎖に無理な張力をかけた場合または衝撃的な力を加えた場合に起こりやすい。

　錨泊中の発生原因としては，風潮のため船舶の振れ回りの多い海面で長期間停泊し，船舶が一方向に多く旋回し，錨鎖に過大なねじれを生じた場合，同一場所に長期停泊しその間に検錨を行わなかったため，錨鎖が海底に埋まり，これを揚収しようとして無理な張力をかけた場合，双錨泊でからみ錨鎖になっているときに風潮の大きな力を受けた場合等が考えられる。

　錨鎖が切断し，その地点が明らかな場合は，比較的水深の浅いときはダイバーを入れて捜索するか，その付近に双錨泊をし，片方の錨と船体との間に，探そうとする錨鎖が存在するようにして，片方の錨を巻き込むと落ちている錨鎖がかかってくることもある。また，四爪錨を切れた残りの錨鎖に結合して，ショートステイ程度にして，これを引きながら付近を航走するか，救命艇をおろして，四爪錨で探す等の方法が考えられる。

問 42 高い波浪，うねり等のある泊地から出航する際の錨作業の注意事項について述べよ。

答 高い波浪，うねり等のある場合は，一般に激しくピッチングしているので，抜錨作業をする場合，揚錨機の操作には特に注意を払う必要があり，操作を誤ると，揚錨機を損傷したり，錨鎖を切断する等の事故を起こすことがある。

　揚錨作業は，船体のピッチングの状態と錨鎖の張り具合を注視し，状況に応じて船橋との連絡を密にし，機関を前進にかけてもらい，異常過度の荷重が揚錨機，錨鎖にかからないように揚錨機を操作して錨鎖を巻き込む。

　収錨する場合，出港針路の都合でローリングが激しくなったときは，一時，錨を船底下のところでその巻き方を止め，広い海面に出て錨が外板をたたかないようなピッチングにかわる針路を一時とり，収錨した後，所要の針路に向けるようにする。

問 43 絡み錨の種類とその解き方と注意事項について述べよ。

答　<絡み錨の種類>
　・Cross
　・Elbow
　・Round turn
　・Round turn and elbow
　・Two turns

<絡み錨の解き方>
① 　緊張鎖（riding cable）を巻き上げて，交絡部を水面上の適当な高さに出し，交絡部をラッシングロープで数回ラッシングする。
② 　弛緩鎖の交絡部の下方のリンクにワイヤーをかけて，その内端をフェアリーダーを経て船内に張り込んで係止する。さらに，もう1本ペンデント（clear hawse pendent）を取っておく。
③ 　弛緩鎖（non riding cable）のホースパイプを通したディップワイヤー（dip wire）の外端を緊張鎖に沿って絡みが解ける方向に回して導き，その端を弛緩鎖の切断する外方のエンドリンクに付ける。
④ 　ディップワイヤーの一方の内端はウインドラスのワーピングエンドに巻き付ける。
⑤ 　弛緩鎖のジョイニング・シャックルのピンを抜き，ディップワイヤーを徐々に巻き締めば錨鎖は解ける。

　①から⑤のようにすれば，錨鎖はディップワイヤーによって，いったん外舷に出て，緊張鎖の周囲の絡みを解く方向に導かれ，再びホースパイプを通って船内に戻ってくる。

<注意事項>
・解くときは，憩流時を選び，しかも船舶が振れ回り終って，新しい方向の潮流にかかり始めたときに行う。
・重量が大きいものを扱うので，すべてのワイヤー類には，十分な強度のものを使用すること。
・この作業はかなり危険で不慮の事故が起こりやすいので，十分な準備をして注意して作業にあたること。

問 44　港内停泊中における地震発生および津波来襲時の対策について述べよ。

答　<地震発生時の初期対応>
・地震と津波の情報収集の方法
・乗組員の安全の確保（ライフジャケットの着用等，安全な場所への避難）
・上陸員の確認と連絡方法
・会社等への連絡手段の確保，報告
<緊急離桟時に考慮すべき事項>
・津波の規模と到達までの時間
・安全な海域に避難するまでの時間
・船舶の状態（満載，軽荷，荷役中等）
・陸からの支援の可否（水先人，タグ，ラインマン等）
・荷役設備の状態
・津波の大きさによる安全水深の基準
・荷役中止の基準
・陸上側の停電への考慮
・環境条件（周囲の他の船舶の有無，昼夜，風向風速）
・緊急離桟の方法（スタンバイ要員，操船方法，係留索扱い等）
・出港準備手順（主機関，スラスター等が使用できるまでの時間）
・個別の港湾毎の取り決め（特にVLCC，LNG船）

問45　D/W10万トンの満載のタンカーが前方の障害物を緊急回避するとき，(1)右舵一杯と(2)フルアスターンの2つの方法について，航行時の速力を考慮して述べよ。

答　航行中の速力が半速（ハーフアヘッド）以上の場合，右舵一杯で障害物を回避するのに有利。ただし，広い水域を要する。
　広い水域のない場合や，航行中の速力が半速（ハーフアヘッド）以下の場合，フルアスターンの方が有利。

問 46 卓越する波浪中を航行中，以下の場合の船速の低下傾向について述べよ。
① 波長・波高の大きさ　　② 波との出会い角
③ 船型　　　　　　　　　④ 船の動揺

答 ① 波長が船舶の長さの 1.0 〜 1.3 倍程度のときに最も船速が低下。波高が大きくなるほど抵抗が増加するので船速低下は大きくなる。
② 船首又は船首斜め方向（左右 30 度程度）以内から受けるとき低下傾向が大きい。波長が長い場合は船首方向から受けるとき，波長が短い場合は船首斜め方向から受けるときが船速低下は大きい。
③ 幅が大きいほど，船速低下が大きい。Cb が 0.65 〜 0.7 を超えると抵抗増加が著しくなり，船速低下が大きい。
④ 船体動揺と波との位相差を生じることにより，抵抗は増加する。横揺れのみによる船速低下は小さく，横揺れと上下揺れによる船速低下は大きい。
　波との出会い周期と船体動揺の固有周期が近づくにつれ，船体動揺新振幅が大きくなり，波との抵抗が増加し，船速低下が大きくなる。

5 船舶の出力装置

> **問 1** ディーゼル船とタービン船の違いについて述べよ。また，それぞれの利点，欠点を述べよ。

答 ＜ディーゼル船＞
- 軸系が回転するとき，回転体に周期的に作用する回転力により発生する強制振動が軸系の固有振動数と一致した場合，大きな捩り振動が発生する。このときの回転数を危険回転数と呼び，危険観点数では主機は運転できない。
- 低回転が得にくく，dead slow ahead の回転数は常用出力に対応した回転数の１／３が限度とされている。また，長時間にわたり低回転で運転することは避けた方がよい。
- dead slow ahead でも前進行き脚はかなり大きいので，注意を要する。行き脚を極力抑えたい場合，前進，停止を繰り返すように主機を操作する。
- 港内速力の範囲では，前進，後進とも始動が容易で，すぐに規定回転数が得られる。船の姿勢制御などにプロペラの蹴りを利用することが可能である。
- 始動空気の容量に限度があり，あまり頻繁に発停を繰り返すと，始動不能に陥る。

＜タービン船＞
- 一般に，タービン船の危険回転数は常用回転数の範囲にはないため，必要に応じた回転数での運転が，比較的容易である。
- ディーゼル機関のような，主機の始動に伴うプロペラの蹴りはあまり期待できない。
- Ｓ／Ｂ eng. の範囲では，テレグラフ操作に対する主機の応答はディーゼル機関と同程度あるが，ボイラの追従面からの制約があり，急激に負荷が変動するような操作は避けた方がよい。
- stop eng. 状態においても，スピニングにより，プロペラが微速で回転している。また，遊転により，船が動く。

5 船舶の出力装置　269

> **問2**　スリップとは何か。

答　プロペラ羽根のねじれ角度によって，プロペラの1回転で進む理論上の距離を，ピッチという。ピッチより求めたプロペラ進出距離とLOGの差がスリップとなる。
＜スリップを求める式＞
　　スリップ＝（プロペラ進出距離－LOG）／プロペラ進出距離

> **問3**　港内においてディーゼル機関の船舶を操船する場合の注意事項について述べよ。

答
・長時間の低速運転には不向きのエンジンである。
・危険回転数が存在するから，その回転数前後の機関運転はできない。
・機関の起動は圧縮空気によるので，機関の発停の回数が多いと，圧縮空気が不足して発動不能となる。
・発停回数についての規則はないが，船舶機関規則第19条に，空気タンクと空気圧縮機，予備の空気タンクと予備の空気圧縮機についての規則がある。通常は，20回程度は発停可能である。

> **問4**　2サイクルと4サイクルの違いについて述べよ。

答　2サイクルのディーゼル機関では，ピストンと連結されているクランク軸が1回転する間に1回の燃料燃焼が行われ，4サイクルのディーゼル機関では，クランク軸が2回転する間に1回の燃料燃焼が行われる。
　4サイクル機関は，燃料の燃焼によってシリンダ内のピストンが押し下げられる（燃焼行程）。ピストンは下死点に達して上昇するが，このときシリンダ内の排気を排出する（排出行程）。そして上死点に達したピストンは再び下降するが，このときシリンダ内に清浄な空気を吸入する（吸気行程）。ついでピストンが上昇行程を進行するとき，シリンダ内の空気を圧縮する（圧縮行程）。この圧縮は断熱的に行われて，ピストンが上死点に達する付近では非常に高温になっているから，そこへ噴射された燃料がそのシリンダ内の高温の空気によって点火され，燃焼膨張行程に入る。つ

まり，燃焼，排気，吸気，圧縮の 4 サイクルで動力発生が 1 回完了する。
　2 サイクル機関は，燃焼行程の後半で排気と吸気とを行い，ピストンが下死点を過ぎて上昇行程に移れば圧縮が行われ，ピストンの上死点付近で燃料噴射が行われる。つまり，圧縮行程と燃焼膨張行程の 2 サイクルで 1 回の動力発生が完了する。

問5 フライホイール（Flywheel）とは何か。

答　はずみ車のこと。主として，回転体の速度変動等を小さくするために用いられる回転体である。大きな慣性モーメントを持つことによって，内燃機関等で発生するトルク変動を吸収し，回転を滑らかにするために軸に取り付けられている。

問6　主機出力の種類について述べよ。

答　＜連続最大出力（MCR：Maximum Continuous Rating）＞
　機関が安全に連続運転できる最大出力で，機関の強度計算の基礎となり，主機の出力。
＜常用出力（NCR：Normal Continuous Rating）＞
　洋上で航海速力を得るため常用する出力で，計画満載喫水のとき，常用出力で出し得る速力を常用速力という。機関の効率と保守の点から見た経済出力。
＜過負荷出力（Over Load Output）＞
　連続最大出力を越えて短時間使用できる出力
＜後進出力（Astern Output）＞
　船舶の後進時における最大出力

問7　kW と PS の関係について述べよ。

答　1PS ＋ 75kg・m／s ＋ 0.736kW
　　　1kW ＋ 102kg・m／s ＋ 1.36PS

⑥ 貨物の取扱い及び積付け

問1 COWとは何か。

答 原油洗浄（Crude Oil Washing）の略称である。原油洗浄とは，陸上タンクへ移送するために本船のカーゴポンプによって圧力をかけられた貨物油の一部を，洗浄しようとするタンクへ戻して高圧噴霧することにより，タンク内壁や構造物およびタンク底に付着した残留物を取り除き，原油に溶解させて揚荷する洗浄法である。
・沈殿物も溶解してしまうので，沈殿物がタンク内に残ったり，貨物油がせき止められて揚荷できないといったことがない。
・スロップの量が少なくなり，船腹が有効に利用できる。

問2 IG（イナート）システムについて述べよ。

答 ボイラなどで石油類を効率よく燃焼させた後に発生する燃焼排ガスは主として，窒素，炭酸ガス，水蒸気および少量の酸素と微量の固形物等からなるので，これを冷却して不純物と水分を取り除き，イナートガスとしてタンカーの槽内に満たせば爆発防止となる。

船舶のタンク内にイナートガスを注入して不活性化を達成するためには大量のガスが必要となるが，この場合，ボイラの燃焼排ガスを利用するフルーガス方式と，イナートガスを専門に生成するジェネレータ方式がある。前者は，燃料の関係から亜硫酸ガスやすす等の不純物が混入する欠点があるものの，船用ボイラの排ガスは大量に発生し，かつ含有酸素濃度も通常4%前後であるので，後者に比べ総合コストが安いため，大型原油タンカーに用いられている。後者は，総合コストは高いが，積荷の品質からイナートガスの純度を問題にする特殊タンカーに装置されることが多い。

一般のタンカーの石油ガスは，燃焼するには最低11%容積比の酸素が必要であるので，タンク内の酸素量を8%ないし6%，またはそれ以下に保持することができればよい。

日本では，危険物船舶運送及び貯蔵規則によりタンク内に供給するイナートガスの酸素含有量は，体積で5%以下でなければならないと規定さ

れている。

問3 石油ガスの爆発限界のガス濃度について述べよ。

答 可燃性ガスが空気または酸素と混合されて燃焼限界内にあるときは，これに着火すると火炎は高速で混合ガス中を伝搬して爆発現象を起こすので，これを爆発限界（Explosive Limit : E.L）と呼び，そのガス濃度の下限を爆発下限界（Lower Explosive Limit : L.E.L.），上限を爆発上限界（Upper Explosive Limit : U.E.L）と呼んでいる。

　タンカーが積み取る石油の種類は広範囲にわたっているので，その石油ガスの組成もまた異なり，爆発範囲も同じではないが，安全をみて爆発下限界を1%，上限界を10%として取り扱うように国際海運会議所は推奨している。

問4 容積貨物（measurement cargo, light cargo）および重量貨物（weight cargo, dead weight cargo）について述べよ。

答 重量単位で運賃計算をする貨物を重量貨物，容積単位の物を容積貨物という。一般的に，包装状態の貨物容積 40ft^3 あたりの重量が1ロングトン（long ton）すなわち 2240lbs（1016.05kg）以上の物を重量貨物として取り扱う。使用単位には，ロングトンの他にショートトン（short ton，米トン）すなわち 2000lbs（907.18kg），メートルトン（metric ton）がある。なお，重量物（heavy cargo）は，貨物1個の重量が特に大であるもの（通常1個の貨物重量が2トンを超えるもの）で，特殊貨物のひとつである。したがって，重量物と重量貨物を混同しないように注意しなければならない。

問5 載荷係数（stowage factor : S／F）とは何か。

答 一般に貨物1ロングトンを積み付けるのに必要な船倉内容積を ft^3 で表した数値をいう。この場合，貨物と貨物の間に生じる空積（broken space）や積付けに使用する荷敷（dunnage）等の占める容積も包含する。

貨物積付け上，船倉内スペース配分の参考とする。

問6 コンスタント（unknown constant：不明重量）とは何か。

答 船舶の喫水から求めた排水量は，当該船舶の軽荷排水量と貨物および燃料・清水・船用品その他の持ち物の搭載重量の総重量と等しいはずであるが，実際は喫水から求めた排水量の方が大きいのが普通である。これはタンクやビルジの測深不可能な残水残油類（ポンプで吸引できないもの），船底付着物，船舶新造後に修理等のために使用したペイント・セメント・鋼材類の付加重量，その他の不明重量が集積し，船内に存在するためである。これらの総合重量をコンスタントという。

問7 デリックやクレーンに記載されている S.W.L. とは何か。

答 安全使用荷重（Safety Working Load）の略記号で，公的な荷重試験を受け，異常がなかったものにいついてブームの側面に，「S.W.L. 3t」（安全使用力3トン）のように標示される。したがって，標示された荷重以上の重さの貨物は取り扱わないようにする。

問8 甲板の耐荷重の目安として，どのような略算式があるか。

答 　上甲板（A：上甲板の面積 m^2）
　　　最大耐荷重：4.65A〔トン〕
　　　安全耐荷重：3.25A〔トン〕

問9 積載法のフル・アンド・ダウン（full & down）とは何か。

答 各船倉に貨物を充填し，そのときの本船の喫水もちょうど満載喫水に達する状態をいう。

問10 木材の積付けについて述べよ。

答 木材の積付けは原則として，重い木材を船倉内の下層に，軽い木材を上層に，また空積みには小物を充填して重心をできるだけ低くするように考えなければならない。さらに，甲板積み木材が航海中に吸収する水分，燃料油・水の消費による二重底タンクの遊動水による復原力の減少もあらかじめ計算して，甲板積みの高さを決定することが大切である。

<上甲板または船楼甲板の暴露部に積載する木材を積付ける場合>

- 甲板積み木材の積載場所にある甲板口は，完全に閉鎖しておくこと。
- 通風筒および操舵設備は，甲板積み木材により損傷を受けないように保護しておくこと。
- 丸太材をブルワークの高さより著しく高く積載する場合には，甲板の梁上側板に強固に取り付けられた十分な強さを有する支柱を3m以下の適当な間隔で配置しておくこと。この場合において，船楼甲板に配置する支柱は，縛索で動かないように支持すること。
- 船舶をできる限り直立状態に保持して積み付けること。
- 船員の通路に面する戸口の周辺には，その開閉に必要な空所を残すこと。
- 甲板積み木材は，できる限り密に積み付けること。
- 十分な強さを有する縛索により，甲板積み木材を3m以下の適当な間隔で締め付けること。
- 縛策は，沿海区域を越えて運送する場合には，直径19mm以上のチェーンまたはこれと同等以上の強さを有する鋼索であって，船員が容易に接近することができる位置にすべりかぎおよびターン・バックルを設けたものでなければならない。

<甲板積みの高さの基準>

　水分の吸収によるその重量の変化を考慮し，船舶が全航海を通じて十分な復原性を維持できるように積み付けなければならない。この場合において，ラワン原木その他これに類似の大型丸太材の積付け高さは，上甲板から上方に当該積載場所の甲板の幅（船舶の幅を超える場合は船舶の幅）の3分の1を超えてはならない。

問11 フリーボード（freeboard）とは何か。

答 船舶が安全な航海をするためには，相当の予備浮力が必要となる。国際満載喫水線条約，船舶安全法，満載喫水線規則等によって，遠洋区域また

は近海区域を航行区域とする船舶、沿岸区域を航行区域とする長さ24m以上の船舶および総トン数20トン以上の漁船は満載喫水線の標示が義務付けられている。

　予備浮力を表すフリーボード（乾舷）とは、船舶の長さの中央における乾舷甲板（freeboard deck）の上面の延長と、外板の外面の延長との交点から喫水線までの垂直距離であり、乾舷甲板とは最上層の全通甲板である。フリーボードの決定は、船体の形状と強度の面から、それぞれ別個に算定方式が規定されている。そのうちで最大のものを夏期乾舷（summer freeboard）とし、これを基準にして、航行海域（帯域）と季節により、修正して各種乾舷、すなわち各種満載喫水線が指定され、それを船体の両舷側中央部に標示することとなっている。満載喫水線標（load line mark）は許される最小乾舷であるので、これを乾舷標（freeboard mark）ともいう。

　乾舷には、夏期乾舷（S）、冬期乾舷（W）、冬期北大西洋乾舷（WNA）、熱帯乾舷（T）、夏期淡水乾舷（F）、熱帯淡水乾舷（TF）がある。また甲板積み木材を運送する船舶には、夏期木材乾舷（LS）、冬期木材乾舷（LW）、冬期北大西洋乾舷（LWNA）、熱帯木材乾舷（LT）、夏期淡水木材乾舷（LF）、熱帯淡水木材乾舷（LTF）がある。

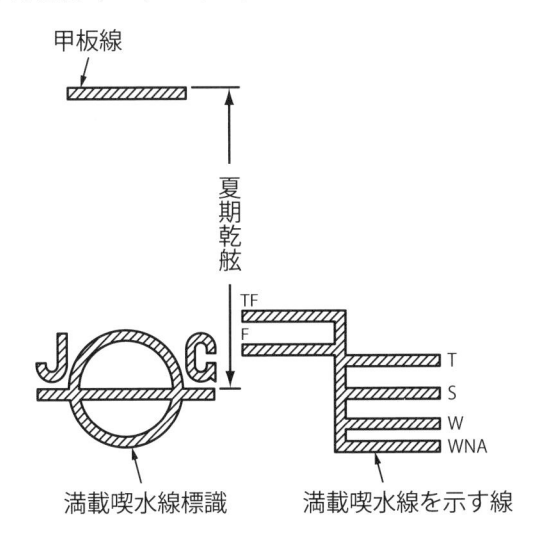

問12 喫水の読み取り値から排水量を求める際の修正について述べよ。

答 ＜ステム修正＞
　垂直型船首（straight stem）以外の船首型についての船首喫水の修正。船首形状に対して行われる喫水の修正をいい，真の船首喫水は前部垂線を等間隔に分けたキール線上の読みで表すが，実際は傾斜船首が多いので，この喫水線の読み取り値に対して排水量の修正をする。
＜トリム修正＞
　イーブンキール以外のトリム状態から求めた平均喫水では，浮面心が船体中央と一致しない限り，真の排水トン数が得られない。トリムによって浮面心が船体中央の前方または後方にあって一致しない場合には，トリムによる排水量の修正をする。
＜ホギング・サギング修正＞
　船首尾喫水の平均喫水に船体中央のたわみに応じた排水量の修正をする。
＜海水比重修正＞
　現場の海水比重を計測し，海水比重（1.025）との修正をする。

問 13　排水量等曲線図（hydrostatic curve）とは何か。また，どのようなことが記入されているか。

答　縦軸に海水（比重1.025）に対する喫水を，横軸には排水量をとって，平均喫水に対する以下の曲線の値を求めるように描かれたもの。
＜記入事項＞
・排水量曲線
・毎センチ排水トン数
・毎センチトリムモーメント
・縦メタセンタ，横メタセンタの位置
・水線面積
・中央横断面積
・浮面心，浮心の位置
・方形係数，柱形係数，中央横断面係数，水線面積係数の各ファインネス係数

> **問 14** 載貨重量トン数表（dead weight scale）とは何か。

答 海水に対する平均喫水と載貨重量との関係を示した図表で，軽荷喫水線をゼロとしてほぼ満載喫水線にいたる各喫水に対する値がただちに読み取れる。この図表は排水量等曲線図より比較的正確に読み取ることができ，載貨量，余積の決定等に必要なもので，毎センチ排水トン数，毎センチトリムモーメントおよび排水トン数が併記されている。

> **問 15** トリミング・ダイヤグラム（trimming diagram）とは何か。

答 各船倉の中心に，100トンの貨物を積載したときに生じるトリムの変化量および前後喫水の変化量を各喫水に対して表記したトリム計算表を図表化したもの。

> **問 16** ばら積み貨物の横揺れ時の静止角（angle of repose）について述べよ。

答 散粒状貨物を錐積すれば，ある円錐状をなすもので，この傾斜角を静止角または休息角といい，乾湿状態で異なる。
・穀類：25～35°
・石炭：36～38°
・鉱石：30～50°
　実際は，船舶の横揺れのために起こる慣性力，機関振動，パンチング等の作用によって，静止角内の傾斜で移動し始める。

> **問 17** 荷敷（dunnage）について述べよ。

答 貨物を積載するとき，以下の目的で船倉内，貨物間に敷かれるものを荷敷という。
① 発汗作用による貨物の濡損防止
② 貨物間相互および船体構造材との接触摩擦による破損防止
③ 貨物間の換気

④　荷隙の充填と貨物の移動防止

材質としては，十分に乾燥し経済的に多量に入手できるものがよい。材木，竹類，むしろ，粗帆布（burlap）等。

問18　石炭の自然燃焼（spontaneous）の原因と注意事項について述べよ。

答　＜原因＞

空気と酸化作用によるもので，石炭の状態，質によって左右される。
① 硫化鉄含有の石炭は硫化鉄の酸化作用のため
② 湿濡石炭は乾燥する際のガス発散のため
③ 夏期または機関室側部の石炭は高温によって酸化しやすいため
④ 粉炭は空気との接触面が広く燃焼率が大きいため

以上のような酸化作用が起これば熱を生じ，さらに熱が化学作用を助長し，燃焼へと導くことになる。特に含油布，紙等の有機物が混じっているときは，自然燃焼の誘因となる。

＜注意事項＞
・ときどき検温して，自然状態を知る必要がある，60℃では注意を要し，82℃以上になれば燃焼箇所があるものとみなければならない。
・船倉内の二酸化炭素，一酸化炭素の濃度を測定し，船倉内の雰囲気を把握しておく。

問19　船内消毒の方法と実施上の注意事項について述べよ。

答　現在では，青酸ガス法が多く用いられている。船体，貨物に無害で，最も毒性が強いので鼠族，昆虫類の駆除根絶に最も効果がある。青酸ガスの性質は，無色で無臭に近く（若干の甘味の臭気あり），一酸化炭素と同様に空気より軽く，上昇拡散が迅速である（密閉時間は通常，2〜4時間である）。

＜実施上の注意事項＞
・乗組員退船にあたっては，人員を厳重に点呼し，上陸員と在船員とを明確にし，絶対に許可なく帰船させてはならない。
・船内巡検を行い，係船状態を確かめるとともに，飼育動物および化学作用を起こすもの一切を陸揚げするか，適当な安全区域に移す。

- 各部の隙間の目張りを厳重に行い，船内の扉は開放し，スカッパー，ベンチレータ等の閉鎖を完全に実施する。
- 施行にあたっては，付近停泊船にあらかじめ通知し，消毒中は国際信号旗の旗りゅう信号によるVE（本船は消毒中である），RS（誰も乗船することを許さない）を掲げる。
- 青酸ガス燻蒸が終了すれば，ガス放散促進のため，ハッチ，ベンチレータの開放を風上側より迅速に行い，機械式通風装置を用いて，給気または排気を行う。また，底部の換気不良箇所等については，ガスの存在の有無を確認した後でなければ出入りをさせない。
- 施行中，当直者はできるだけ安全な区域（船外甲板上の風上側等）に待機する。

問20 ダーティーバラストの排出時の注意事項について述べよ。

答 できるだけ海水中に排出される油量を減らすために，油汚水のセットリング，油量の測定および水切り作業に細心の注意が要求される。
- 油汚水は，できるだけスロップタンク1個にまとめてセットリングする。タンク洗浄汚水，ダーティーバラスト上部汚水，パイプ洗浄汚水等発生するたびにセットリングして水切りするのは，油水分離効果はもとより作業能率上からも好ましくない。
- もし，スロップタンク容積の不足で全汚水を収容できない場合には，いったん水切りをしなければならないが，その場合の水切り量は，次の回収予定の汚水の容積程度にとどめておき，決して極端な水切りはしない。限度いっぱいの水切りは，最後のとき一度だけにする。
- セットリングは長いほどよいが，通常12時間程度経過すれば水切りできる。また，6時間程度でも下層の水分なら排出できる。
- ヒーティングコイルの設備を持っている船舶ならば，スロップタンクに集めた油汚水を60℃程度まで加熱すると，さらによく分離する。
- 水切りは前には，油水界面測定器等によって油層の厚みを計測して，油量と分離海水量を算出する。
- 油水界面からタンク底部までの深さ・容積に応じて，ポンプ排出のレートと使用ポンプ（メインまたはストリップ）をあらかじめ決めておく。油分の瞬間排出率の規制への配慮と，ベルマウス付近の渦巻現象により，

上部の油分を吸い込ませないためである。
- 油水界面下の油分濃度の正確な計測は不可能なので，十分に安全な余裕を見込んだ排出水の量を算出し，アレージを算出しておく。
- 水切りは，船体動揺の少ないときに，できるだけ静かに行う。
- 油水界面を乱さないよう，余裕をもって早めに排出レートを下げる。
- メインポンプやストリッピングポンプで船外に排出しているときは，常に船外監視員をおき，排出水の変化に注意させ，もし，油の存在を認めたら，ただちに排出を中止する。
- ストリッピングポンプに切り換えてからは，ときどきエア抜きコックからサンプルを取り，油分が混入していないかチェックし，もし油分が急上昇する気配が見られたら，ただちにポンプを停止する。
- ぎりぎりのところまで水切りしようといつまでも吸引していると，油を吸い込むことがある。いったんパイプラインやポンプに油を吸引してしまうと，次に排出作業を行うときには，もう一度ラインクリーニングをしなければならない。その結果，スロップタンクの油水界面を乱し，すぐには排出できなくなり，結局は時間的にロスを招く。

問 21 ロードオントップとは何か。

答 タンカーからのバラスト水排出にあたっては，規定値以上の油分を船外に排出してはならない。そのため，タンククリーニングの汚水やダーティーバラスト中の油を含んだ水は，すべてスロップタンクに集めてセットリングし，比重差によって油と水とを分離した後，油分の瞬間排出率とその総量が許容値以下となるような方法で，下層の海水分だけを排出（水切り）する。一方，水切り後の残油（slop）はそのままタンクに残しておき，積み地では，その上から新しい荷油を積む方法をとる。この一連の作業方法を，ロードオントップという。

問 22 PCC等で使用するクラスパーの安全使用荷重と破断強度について述べよ。

【答】

	安全使用荷重	破断強度
乗用車	500kg 以下	2000kgf 以上
中型トラック	1500kg 以下	6000kgf 以上
大型トラック・コンテナ用	2500kg 以下	10000kgf 以上
	4000kg 以下	16000kgf 以上

7 労働災害防止対策その他

問1 SAR条約について述べよ。

答 正式名称：1979年の海上捜索救助に関する国際条約
目的：各国の海難救助体制の整備，国際間の協力促進

問2 MARSERマニュアルとは何か。

答 IMOの商船捜索救助便覧（Merchant ship search and rescue manual）のことで，一般船舶が遭難したとき遭難者自身がとるべき措置および遭難を知った船舶が救助のためにとるべき措置についての基本的事項を具体的に述べたもの。

問3 捜索パターンについて述べよ。

答 ＜種類＞
① 方形拡大捜索パターン
② 扇方捜索パターン
③ 平行捜索パターン（2～5隻）
④ 船舶・航空機合同捜索パターン

＜方法＞
・方形拡大捜索パターン：1隻の船舶による捜索に適当なもので，所在公算位置から外方に向かって方形に拡大する捜索パターンである。
・扇方捜索パターン：特殊な状況（たとえば海中転落）において，1隻の船舶による捜索に適当なもので，所在公算位置から放射上に捜索する捜索パターンである。
・現場に早く到達した船舶は，①のパターンを用い，他船が到着したときは，捜索調整者の選択した②のパターンにより捜索する。④のパターンは，現場指揮官がいる場合に限って利用され，これは航空機が主体となり，船舶は航空機の捜索行動の目安となるように，現場指揮

官に指示された針路および速力で航走する。

> **問 4** 捜索機が前方で翼を動かした意味，また，後方で動かした意味は何か。

答　＜前方で翼を動かした場合＞
　　その航空機が，遭難中の航空機または船舶のいる方向に誘導しようとしている。
　＜後方で翼を動かした場合＞
　　その船舶による援助が，必要なくなった。

> **問 5** 船内での酸素欠乏による作業中止の目安について述べよ。また，意識不明となる酸素濃度はどれくらいか。

答　酸素濃度を18％以上に保つ。18％未満になれば作業を中止する。意識不明となる酸素濃度は10％以下である。
　酸素濃度が16～12％になると，脈拍・呼吸数が増加し，精神集中に努力が必要になる。また，細かい筋肉作業がうまくいかず，頭痛，吐き気，耳鳴りが生じる。14～9％になると，判断力が鈍くなり，不安定な精神状態となる。また，刺傷などの痛みを感じなくなり，酩酊状態となり，当時の記憶がなくなり，体温が上昇する。10～6％になると，意識不明となり，中枢神経障害を起こし，痙攣しながらチアノーゼが表れる。さらに，この濃度が維持されるか，それ以下となると，昏睡状態となり呼吸が緩くなり，やがて停止する。6～8分後に心臓が停止する。呼吸停止から3分以内が，障害が残りにくい蘇生が可能である。

> **問 6** 酸素欠乏になりやすい，またはそのおそれのある場所と，その場所で作業するために取るべき措置について述べよ。

答　＜酸欠になりやすい場所＞
・石炭を積んだホールド：石炭貨物の含有水分と酸素が結合して酸素が欠乏する。
・錨鎖庫：錨鎖が海水に濡れて酸素によって錆びることにより，酸素が

欠乏する。
- 塗装後のタンク：塗膜の乾燥過程での酸化現象により酸素が欠乏する。
- 穀物，飼料を積んだホールド等

＜取るべき措置＞
- 換気不十分な場所に立ち入ろうとする場合，事前に十分な換気を実施する。
- タンクに入る前には，事前に酸素濃度を測定しておき，必要であれば換気を実施する。
- タンクに入る作業員には酸素呼吸具を使用させ，命綱を結び付けて作業にあたらせる。
- 必ず入り口に監視員を配置して，中の作業員を監視する。
- 作業中も換気を実施する。

問7 船員労働災害および事故を防ぐために，どのような措置をとるか。

答 ＜物的措置＞
- 装置や器具について，保守・整備・点検の徹底，取り扱いの習熟を図る。
- 船内タンク，コファダム，鉱石・石灰類・穀物・木材チップ等を積載した密閉船倉，野菜果物類の貯蔵庫，塗装後のタンク等の酸素欠乏の起こりやすい場所に入る前に，酸素濃度の測定や十分な換気を実施する。
- 作業に対し適切な保護具を着用する。

＜人的措置＞
- 乗組員に対する作業の安全についての教育の実施。作業に対する安全管理意識の高揚。適切な人員による作業の実施。複数での作業時のチームワークの育成。無理な作業はさせない。
- 適切な作業姿勢の維持。落下物対策，転落防止策の適切な使用。
- 適切な現場監督の実施，適切な指示連絡体制の維持，危険作業区域における監視員の配置。

問8 船内作業を行う際の船長としての安全管理について述べよ。

[7] 労働災害防止対策その他　285

答　＜船員各自の安全管理問題についての意識の高揚＞
　船内作業の安全維持の主体は，それに従事する船員各自である。したがって，船員各自が安全問題についての意識に乏しければ，船内作業の安全管理を期待することはできない。
＜安全担当者の業務の励行＞
　安全担当者を定め，その者による作業設備や安全設備の整備点検を行わせるとともに，乗組員に対して作業の安全に関する教育や安全管理に関する記録の作成等にもあたらせる。
＜船内作業環境の整備＞
　常に船内の作業用具等を整備し，作業環境を良好な状態におくようにする。したがって，通行や足場の安全，海中転落の防止等を図るとともに，安全標識の表示や十分な照明を施すことも必要である。
＜熟練者による危険作業の実施＞
　重量物の移動装置や巻揚げ装置あるいは揚錨機などの操作，高所および舷外作業，高圧ガス装置や金属の溶接，溶断作業等の熟練や経験を必要とする各種の危険作業は，有資格者もしくは当該作業について十分な経験を有するものに行わせる。
＜保護具の装着＞
　身体または船舶に危険を及ぼすような作業に乗組員を従事させる場合は，船員労働安全衛生規則の個別作業基準に従って，危険物の検知，その他危険防止のための措置をとるとともに，作業員の安全のために，保護具の装着を励行させる。

問9　本船の安全管理上，船長として考慮すべき事項について述べよ。

答
・貨物輸送業務，運航業務，情報連絡業務，船内生活関連業務等の分割組織内の業務遂行の実態把握
・必要な教育訓練の実施
・貨物輸送および操船運用担当者への理解と助言
・操縦性能の把握
・機関運用に関する推進プラントシステムの理解
・通信運用に関する無線局の運用と船長の安全通報義務等の内容把握
・船内生活に関連する安全，衛生，保健，供食，補給等の業務全般につ

いての理解と助言
- 運航に関する通達事項の周知徹底
- 各部相互間の連絡の緊密化
- 操船指揮について，当直責任者との命令，報告，情報授受の円滑化
- 統括者としての義務と責任の自覚

問10 遭難警報を受信したとき，遭難船舶が近い場合，遠い場合，それぞれに本船が取るべき対応について述べよ。また，受信証を送信した場合の取るべき対応について述べよ。

答 ＜遭難船舶が近い場合＞
- DSC（デジタル選択呼出装置）等による遭難警報を受信したときは，直ちに船舶の責任者（船長）に通知しなければならない。
- DSC等による遭難警報または遭難呼出等を受信した船舶は，受信した周波数および関連する周波数で聴守しなければならない。
- DSCを使用して短波帯以外の周波数の電波により送信された遭難警報を受信した場合において，当該遭難警報に使用された周波数の電波によっては海岸局と通信を行うことができない海域にあり，かつ，当該遭難警報が付近にある船舶からのものであることが明らかであるときは，遅滞なく，これに応答し（受信証を送信する），かつ，当該遭難警報を適当な海岸局に通報しなければならない。
- 捜索救助機関または遭難船舶等から依頼された場合，遭難警報または遭難通信の宰領を行う。
- 遭難船舶にできるだけ早急に到着できるように向かう。

＜遭難船舶が遠い場合（短波帯の周波数の電波により送信された遭難警報の場合）＞
- DSCを使用して送信された遭難警報若しくは遭難警報の中継を受信したときは，直ちにこれをその船舶の責任者（船長）に通知しなければならない。
- DSCを使用して短波帯の周波数の電波により送信された遭難警報を受信したときは，これに応答してはならない。この場合において，当該船舶局は，当該遭難警報を受信した周波数で聴守を行わなければならない。

・聴守を行った場合であって，その聴守において，当該遭難警報に対して他のいずれの無線局の応答も認められないときは，これを適当な海岸局に通報し，かつ，当該遭難警報に対する他の無線局の応答があるまで引き続き聴守を行わなければならない。

（電波法第81条の5，第82条を参照）

問 11 遭難救助にあたり，現場指揮を任じられた船舶を何と呼ぶか。また，遭難救助に関し，本船に備え付けておくべき書籍は何か。

答
・船舶：海上捜索調整船（Co-ordinator Surface）
・書籍：商船捜索救助便覧

Part 3 法 規

1　海上衝突予防法

問1　海上衝突予防法の目的について述べよ。

答　この法律は，「1972年の海上における衝突の予防のための国際規則」の規定に準拠して，船舶の遵守すべき航法，表示すべき灯火および形象物ならびに行うべき信号に関し，必要な事項を定めることにより，海上における船舶の衝突を予防し，もって船舶交通の安全を図ることを目的としている。

問2　海上衝突予防法は，どのような船舶に適用されるか。

答　海洋およびこれに接続する航洋船が航行することができる水域の水上にある船舶に適用される。

問3　「漁ろうに従事している船舶」とは何か。

答　船舶の操縦性能を制限する網，なわその他の漁具を用いて漁ろうをしている船舶のことをいう。

問4　「航行中」とは，どのような状態のことか。

答　船舶がびょう泊（係船浮標またはびょう泊している船舶にする係留を含む）をし，陸岸にけい留をし，または乗揚げていない状態をいう。すなわち，航行している場合（対水速力を有する）と停留している場合（対水速力を有しない）をいう。

問5　海上衝突予防法第3条第4項（漁ろう船）において，「船舶の操縦性能を制限する」とは，どのような状態のことか。

答
- 船舶の針路・速力を変更する能力（運動能力）を，他の船舶の進路を避けることができない程度に低下させることを意味する。
- たとえば，底引き網，はえ縄，トロール等の漁船の船体と比較して，その漁具が大きなもので，操業中の水中での抵抗が大きく，運動性能を著しく低下させ，他船を避けることが難しい。また，それらの漁具を短時間で回収したり，離脱することは困難である。このように，その使用漁具により船舶の運動性能が低下し，避航を難しくしている状態を意味する。

問6 運転不自由船とは，どのような船舶か。

答 船舶の操縦性能を制限する故障その他の異常な事態が生じているため，接近する他の船舶の進路を避けることができない船舶のことをいう。
- 機関の故障で動くことができない動力船
- 舵の故障で動くことができない船舶
- 無風のため動くことができない帆船

問7 操縦性能制限船とは，どのような船舶か。

答 船舶の操縦性能を制限する作業に従事しているため，接近する他の船舶の進路を避けることができない船舶のことをいう。
- 航路標識，海底電線または海底パイプラインの敷設，保守または引揚げ作業
- 浚渫，測量その他の水中作業
- 航行中における補給，人の移乗または貨物の積替え作業
- 航空機の発着作業
- 掃海作業

問8 喫水制限船とは，どのような船舶か。また，海上交通安全法の巨大船との相違は何か。

答 船舶の喫水と水深との関係により，進路から離れることが著しく制限さ

れている動力船である。
　巨大船との相違は，喫水制限船は船舶の長さにはかかわりなく，喫水と水深との関係により進路から離れることを著しく制限される状態にあるという条件に対し，巨大船はその置かれた状態にかかわりなく船舶の長さが200m以上という条件のみであるという点である。

問9 海上衝突予防法第3条において定義されている「喫水制限船」について，自船を喫水制限船と判断するのは誰か。

答 自船が喫水制限船に該当するかどうかを判断するのは船長である。

問10 自船が喫水制限船であるかどうかを決める場合，水深について考慮すべき事項を述べよ。

答
- 喫水制限船における船舶の喫水と水深の関係は，船舶が乗揚げの危険なしに安全に航行するため適当な余裕水深が必要である。
- コースラインにおける水深のみならず，小さい余裕水深が操縦性能に及ぼす影響も考慮して，操船上必要とされる幅を有する水域での余裕水深に配慮すべきである。
- 船舶は一般に右転して他船を避航することが多いため，コースライン右側方の水深状況は重要である。

問11 海上衝突予防法の喫水制限船の規定は，海上交通安全法における巨大船のような大型船の深喫水時のみ適用か。

答 喫水制限船とは，船舶の喫水と水深との関係により，進路から離れることが著しく制限されている動力船をいう。したがって，海上交通安全法でいう「巨大船：長さ200m以上の船舶」だけでなく，長さ200m未満の船舶であっても，水深と喫水の関係でその進路から離れることが著しく制限される場合には，船長の判断で，喫水制限船としての灯火，形象物を掲げる限り適用される。よって，海上交通安全法における巨大船のような大型船の深喫水時のみの適用ではない。

問 12 あらゆる視界の状態において適用される航法規定を述べよ（見出しのみでよい）。

答
・見張り（第5条）
・安全な速力（第6条）
・衝突のおそれ（第7条）
・衝突を避けるための動作（第8条）
・狭い水道等（第9条）
・分離通航方式（第10条）

問 13 海上衝突予防法第5条は見張りについての規定であるが，何のために，どのような方法で見張りを行わなければならないと規定しているか。

答 周囲の状況および他の船舶との衝突のおそれについて十分に判断することができるように，視覚，聴覚およびそのときの状況に適した他のすべての手段により，常時適切な見張りをしなければならないと規定している。

問 14 海上衝突予防法第5条（見張り）の「その時の状況」とは，どのようなものか。

答
・気象，海象の状況
・水域の広狭
・船舶の輻輳度
・自船の喫水と操縦性能
・昼夜の別
・自船における航海計器等の装備と整備状態
・見張り要員の能力

問 15 海上衝突予防法5条「その時の状況に適した他のすべての手段により…」，「適切な見張り」とは，具体的にどのような見張りをすることか。

答
- 常時見張り員を配置すること。また，状況により見張員を増員すること。
- 見張り員の配置を適切に行うこと。すなわち，周囲の状況に応じ，見張り員を船首，船尾側方，マスト上等に配置すること。
- 見張りの重要性に鑑み，見張り員には相当な経験，能力を有する船員を当てること。
- 見張り員に他の業務を兼任させないこと。
- 視覚，聴覚の他に，有効な機器，装置の効果的利用，すなわち，レーダー，双眼鏡の使用，陸上レーダーステーション，船舶間のVHFにより得られる情報の利用等すべての手段・方法を用いること。
- 視覚による見張りは，双眼鏡類を併用し，また聴覚による見張りは，音響を聞きやすくするため船内の騒音を少なくし，窓を開ける。レーダー装備船はレーダーを使用して系統的な観察をする。
- 見張りは前方だけでなく，全周に対して行う。
- 見張りは航行中だけでなく，錨泊中も行わなければならない。

問16 海上衝突予防法第5条において，視界制限状態におけるレーダー見張りの態様が適切であるとされるための要件について述べよ。

答
- レーダーが適切に整備され，かつ，適切に調整されていること
- レーダー監視専従者を配し，レーダーの特性，性能を熟知した者が観測にあたること
- レーダー監視が継続的に行われ，その情報が適切に判断され報告されること
- 状況に応じて適切なレンジを使用すること
- 監視員の長時間連続監視を避け，交代要員を配置すること

問17 レーダー情報の使用が要求されている海上衝突予防法の規定について述べよ。

答
- 視覚，聴覚によるほか，レーダーを併用して適切な見張りを行うこと（第5条）

- レーダー情報とその性能等を考慮して，レーダー装備船として安全な速力を判断すること（第6条）
- 衝突のおそれを早期に知るための長距離レンジによる走査，レーダープロッティングによる系統的な観察を行うこと（第7条）
- レーダーを使用することで，衝突を避けるための動作を早期に大幅に行い，有効な避航動作をとること（第8条）
- 他船の存在をレーダーのみで探知したとき，著しく接近するかまたは衝突のおそれを判断しなければならない（第19条）

問18 海上衝突予防法第6条の「安全な速力」とは，どのような速力か。

答 他の船舶との衝突を避けるための適切かつ有効な動作をとれる速力，または，そのときの状況に適した距離で停止することができる速力のこと。

問19 海上衝突予防法第6条（安全な速力）の「適切かつ有効な動作」について述べよ。

答 衝突を避けるためにとる転舵，速力の変更，信号を行うこと等の諸動作が，通常の経験のある船員から見て行使し得る程度に合理的であることを意味する。

問20 海上衝突予防法第6条（安全な速力）の「その時の状況に適した距離」について述べよ。

答 衝突を避けるために機関を逆転する等して停止させる場合，自船の性能や周囲の状況に照らして時間的，距離的に余裕のある時期に，最もふさわしい距離で停止できることをいう。

問21 海上衝突予防法第6条（安全な速力）において，「夜間における陸岸の灯火，自船の灯火の反射等による灯火の存在」について考慮すべき事項を述べよ。

答 陸岸のさまざまな灯火に眩惑され，他船の船影，灯火の存在が視認できず，見張りの妨げとなったり，あるいは見失うことがある。また，自船の灯火あるいは至近の他船の灯火が操舵室の窓ガラスに反射したり海面に反射し，他船の灯火と誤認または視認が遅れることがある。このような事情を念頭におき，速力の決定を考慮しなければならない。

問 22 他の船舶との衝突を避けるための動作として，「適切かつ有効な動作をとること」と自船の速力は，どのような関係があるか述べよ。

答
- 避航動作には，転舵による針路の変更，機関使用による速力の変更および両者を合わせた方法が一般的である。これらの動作が有効なものであるためには，時間的，距離的な十分な余裕がなければならない。よって，自船の速力に関係している。
- たとえば，大型船においては，あまりにも低速力では舵効きが悪くなり，転舵のみでの短時間の避航は難しく，速力を止めるか，増速し進路を変更する等の動作が必要になる。いずれにしても，避航動作をとるうえでは，自船の速力を十分に考慮したうえで，時間的，距離的に十分余裕のある時期に適切な動作をとらなければならない。

問 23 海上衝突予防法第6条（安全な速力）において，「速力決定」にあたって考慮すべき事項を述べよ。

答
- 視界の状態
- 船舶交通の輻輳の状況
- 自船の停止距離，旋回性能その他の操縦性能
- 夜間における陸上の灯火，自船の灯火の反射等による灯火の存在
- 風，海面および海潮流の状態ならびに航路障害物に接近した状態
- 自船の喫水と水深との関係

問 24 海上衝突予防法第6条（安全な速力）において，「安全な速力」の決定にあたり，レーダーを使用している船舶が考慮すべき事項を述べよ。

|答| ・自船のレーダーの特性，性能および探知能力の限界
・使用しているレーダーレンジによる制約
・気象，海象その他の干渉原因が，レーダーによる探知に与える影響
・適切なレーダーレンジでレーダーを使用する場合においても，小型船舶および氷塊その他の漂流物を探知できないことがあること
・レーダーにより探知した船舶の数，位置および動向
・自船と付近にある船舶その他の物件との距離をレーダーで測定することにより，視界の状態を正確に把握することができる場合があること

|問 25| 海上衝突予防法第 6 条（安全な速力）において，「自船のレーダーの特性，性能及び探知能力」について考慮すべき事項を述べよ。

|答| 使用周波数，アンテナ，指示器等により，最大／最小探知距離，方位分解能，距離分解能や探知能力，すなわち最大／最小距離，映像の識別等々，さまざまな制限がある。これら自船に装備されているレーダーの特性をよく把握し，適切に使用し，安全な速力の決定を考慮することが求められる。

|問 26| 海上衝突予防法第 6 条（安全な速力）において，「使用しているレーダーレンジによる制約」について考慮すべきことを述べよ。

|答| 長距離レンジ使用では，明確さと識別性が減退し，または小さな物標は映像として現れにくくなる。一方，短距離レンジでは，物標の早期発見が遅れ，付近水域の全般的状況把握ができない。したがって，使用レンジにより物件の捕捉に大きな差が生じるので，このような事情を念頭におき，速力の決定を考慮する必要がある。

|問 27| 海上衝突予防法第 6 条（安全な速力）において，「干渉原因がレーダー探知に与える影響」について考慮すべきことを述べよ。

|答| 雨が強いとき，風浪が大きいときには，これらの反射波に影響され，大きな物標でも，画面上で識別しづらくなる。このような場合には，STC／FTC 調整を適切に行うが，当然，物標捕捉の感度は減退するので，安全な

速力決定の一要素として重要である。

問 28 海上衝突予防法第7条（衝突のおそれ）において，十分なレーダー情報とは，どのような要件を満たす場合か述べよ。

答
・船舶の同一性が確認できること
・映像として表示されていない船舶が周囲に存在しないこと
・船舶の位置が一定以上の精度で表示されていること
・船舶が連続して表示されていること
・レーダー機器の整備，調整が正しくなされ，正常に作動していること
  さらに，能力，経験，資格のある担当者により，適切かつ時機を得て使用されたうえでの情報であって
① レーダーレンジを長／短に適切に切り換えて走査し
② 物件が連続して表示され，レーダープロッティング等による系統的な観察がなされ
③ その結果が時機を失わず適切に報告されたものであること
  また，担当者は長時間連続観察しないよう，適切な当直時間が割り当てられ，他の業務と兼務させないこと

問 29 海上衝突予防法第7条（衝突のおそれ）における「その他の不十分な情報」について述べよ。

答 レーダー以外の手段で得た情報で，その取得方法や手段に不備があったり，または情報を得た者の能力・経験が十分でなく，得た情報に誤差，誤解等が介在すると考えられるもの

問 30 海上衝突予防法第7条（衝突のおそれ）において，レーダーを適切に使用するとは，どのように使用することか。

答
・衝突のおそれを早期に知るために，適当な長距離用のレーダーレンジで走査する
・レーダープロッティングを行い，物標の種類および動向（見合い関

係）等をできるだけ早期に解明する
- 狭い水道および港内等では，定時間隔の観測により状況を判断する
- ARPA 等の機械的判断を参考とする

問 31 レーダー情報以外で，他の船舶と衝突のおそれがあるかどうかを判断する手段について述べよ。また，考慮すべき事項についても述べよ。

答 ＜判断する手段＞
- 他の船舶のコンパス方位を継続監視する。
- 他の船舶の灯火の方位の変化，灯火の見え方を観測する。
- VHF との交信により前広に衝突のおそれを知る。
- 本船の構造物の一部，窓枠，マスト，コンテナの角等との重視線の利用。
- 遠景の物標と他船の相対的な動きを観察する。

＜考慮すべき事項＞
- 接近する他の船舶のコンパス方位に明確な変化がないときは，衝突するおそれがあるものと判断しなければならない。
- コンパス方位に明確な変化があっても，大型船や曳航船に近づく場合または他船が近距離で接近している場合には，衝突のおそれがある場合がある。
- VHF 使用の場合には，交信している船舶と視認している船舶とが異なる場合がある。
- 衝突するおそれがあるかどうかを確かめることができない場合には，衝突するおそれがあるものと考えなければならない。

問 32 海上衝突予防法第 7 条（衝突のおそれ）において，どのようなときに衝突のおそれがあるか。

答
- 接近してくる他の船舶のコンパス方位に明確な変化が認められないとき
- 接近してくる他の船舶のコンパス方位に明確な変化が認められる場合であっても，大型船舶や引き船列に接近し，または近距離で他の船舶に接近するとき

・コンパス方位で他船を測ろうとするが，構造物の陰になって十分に測ることができないとき
・レーダー上で波浪による海面反射がひどいため，他船の映像の判別がしにくく十分に測定できないとき

問33 海上衝突予防法第8条（衝突を避けるための動作）について述べよ。

答 ① 船舶は，他の船舶との衝突を避けるための動作をとる場合は，できる限り，十分に余裕のある時期に，船舶の運用上の適切な慣行に従って，ためらわずにその動作をとらなければならない。
② 船舶は，他の船舶との衝突を避けるための針路または速力の変更を行う場合は，できる限り，その変更を他の船舶が容易に認めることができるように大幅に行わなければならない。
③ 船舶は，広い水域において針路の変更を行う場合においては，それにより新たに他の船舶に著しく接近することとならず，かつ，それが適切な時期に大幅に行われる限り，針路のみの変更が他の船舶に著しく接近することを避けるための最も有効な動作となる場合があることを考慮しなければならない。
④ 船舶は，他の船舶との衝突を避けるための動作をとる場合は，他の船舶との間に安全な距離を保って通過することができるようにその動作をとらなければならない。この場合において，船舶は，その動作の効果を当該他の船舶が通過して十分に遠ざかるまで慎重に確かめなければならない。
⑤ 船舶は，周囲の状況を判断するため，または他の船舶との衝突を避けるために必要な場合は，速力を減じ，または機関の運転を止め，もしくは機関を後進にかけることにより停止しなければならない。

＜衝突を避けるための動作をとる場合の基本的な要件＞
・十分に余裕のある時期に行う
・船舶の運用上の適切な慣行に従って行う
・ためらわずに行う

＜針路のみの変更が他の船舶と著しく接近することを避ける最も有効な動作となる場合＞
・広い水域であること

・新たに他の船舶に著しく接近することとならないこと
・適切な時期に行うこと
・大幅に行うこと
　以上の要件をすべて満たした場合
＜衝突を避けるための動作をとる場合に機関を使用しなければならない場合＞
　・針路のみの変更により，新たに他の船舶に著しく接近することとなる場合
　・適切な時期を失った場合
　・大幅な変針が行えない等，変針のみでは十分な避航動作がとれない状況にある場合

問 34 避航動作の時期を表す条文で，「できる限り，十分に余裕のある時期に」(第8条)，「できるだけ早期に」(第16条)，「十分に余裕のある時期」(第19条) という文言があるが，その使用されている条文の内容からみて，どの条文が一番早期に動作をとらなければならないか。また，視界の状態において，どの条文による動作をとらなければならないか。

答 第8条第1項は，すべての船舶に，いかなる視界においても，他の船舶との衝突を避けるための動作をとる場合，早期に動作をとることが肝要であることを述べている。しかし，初めに針路および速力を保つことを要求される船舶に，早期の段階での動作をとる権利を与えていない。保持船は，第34条第5項の警告信号を行ったのちに，衝突を避けるための動作をとることが許される。

互いに他の船舶の視野の内にある場合，避航を要求される船舶は，できる限り第16条によって要求される回避動作を早期にとる。

視界制限状態の場合，第19条第4項に従って，針路，速力またはその両方の変更を行う。

第8条第1項は，すべての船舶に，いかなる視界の状態においても規定している原則となっているので，一番早期にとるべき動作である。第16条は，互いに他の船舶の視界内にある場合において避航船となった場合の動作，第19条第4項は，視界制限状態における動作である。

問35 海上衝突予防法第8条第1項の「船舶の運用上の適切な慣行」とは何か。また，第39条の「船員の常務」との違いは何か。

答 「船舶の運用上の適切な慣行」とは，長年の船舶の運航経験によって得られた，そのときの状況に最も適した運用方法として船員の間で慣行となったものをいう。そのときどきの置かれている状況において，船舶がどのような行動をとることが最も望ましいかという個々の事例が長い間積み重なって経験則として確立してきたものである。

「船員の常務」とは，いわば「船員の常識」すなわち「通常の船員ならば当然知っているはずの知識，経験，慣行」というような意味である。「船舶の運用上の慣行」（第8条第1項）と似ているが，その範囲が「運用」に限られていない。第39条で要求されている「船員の常務」は極めて広範囲なものであるが，その内容はそれぞれの状況に応じて常識的，客観的に判断される。

問36 海上衝突予防法第8条第1項の「十分に余裕のある時期」について述べよ。

答 さまざまな状況により決定される（状況により異なる）が，時間的，距離的に余裕を持つことが要求される。余裕を持つことで，
① 適切な判断が生まれ，避航動作が可能となる
② 相手船の誤解や誤った対応にも修正動作が可能となる
③ さらに，相手船のみならず，第3船への接近や新たな見合い関係の発生が生じないか観察する余裕ができる

問37 海上衝突予防法第8条第4項の「安全な距離」について述べよ。

答 船舶の大小，他船の動静，視界の状況，海潮流の状況，水域の広狭等により異なり，一概に決定することはできないが，少なくとも，相手船に疑問を抱かせ，不安を与えるような距離であってはならない。また，当然ながら，安全確実に避航できる距離であること。

問 38 海上衝突予防法第8条（衝突を避けるための動作）の第5項の「必要な場合」について述べよ。また，その具体例について述べよ。

答 速力の減少や停止が必要な場合とは，単に危急の場合のみならず，立法趣旨にのっとり，時間的余裕を得るためや衝突回避動作を安全確実に行うことができる水域を確保できない場合である。
① 自船の前方から他船の接近を認めたが，視界が悪かったり，夜間に他船の灯火が弱く，他船の針路が判断しにくい場合
② 視界制限状態にて，自船の正横より前方にある他の船舶と著しく接近することが避けられない場合
③ 視界制限状態にて，霧中信号を自船の正横より前方に聞く場合
④ 船舶が輻輳する海域で，漁船等の灯火が多数存在し，前方の状況が明確につかめない場合
⑤ 避航船に余裕水深がなかったり，障害物の存在により針路の変更が困難な場合
⑥ 針路の変更を行うと，新たに他船（第3船）と衝突のおそれを生じる場合

問 39 海上衝突予防法第9条（狭い水道等）において，漁ろう船で閉そくされている場合，動力船と漁ろう船はそれぞれどのような動作をとらなければならないか。

答 航行中の船舶は，狭い水道または航路筋において漁ろうに従事している船舶を避航しなければならない。そのときの状況に応じて，特に十分な注意を払い，衝突のおそれに対して措置（第38条（切迫した危険のある特殊な状況），第39条（注意を怠ることについての責任））をとる。
　漁ろうに従事している船舶は，そのときの状況により必要な場合には，早期に，狭い水道等の内側を航行している他の船舶が安全に通航できる十分な水域を空けるための動作をとらなければならない。漁ろうに従事している船舶は，同船と衝突のおそれが生じるほど接近した場合であっても，引き続き十分な水域を空けるための動作をとらなければならない。

問40 海上衝突予防法第9条（狭い水道等）における，右側端航行について述べよ。

答 第9条第1項：狭い水道または航路筋をこれに沿って航行する船舶は，安全であり，かつ，実行に適する限り，狭い水道等の右側端に寄って航行しなければならない。

　狭い水道または航路筋をこれに沿って航行する船舶は，動力船だけでなくすべて，安全であり，かつ実行に適する限り，視野の良否にかかわらず，また他の船舶の有無にかかわらず，狭い水道等の右側端に寄って航行しなければならない。

　原則として右側端に寄って航行しなければならないが，右側に寄ることが安全でない場合，または実行に適さない場合は，左側に寄って航行しても違法とされない。

問41 海上衝突予防法第9条（狭い水道等）の「等」とは，何を意味するか述べよ。また，「狭い水道」，「航路筋」とは何か。

答　海上衝突予防法では，航路筋と狭い水道を総称して，「狭い水道等」と呼んでいる。

　「狭い水道」とは，陸岸により水域の幅が狭められている水道であって，船舶交通の輻輳により複雑な航法関係が生じたりするため，行会い船の航法や各種船舶間の航法などの2船間の航法規定だけでなく，特別な航法の規定を設けることが必要なほど幅の狭い水道をいう。具体的には，陸岸により2～3海里程度の幅に狭められている水域をいうが，固定的なものではなく，船舶の大型化，深喫水化に伴い，その幅は時代により変遷する。日本においては，明石海峡（約2海里）は狭い水道にあたるという判例があり，外国の判例でも2海里は狭い水道にあたり，4海里はあたらないとされたものがある。

　「航路筋」とは，船舶が集中し，1つの慣習的な流れができ，海上を利用する漁業者，船員の常識として「航路筋」と考えられるようになった水域であって，海底地形，人工工作物等により，その側方の限界が漁業者，船員の常識により客観的に判断できるような水域をいう。

問42 海上衝突予防法第9条（狭い水道等）において，狭い水道における禁止事項について述べよ。

答 第9条第9項：船舶は，狭い水道において，やむを得ない場合を除き，錨泊をしてはならない。

問43 海上衝突予防法第9条（狭い水道等）において，漁ろうに従事する船舶と他の船舶との航法について述べよ。

答 第9条第3項　航行中の船舶は，狭い水道等において漁ろうに従事している船舶の進路を避けなければならない。ただし，この規定は，漁ろうに従事している船舶が狭い水道等の内側を航行している他の船舶の通航を妨げることができることとするものではない。

　航行中の船舶（漁ろうに従事している船舶を除く）は，狭い水道等において，漁ろうに従事している船舶の進路を避けなければならないが，一方，漁ろうに従事している船舶は，狭い水道等では，その内側を航行している他の船舶の通航を妨げてはならないという意味で，航法上の保持船と避航船の同類対等の航法規定ではなく，漁ろう船はこのような場合，常に通航を妨害してはならないという意味である。

問44 海上衝突予防法第9条（狭い水道等）において，行う信号について述べよ。

答 第34条（音響信号及び発光信号）第4項，第5項に規定されている追越し信号及び同意信号，警告信号
　狭い水道等において，追い越される船舶の協力動作がなければ追い越すことができない場合の信号
① 他船の右舷側を追い越そうとする場合：長長短
② 他船の左舷側を追い越そうとする場合：長長短短
③ 追い越される船舶が同意した場合：長短長短
④ 追越しが安全でない場合：短5回以上

第34条（音響信号及び発光信号）第6項に規定されているわん曲部信号及び応答信号
① わん曲部信号（障害物があるため他の船舶を見ることができない狭い水道等のわん曲部その他の水域に接近する場合）：長1回
② 応答信号（わん曲部の付近または障害物の背後においてわん曲部信号を聞いた場合）：長1回

問45 海上衝突予防法第9条（狭い水道等）に関する規定のうち，あらゆる視界の状況において，または他の船舶との関係なしに適用される規定について述べよ。

答
- 安全であり，かつ，実行に適する限り狭い水道等の右側端を航行しなければならない。
- わん曲部等に接近する場合，十分に注意して航行しなければならない。
- やむを得ない場合を除き，錨泊をしてはならない。

問46 海上衝突予防法第9条（狭い水道等）における規定のうち，互いに他の船舶の視野の内にある船舶について適用される規定について述べよ。

答
- 航行中の動力船と帆船の航法
- 航行中の船舶と漁ろうに従事している船舶との航法
- 狭い水道等における追越しの航法
- 狭い水道等における横切りの制限
- 狭い水道等における長さ20m未満の動力船の航法

問47 海上衝突予防法第9条第3項の「進路を避けなければならない」と，「通航を妨げることができることとするものではない」の相違について述べよ。

答
- 「進路を避けなければならない」とは，2船が接近し衝突するおそれがある場合，保持船が針路，速力を変更しないで安全に航行できるように，避航船が針路または速力，あるいはその両方を変更して，保持

船の進路方向の水域を空けることで避ける動作をいう。
- 「通航を妨げることができることとするものではない」とは，「通航を妨げてはならない」と同義で，保持船が避航船の進路を完全に塞いで通航を不可能な状態にしてはならないとするもので，2船が接近して衝突のおそれがある場合，保持船が，避航船が進もうとする水域のみならず，保持船を避けて進もうとする水域までも閉塞してしまい，避航船の通航を不可能にすることをいう。避航船にとって，進路方向に一定の通航可能な部分を空けておけば，通航を妨げることにはならない。
- 狭い水道等における航行中の船舶と漁ろう船の関係においては，航行中の船舶が避航船としての義務を負うが，そのような避航船と保持船の関係の特殊な状況として，保持船が通航を妨げる状況を発生させた場合，保持船である漁ろう船にも，避航船が航行できる水域を空ける義務が生じる。

問 48 海上衝突予防法第9条第1項から第9項のうち，視界制限状態に適用されないもの，および適用されない理由について述べよ。

答 ＜視界制限状態に適用されないもの＞
- 第9条第2項：航行中の動力船と帆船の関係
- 第9条第3項：航行中の船舶と漁ろう船の関係
- 第9条第4項：追越し船の信号と同意信号
- 第9条第5項：横切りの制限
- 第9条第6項：長さ20m未満の動力船への制限

＜理由＞
- 第9条第7項に「第2項から第6項までの規定は，互いに他の船舶の視野の内にある船舶について適用する」と明記されている。
- 視認できない状況では，義務の履行は不可能である。

問 49 海上衝突予防法第9条8項の「その他の水域」について述べよ。

答 航路筋，側方であるが，側方に存在する島の陰になって他の船舶を見ることができないような水域，また，港湾内の水路であって，建造物や停泊

船等の陰になっている水域のことをいう。

問 50 海上衝突予防法第9条第8項の「十分に注意して航行」について述べよ。

答 出会い頭に衝突しないように，
① 右側端航行を励行する
② 視覚，聴覚により見張りを厳重に行い，わん曲部背後の他船によるわん曲部信号に注意する
③ わん曲部信号の励行および他船に対する応答信号の励行
④ 潮流や風の吹き出し等に注意し，地形に沿うように転針する
・安全な速力で航行する
・わん曲部では追越しを控える
・機関および錨の使用ができるように準備する
・狭水道通航部署（入出港部署）を令し，人員を配置する

問 51 「狭い水道等の内側」とは，どのような場所か。

答 狭い水道等の中で，相当大型な船舶が航行できる水深の深い部分をいう。

問 52 狭い水道等の内側でなければ安全に航行することができない船舶とは，具体的にどのような船舶か。

答 狭い水道等の外側の水深が浅いため，内側の水深の深い水域しか航行できない大型船および喫水の深い船舶。

問 53 分離通航方式における分離通航帯を航行する場合，どのような航法規定により航行しなければならないか。

答 ・通航路を，これについて定められた船舶の進行方向に航行すること。
・分離線または分離帯からできる限り離れて航行すること。
・できる限り通航路の出入口から出入りすること。ただし，通航路の側

方から出入りする場合は，その通航路について定められた船舶の進行方向に対し，できる限り小さい角度で出入りしなければならない。

問 54 分離通航方式に関する規定のうち，互いに他の船舶の視野の内にある船舶に適用される規定について述べよ。

答
- 通航路における動力船と帆船の航法
- 通航路における漁ろうに従事している船舶と他の船舶との航法
- 長さ 20m 未満の動力船の航法

問 55 分離通航方式の沿岸通航帯に関する規定について述べよ。

答 長さ 20m 未満の動力船および帆船以外の船舶は，沿岸通航帯に隣接した分離通航帯の通航路を安全に通過することができる場合は，やむを得ない場合を除き，沿岸通航帯を航行してはならない。

問 56 互いに他の船舶の視野の内にある場合にのみ適用される航法規定について述べよ。

答
- 第 12 条：帆船
- 第 13 条：追越し船
- 第 14 条：行会い船
- 第 15 条：横切り船
- 第 16 条：避航船
- 第 17 条：保持船
- 第 18 条：各種船舶間の航法

問 57 海上衝突予防法第 12 条から第 18 条までの航法が「互いに他の船舶の視野の内にある船舶」に限定される理由について述べよ。

答 避航義務，保持義務を履行することは，自船以外の船舶の船種や動向を把握していることを前提とした行為であり，2 隻の船舶が互いに相手を視

認している状態においてのみ行える動作であるから。

問 58 海上衝突予防法には左転を禁止する規定があるが，視界制限状態におけるものはどのような規定か。

答 他の船舶をレーダーのみにより探知している状態で，回避動作をとる場合に，当該他の船舶が自船に追い越されるものである場合を除き，自船の正横よりも前方にある場合には，針路を左に転じてはならないという規定。

問 59 海上衝突予防法には左転を禁止する規定があるが，互いに他の船舶の視野の内にある場合におけるものはどのような規定か。

答 保持船に関する規定（第17条第2項）により，保持船が任意の回避動作をとる場合において，横切り船の航法が適用されるときは，やむを得ない場合を除き，針路を左に転じてはならないという規定。

問 60 海上衝突予防法第13条の「追越し船はこの法律の他の規定にかかわらず…」の意味および理由について述べよ。

答 第13条は，船舶の種類に関係なく適用される。
① 第9条第2項（狭い水道等における動力船と帆船）
② 第10条第6項，第7項（分離帯における動力船と帆船，航行中の船舶と漁ろう船）
③ 第12条第1項（帆船）
④ 第18条第1～3項（運転不自由船，操縦性能制限船，漁ろう船，帆船との関係）
　上記①～④の適用を受けて進路を避けてもらえる船舶であっても，これらの船舶が追越し船となる場合は，追い越される船舶の進路を避けなければならない。
＜理由＞
① 追越し船の速力が速い
② 追越し船の方が追い越される船舶を早期に視認することが常である

③ 追越し船の方が追い越される船舶の動向を容易に監視できる
④ 追越しという積極的な行動をとることができるということは，追い越される船舶の進路を避けることも可能と考えられる

問 61 海上衝突予防法第13条の「この法律の他の規定にかかわらず」について述べよ。

答 海上衝突予防法の他の規定にかかわらず，本条が最優先で適用されるということを明らかにしたものである。すなわち，一般の場合なら他の規定によって進路を避けてもらえる船舶であっても，自船が追越し船の場合には，本規定により追い越される船舶の進路を常に避けなければならないということ。

問 62 海上衝突予防法第13条の「確実に追い越し，かつ，その船舶から十分に遠ざかるまで」について述べよ。

答
① 他の船舶を追い越し，追い越される船舶が何らかの事情によって進路を変更した場合においても，衝突の危険が再び生じることがないように十分に離れるまでという意味である。
② 具体的な距離は，相手船，周囲の状況，水域の広狭，気象・海象等により異なるが，一般的には，自船の長さをLとすれば，4L程度の距離を保ち，追い越し，これ以上の距離を保ちつつ原針路に戻し，相手船から遠ざかることを確認することが求められる。

問 63 追越し船は，「この法律の他の規定にかかわらず，追い越される船舶の進路を避けなければならない」とあるが，この法律の他の規定とはどのようなものか述べよ。

答
① 第9条第2項：狭い水道等において動力船を追い越す帆船
② 第9条第3項：狭い水道等において他の船舶を追い越す漁ろう船
③ 第10条第6項：分離通航帯内にて動力船を追い越す帆船
④ 第10条第7項：分離通航帯内にて他の船舶を追い越す漁ろう船

⑤ 第18条第1項：動力船を追い越す，運転不自由船，操縦性能制限船，漁ろう船，帆船
⑥ 第18条第2項：帆船を追い越す運転不自由船，操縦性能制限船，漁ろう船
⑦ 第18条第3項：漁ろう船を追い越す運転不自由船，操縦性能制限船
⑧ 第12条第1項2号：2隻の帆船間において風を受ける舷が同じ場合に，風上の帆船を追い越す風下の帆船

問64 漁ろうに従事している船舶が，他の動力船を追い越す場合，どちらが避航船となるか。

答 追越し船の航法（第13条第1項）には，この法律の他の規定にかかわらず，追い越す場合は追越し船が避航しなければならないと規定されている。したがって，漁ろうに従事している船舶と動力船との航法（第18条第1項）よりも追越し船の航法が優先することとなり，追い越す船舶である漁ろうに従事している船舶が避航船となる。

問65 追越しの状況か横切りの状況か判断できない場合，どのように判断しなければならないか。

答 追越しの状況であると判断しなければならない。

問66 「自船が追越し船であるかどうか確かめることができない場合」，なぜ追越し船と判断しなければならないか。

答 ① このような場合に，自船が横切り船か追越し船かの判断を操船者に委ねると，2船間の見合い関係とそれに基づく適用航法が不安定になり，衝突の危険性が増大する。また，避航動作をとる時期が遅れることになる。
② したがって，確かめることができない場合は，一律に追越し船であると判断させ，必要な避航動作を取らせることとし，判断ミスや遅れ

による衝突の危険を前もって防止するため。

問 67 「自船が追越し船であるかどうかを確かめることができない場合」とは，どのような場合か。

答 船舶が前方の他船に接近する場合に，その正横後 22 度 30 分を超える位置にいるかどうか，またはその船舶のいずれかの舷灯も見ることができない位置にいるかどうか，自船の船首の振れ，相手船の針路の振れ，その舷灯の見え隠れにより，明確に判断できない場合。

問 68 追越し船は，夜間において，灯火の構造上，特にどのような注意が必要か。

答 正横後 22 度 30 分の位置は，舷灯，マスト灯の見えない位置であるので，夜間において追越し船は，舷灯もマスト灯も見えないはずであるが，それぞれの灯火はその構造上，正横後 22 度 30 分を超えてさらに，マスト灯は 5 度，舷灯は 3 度，射光することが許されるので，正横後 22 度 30 分を超える後方にあっても，舷灯またはマスト灯を見ることができる場合があることに注意する。

問 69 海上衝突予防法第 15 条（行会い船）の航法が他の航法規定と違う点について述べよ。

答 ・「一船に避航を，他船に保持を」の原則と違い，両船に避航を命じていること
・避航動作を具体的に右転と規定していること

問 70 海上衝突予防法第 14 条の規定が，本法の他の航法規定と本質的に異なる点について述べよ。

答 ① 両船に平等に避航義務を課している。
他の航法では，2 船間に衝突のおそれがある場合，いずれかの 1 船

に対して避航義務を課し，他の船に保持義務を課しているが，第14条では，両船に対し避航義務を課している。
② とるべき避航動作を具体的に規定している。
  他の航法では，規定に従い適切な動作をとることが要求されているが，第14条では，互いに右転し，左舷対左舷で航過するように，具体的に指示されている。

問71 「ほとんど真向い」の限界付近では，「横切り」か，または「行合い」かの判断が困難な場合がある。このような場合，衝突の危険を避けるため，どのようなことに注意すべきか。

答 ① どの見合い関係にあるか判断するため，他船の舷灯，昼間にあっては，マストの見え具合，相手船の動作に注意し，方位変化を慎重に確認すること。また，相手船が自船をどのように判断しているかも考慮すべきである。特に海上が荒れている場合，船首の振れが大きいときは，相手も判断に迷っていることを念頭におくこと。
② いずれの見合い関係と判断しても，転針，機関の使用は，十分余裕のある時期に行い，明確かつためらわずに動作すること。
③ 「ほとんど真向かいに行き合う状況」にあるかどうかを確かめることができないときは，「ほとんど真向かいに行き合う状況」にあると判断すること。
④ 第14条の行合いと判断したときには，早めに大きく右転し，相手船に自船の意思を明確に示し，短音1回の操船信号を吹鳴すること。
  上記の判断および動作を行った後，相手船が自船の判断と異なる動作をとっていないか慎重に見極める。

問72 反航する2隻の動力船が，互いに他船を正船首方向に見ているが，風潮流の影響で，実航針路（対地針路）は互いに横切り態勢となっていて，他船の方位が変わらないで接近するとする。この場合の適用航法について述べよ。

答 航法上の見合い関係は，見かけの見合い関係に基づく。海上衝突予防法第14条の行き合い船の航法が適用される。

問 73　行会いの状況にあるかどうか確かめることができない場合，どのように判断しなければならないか．

答　行会いの状況にあると判断しなければならない．

問 74　行会い船の航法が適用されるのは，どのような場合か．

答　2隻の動力船が，真向かいまたはほとんど真向かいに行き会う場合において衝突のおそれがあるとき．

問 75　行会い船の航法が適用される，真向かいまたはほとんど真向かいに行き会う状態とは，どのような状態か．

答　他の動力船を船首方向またはほとんど真向かいに見る場合において，夜間にあっては，マスト灯2個を垂直線上もしくはほとんど垂直線上に見るとき，または両舷灯を見るとき．昼間にあっては，これに相当する状態．

問 76　海上衝突予防法第15条（横切り船の航法）が適用される場合の条件について述べよ．

答　① 互いに他の船舶の視野の内にあること．
　　② 2隻がともに動力船であること．ただし，動力船である漁ろう船，運転不自由船，操縦性能制限船を除く．
　　③ 互いに進路を横切り，衝突するおそれがあること．
　　④ 行合いおよび追越し関係にないこと．
　　⑤ 他の優先する航法規定の適用がないこと．

問 77　横切り船の航法で，やむを得ない場合を除いて，してはならないと定められている制限について述べよ．

答　保持船の船首方向を横切る動作

> **問 78** 2隻の一般動力船が互いに針路を横切る場合において，衝突するおそれがあるとき，他の動力船の進路を避けなければならない動力船が，当該他の動力船の船首方向を横切ることが許される「やむを得ない場合」とは，どのような場合か。また，やむを得ない場合を除いて，船首方向を横切ってはならないと規定されている理由について述べよ。

答　＜船首方向の横切りが許される「やむを得ない場合」＞
① 衝突を回避する手段として，船首方向の横切り以外に手段のない場合。
② 自船の速力に相当の余裕があり，かつ，他の動力船の後方に多数の船舶が存在し，船尾方向を横切ることにより，他の第3船と新たな衝突のおそれを生じるような場合。

＜理由＞
① 船首方向を横切るには，速力を相当に増大するか，または相手船と相当の速力差がなければ，衝突のおそれを解消することは困難であるから。
② 通常，船舶は，短時間に速力を増大させることは能力的に困難であり，また，速力を増大させることは，万一衝突した場合，被害を大きくし，好ましくないから。

> **問 79** 横切りの状況にあるかどうか確かめることができないのは，どのような場合か。また，その場合，どのように判断しなければならないか。

答　① 横切りの状況か追越しの状況か確かめることができない場合
② 横切りの状況か行会いの状況か確かめることができない場合
①の場合は，追越しの状況にあると判断しなければならない。②の場合は，行会いの状況にあると判断しなければならない。

> **問 80** 海上衝突予防法第16条（避航船）の規定の「この法律の規定により他の船舶の進路を避けなければならない船舶」とは，どのような船舶か述べよ。

答 ① 航行中の動力船（漁ろう船を除く）は，狭い水道において帆船の進路を避ける（第9条第2項）
② 航行中の船舶（漁ろう船を除く）は，狭い水道において漁ろう船の進路を避ける（第9条第3項）
③ 航行中の動力船は，分離通航方式による通航路において帆船の進路を避ける（第10条第6項）
④ 左舷に風を受ける帆船は，右舷に風を受ける帆船の進路を避ける（第12条第1項1号）
⑤ 風上の帆船は，風下の帆船の進路を避ける（第12条第1項2号）
⑥ 左舷に風を受ける帆船で，風上の帆船の風を受ける舷が左右のどちらかが確認できないときは，当該風上の帆船の進路を避ける（第12条第1項3号）
⑦ 航行中の船舶は，分離通航方式による通航路において，漁ろう船の進路を避けなければならない（第10条第7項）
⑧ 追越し船は，追い越される船舶の進路を避ける（第13条）
⑨ 動力船が横切りの態勢で衝突するおそれがあるときは，他の動力船の進路を避ける（第15条第1項）
⑩ 航行中の動力船は，運転不自由船，操縦性能制限船，漁ろうに従事している船舶，帆船の進路を避ける（第18条第1項）
⑪ 航行中の帆船は，運転不自由船，操縦性能制限船，漁ろうに従事している船舶の進路を避ける（第18条第2項）
⑫ 航行中の漁ろうに従事している船舶は，できる限り，運転不自由船，操縦性能制限船の進路を避ける（第18条第3項）
⑬ 注意義務の履行として他の船舶を避航すべき船舶（第38条，第39条）
⑭ 港則法，海上交通安全法の定めにより，他の船舶を避航しなければならない船舶（第40条，第41条）

問 81 海上衝突予防法第16条（避航船）と第8条（衝突を避けるための動作）との関係について述べよ。

答 避航義務を課された船舶は避航動作を早期にかつ大幅に行うことが重要であることから，第8条で規定された詳細項目を，第16条でも再度，避

航船の義務として明記したもの。

問82 海上衝突予防法第16条（避航船）の航法において，「できる限り早期に，かつ，大幅に動作をとらなければならない」とされている趣旨について述べよ。

答
① 2隻の船舶の間の衝突を避けるために，1船に対し針路・速力保持義務を課し，他の1船には避航義務を課しているが，避航船においては，どのような避航動作をとろうとも，避航船がとりつつある動作に関し，保持船に対して不安や疑問を生じさせるものであってはならない。
② 避航にはさまざまな方法があるが，いずれの方法を用いても，保持船に対し誤解や疑問を与えないためには，できる限り早期に，また，大幅な動作をとらなければならない。
③ さらには，海上には常に不測の事態が伴うので，十分に余裕のある時期に，ためらわずに大幅に避航動作を行うことで，衝突のおそれを安全に回避し，不測の事態にも対応できるようにする。
④ 不測の事態に際しても回避できる余裕を有するため。

問83 「保持船」とは，どのような船舶か。

答 海上衝予防法の規定により，2隻の船舶のうち，1隻の船舶が他の船舶の進路を避けなければならないとされた場合における，針路および速力を保たなければならない当該他の船舶

問84 海上衝突予防法第17条（保持船）の保持義務解除について述べよ。

答 避航船が，本法の規定に基づく適切な動作（第8条（衝突を避けるための動作），第16条（避航船））をとっていないことが明らかになった場合。

問 85　海上衝突予防法第17条（保持船）の「最善の協力動作」について述べよ。また，立法趣旨について述べよ。

答　避航船と間近に接近したため，避航船の動作のみでは衝突を避けることができないと認めたとき，保持船は，衝突を避けるために避航船に協力して，可能なあらゆる措置をとらなければならない。その協力動作は，そのときの状況に応じて，乗組員の合理的な判断によって臨機応変に決定されるべきもので，機関の停止，機関を後進にかけること，投錨等の動作がある。

問 86　海上衝突予防法第17条（保持船）の航法規定のうち，任意の動作について述べよ。

答　避航船が動作をとらないことが明らかになった場合，保持船は任意の動作をとる。ただし，横切り関係では，やむを得ない場合を除き，左転は禁止。

問 87　海上衝突予防法第17条（保持船）において，なぜ左転してはならないと規定されているか。また，その理由について述べよ。

答　<第17条第2項>
　これらの船舶について，第15条第1項の規定の適用があるときは，保持船は，やむを得ない場合を除き，針路を左に転じてはならない。
<理由>
　保持船は，避航船が適切な避航動作をとっていないことが明らかになった場合は，ただちに衝突を避けるための動作をとることができるが，この規定の趣旨は，2船間に横切りの関係があるとき，横切り関係にある船舶の位置関係および避航動作の内容からみて，保持船が左転することは新たな危険を生じさせるおそれがあり，原則的にそれを防止するため。
　すなわち，船舶の横切り関係における避航船の避航方法は，具体的には明示されていないので，船首方向の横切りの禁止規定に反しない限り

自由であるが，そのときの状況に最も適切な避航方法をとらなければならない。この場合，避航船は，保持船の船首方向を通過するという最も危険な方法を避け，保持船の船尾側を通過するため右転するのが通常である。右転して船尾を航過することが危険な場合は，左転して回頭すること（減速と同じ効果）があるが，左転は，保持船に接近することとなるので，十分に余裕のある時期に誤解を与えないように行うか，注意を喚起して行う。また，右転も左転も危険な場合は，速力の減少または停止をして保持船の航過を待つのが適当な運用方法である。

避航船は一般的に右転して避航するのが適当な運用方法で，避航時期が遅れたとしても，最終的には右転して避航しようとすることが十分考えられる。これに加えて，保持船が左転することにより避航船を避けようとすることは，衝突の危険を増大させることとなる。このため，原則として保持船の左転を禁止している。

問 88 漁ろうに従事している船舶と一般動力船が横切りの関係になった場合，一般動力船は漁ろうに従事している船舶の船首方向を横切ってもよいか。この場合，横切りの航法（海上衝突予防法第15条）を適用しないのはなぜか。

答 よい。
＜理由＞
　保持船の船首方向の横切りを禁止しているのは，横切り船の航法が適用される動力船と動力船の間だけであり，この状況は各種船舶間の航法規定（第18条第1項）が適用されるので，この動力船が保持船の船首方向を横切ることは禁止されない。

問 89 海上衝突予防法第18条（各種船舶間の航法）では，航法の原則から見た各種船舶間の避航関係が定められているが，その原則について述べよ。

答 本法では，種類の異なる船舶間では，操縦性能の優れている方の船舶が，操縦性能の劣っている方の船舶の進路を避けるという原則がある。

問90　運転不自由船と操縦性能制限船の航法について述べよ。

答　その状況により，操縦性能が劣っている方の船舶の進路を避ける。また，状況に応じて，互いに十分な注意を払い，衝突のおそれに対して措置（海上衝突予防法第38条（切迫した危険のある特殊な状況），第39条（注意を怠ることについての責任））をとる。

問91　海上衝突予防法第18条（各種船舶間の航法）において，漁ろうに従事している船舶と喫水制限船の航法について述べよ。

答　＜第18条第4項＞
　船舶（運転不自由船および操縦性能制限船を除く）は，やむを得ない場合を除き，第28条の規定による灯火または形象物を表示している喫水制限船の安全な通航を妨げてはならない。

　よって，やむを得ない場合を除き，漁ろうに従事している船舶は，喫水制限船の安全な通航を妨げないようにしなければならない。

問92　左前方に曳船らしきものを双眼鏡で視認し，遠方でその状態はよくわからない場合，どうするか。相手船の想定されるすべての状態を説明せよ。また，どのような場合，保持・避航の関係が変わるか。また，そのときの相手船の要件等について述べよ。

答　衝突のおそれがあるかどうかを判断するため，コンパス方位の系統的観測を実施する。相手船が進路から離れることを著しく制限する曳航作業に従事している場合（海上衝突予防法第27条第3項），操縦性能制限船となるので，第18条（各種間の航法）により，曳航船が保持船，自船が避航船となる。相手船が通常の曳航作業に従事している場合は，自船が保持船，曳航船が避航船となる。

1 海上衝突予防法

問 93 各種船舶間の航法において，航行中の動力船が避けなければならない船舶について述べよ。

答 帆船，漁ろうに従事している船舶，操縦性能制限船，運転不自由船

問 94 漁ろうに従事している船舶が避航船になる場合について述べよ。

答 互いに他の船舶の視野の内にある場合で，
① できる限り他の船舶（運転不自由船，操縦性能制限船）の進路を避けなければならない場合
② やむを得ない場合を除き，喫水制限船の安全な通航を妨げないようにしなければならない場合

問 95 漁ろうに従事している船舶同士が行き会う場合の航法について述べよ。

答 そのときの状況に応じて十分な注意を払い，衝突のおそれに対して措置（海上衝突予防法第38条（切迫した危険のある特殊な状況），第39条（注意を怠ることについての責任））をとる。

問 96 海上衝突予防法第18条（各種船舶間の航法）と第9条（狭い水道等）と第10条（分離通航方式）の関係，また，第18条と第13条（追越し船）の関係について述べよ。

答 ＜第18条と第9条と第10条の関係＞
　第18条の規定が一般的な航法であり，第9条と第10条は特別な水域における航法である。ただし，操縦性能の優れる船舶が操縦性能の劣る船舶を避航するという航法の基本原則は共通している。
＜第18条と第13条の関係＞
　追い越すという積極的な行動をとる以上，針路・速力の変更は困難ではないとみなされるため，第13条の規定が第18条の規定に優先して

適用される。

問97 海上衝突予防法第19条の規定について述べよ。

答 第1項：視界制限状態に適用される航法
第2項：機関用意
第3項：あらゆる視界の状態における船舶の航法（第1節）の規定による措置を講ずる場合の注意
第4項：レーダーのみにより他船を探知した船舶の航法
第5項：レーダーのみにより他船を探知した船舶が針路の変更で動作をとる場合の制限
第6項：霧中信号を聞いた場合等の最小舵効速力・停止・注意航行

問98 視界制限状態において，他船の霧中信号長音1回を前方に聞いた場合，どのように対応するか述べよ。

答 すべての船舶は，視界制限状態において，他の船舶と衝突するおそれがないと判断した場合を除き，霧中信号を自船の正横より前方に聞いた場合，または自船の正横より前方にある他の船舶と著しく接近することを避けることができない場合，
・速力を，針路を保つことができる最小限に減じる
・必要に応じて停止する
・衝突の危険がなくなるまでは十分に注意して航行する

問99 必要な場合，機関を後進にかけることにより停止（海上衝突予防法第8条）と必要に応じて停止（同法第19条）の違いについて述べよ。

答 第8条の必要な場合とは，危急の場合だけの意ではなく，周囲の状況を判断するための時間的余裕を得るためや衝突回避を安全確実に行うための「必要な場合」であり，積極的に機関を使用することであり，「停止する」とは，行き脚を完全に止めることである。
　第19条の必要に応じて停止の場合，まず最小舵効速力に減ずることで，

すぐに停止することを要求されない。しかし，他船と接近したら必要に応じて機関を後進にかけてただちに停止，すなわち行き脚を完全に止めなければならない。

問100 海上衝突予防法第19条（視界制限状態における航法）における視界制限状態で，レーダーで他船を見つけた場合にとるべき動作等について述べよ。

答
- 探知した他船に著しく接近することになるかどうか，または衝突するおそれがあるかどうか判断しなければならない。
- 著しく接近する，または衝突するおそれがあると判断したときは，十分に余裕のある時期に，これらの事態を避けるための動作をとらなければならない。
- 他の船舶が自船の正横より前方にある場合に左転してはならない。ただし，他の船舶が自船に追い越される船舶である場合を除く。
- 自船の正横または正横より後方にある他の船舶の方向に針路を転じてはならない。

問101 霧堤の中に入ってはないがその付近にいる場合，視界制限状態における航法規定（海上衝突予防法第19条）は適用されるか。

答 適用される。

問102 視界制限状態において，行ってはならない音響信号について述べよ。

答 操船信号，追越し信号，警告信号

問103 海上衝突予防法の変針を制限する規定には，視界の内にある場合と視界制限状態ではどのようなものがあるか。

答 ＜視界の内にある場合＞
避航船が適切な動作をとっていないことが明らかとなり，保持船が任

意に避航動作をとるとき，横切り船の航法規定が適用される場合は，やむを得ない場合を除き左転してはならない。
＜視界制限状態の場合＞
　他の船舶の存在をレーダーのみにより探知し，避航動作をとる場合について，やむを得ない場合を除き，以下の規定が定められている。
・他の船舶が自船の正横より前方にある場合，左転してはならない。ただし，他の船舶が自船に追い越される船舶である場合を除く。
・他の船舶が自船の正横または正横より後方にある場合は，他の船舶の存在する方向に針路を転じてはならない。

問 104　船舶において，どのような灯火を表示してはならないか。

答　＜海上衝突予防法第20条第1項1～3号＞
・法定灯火と誤認されることとなる灯火
・法定灯火の視認またはその特性の識別を妨げることとなる灯火
・見張りを妨げることとなる灯火

問 105　トロールによる漁ろうに従事している船舶の灯火，形象物について述べよ。

答　＜海上衝突予防法第26条第1項＞
・緑色および白色の全周灯を各1個連掲，黒色鼓形形象物1個
・対水速力がある場合は舷灯1対，船尾灯1個

問 106　トロール以外の漁ろうに従事している船舶の灯火，形象物について述べよ。

答　＜海上衝突予防法第26条第2項＞
・紅色および白色の全周灯を各1個連掲，黒色鼓形形象物1個
・白色全周灯1個，黒色円錐形形象物（150m以上の漁具を出している場合，漁具を出している方向に掲示）
・対水速力がある場合は，舷灯1対，船尾灯1個

問 107 運転不自由船の灯火，形象物について述べよ。

答 ＜海上衝突予防法第 27 条第 1 項＞
　　最も見えやすい場所に紅色の全周灯 2 個または黒色球形の形象物 2 個を垂直線上に表示
　　対水速力がある場合は舷灯 1 対と船尾灯

問 108 喫水制限船の灯火，形象物について述べよ。

答 ＜海上衝突予防法第 28 条＞
　　最も見えやすい場所に，紅色の全周灯 3 個または黒色円筒形の形象物 1 個を垂直線上に表示

問 109 長さ 120m の錨泊している船舶の灯火について述べよ。

答
・白色全周灯を前部に 1 個
・白色全周灯を船尾近くの前部のものより低い所に 1 個
・甲板を照明する作業灯

問 110 航路付近での工事にあたる船舶の灯火，形象物について述べよ。

答 ＜海上衝突予防法第 27 条第 2 項＞
・紅色，白色，紅色の全周灯を各 1 個連掲，黒色球形，黒色菱形，黒色球形を連掲
・通航妨害のおそれのある側の舷に，紅色の全周灯 2 個連掲，黒色球形 2 個連掲
・通航できる側の舷に，緑色の全周灯 2 個連掲，黒色菱形 2 個連掲
・対水速力がある場合は，舷灯 1 対，船尾灯 1 個

問 111 引き船の灯火，形象物について述べよ。

答 ＜海上衝突予防法第24条＞
- 白色マスト灯3個連掲（全長が200m以下の場合，2個），黄色引き船灯1個，曳航されている船舶は舷灯1対，船尾灯1個
- 黒色円錐形形象物1個，曳航されている船舶もそれぞれ黒色円錐形形象物1個
- 対水速力がある場合は，舷灯1対，船尾灯1個

問 112 トロールにより漁ろうに従事している船舶が，他の漁ろうに従事している船舶に著しく接近している状況において，追加表示できる灯火について述べよ。

答 投網中：白色全周灯2個連掲
揚網中：上から白・紅の全周灯連掲
網が障害物に絡みついた場合：紅色全周灯2個連掲

問 113 掃海作業に従事している船舶の，航行中の動力船の灯火以外に表示しなければならない灯火およびその意味について述べよ。

答
- 前部マストの最上部付近とヤードの両端に緑色全周灯を各1個表示
- この船舶から1000m以内の水域が危険範囲であることを示す

問 114 海上衝突予防法で黄色を用いることが定められている灯火について述べよ。

答 引き船灯，エアクッション船の閃光灯，きんちゃく網漁船の閃光灯

問 115 水先業務に従事していることを示す灯火について述べよ。

答 上から白・紅の全周灯

問 116 汽笛による操船信号を行わなければならない場合について述べよ。

答 以下の条件のすべてにあてはまる場合
- 航行中の動力船であること
- 互いに他の船舶の視野の内にあること
- 海上衝突予防法の規定に基づき針路を転じ，または機関を後進にかけている場合であること

問 117 警告信号を行わなければならない場合および信号方法について述べよ。

答 以下の条件にすべてあてはまる場合
- 互いに他の船舶の視野の内にあること
- 他の船舶の意図または動作を理解できない場合，あるいは他の船舶が衝突を避けるために十分な動作をとっていることに疑いがある場合

＜信号方法＞
汽笛による急速な短音5回以上を発する。また，この場合，急速な閃光5回以上の発光信号を併せて行うことができる。

問 118 海上衝突予防法第34条（操船信号および警告信号）第5項の警告信号とは何か。また，その信号は保持船が行うのか。その信号は視界制限状態で行ってもよいか。

答
- 互いに他の船舶の視野の内にある船舶が互いに接近する場合において，船舶は，他の船舶の意図，動作を理解できないとき，または他の船舶が衝突を避けるために十分な動作をとっているかどうか疑いがあるとき，他の船舶に表示するために直ちに行う信号。急速に短音5回以上，急速に閃光を5回以上。
- 保持船のみが行うものではない。
- 視界制限状態では他の船舶の視野の内にないので，疑問信号を行ってはいけない。

問 119 警告信号と注意喚起信号の相違について述べよ。

答 ① ともに注意を喚起するとういう点では，同じ効果を有する。
② 警告信号は，互いに他の船舶の視野の内にある船舶が互いに接近する場合において，他船の意図・動作が理解できないとき，または他船が衝突を避けるために十分な動作をとっていることに疑いがある場合に行う。
③ 注意喚起信号は，②以外のときに行うべき信号（任意）。

問 120 注意喚起信号は，どのようなときに行うか。具体的に述べよ。

答 ① 停泊中に他船が接近し，自船の存在を知っているかどうか疑わしいとき
② 自船が投錨，揚錨，用錨回頭中で，操船が自由でないとき
③ 危険水域に接近しつつある他船へ注意を促すとき
④ 灯火を忘れている他船へ注意を促すとき

問 121 注意喚起信号を行う方法について，具体的に述べよ。

答 ① 信号灯によるモールス発光信号，作業灯の点滅の繰り返し等により行う
② 汽笛，号鐘，号笛，ドラム缶・鉄パイプ・舷縁を叩くことによる音響信号を行う
③ 探照灯の照射（危険水域を照射する）

問 122 注意喚起信号を行う場合の注意事項について述べよ。

答 海上衝突予防法に規定する他の信号と誤認されるものであってはならない。

問 123 海上衝突予防法第36条（注意喚起信号）について述べよ。また，視界制限状態で行ってよいか。

答 すべての船舶が，他の船舶の注意を喚起する必要があると認める場合に行う信号。信号方法は，海上衝突予防法に規定する他の信号と誤認されることのない発光信号または音響信号を行うか，他の船舶を眩惑させない方法により危険が存する方向に探照灯を照射する。

見合い関係，航行中，視界の状態を問わないので，視界制限状態で行ってもよい。

問 124 汽笛による「短音4回」，「短音6回」の，それぞれの意味について述べよ。

答 短音4回：視界制限状態の中で行う水先船の識別信号
　　短音6回：警告信号

問 125 汽笛による「長短長短」の意味について述べよ。

答 他の船舶に追い越されることへの同意を示す信号

問 126 追い越される船舶が，追越しに同意できない場合，追い越される船舶はどのように応答すればよいか。

答 警告信号を行う。

問 127 霧中信号は，どのような場合に行わなければならないか。

答 視界制限状態にある水域またはその付近にある場合

問 128 錨泊中の長さ100m以上の動力船の霧中信号について述べよ。

答 前部において急速に号鐘を5秒間連打し，その直後に，後部において急速に銅鑼を5秒間連打する信号を，1分を超えない間隔で行う。

問 129　航行中の動力船の霧中信号について述べよ。

答　対水速力がある場合：2分を超えない間隔で長音1回の汽笛信号を行う
　　対水速力がない場合：2分を超えない間隔で長音2回の汽笛信号を行う

問 130　視界制限状態における霧中信号の「短長短」、「長短短」の意味について述べよ。

答　短長短：錨泊中の船舶が，接近してくる他の船舶に対して，自船の位置および自船との衝突の可能性を警告する必要があるときに行う信号
　　長短短：2分を超えない間隔で行われる「長短短」は，航行中の帆船，運転不自由船，喫水制限船，引き船および押し船が行う信号。または，航行中および錨泊中の漁ろうに従事している船舶あるいは操縦性能制限船が行う信号。

問 131　海上衝突予防法第34条第7項において，「同時に鳴らしてはならない」と規定された理由について述べよ。

答　大型船で，離れた2カ所の汽笛を同時に吹鳴すると，相手船に聞こえるまでの時間にずれができ，2隻以上の船舶がいるかのように聞こえ，相手船の判断を誤らせるおそれがある。

問 132　海上衝突予防法第38条における「運航上の危険」とは。また，「切迫した危険のある特殊な状況」とは，どのようなことをいうか述べよ。

答　＜運航上の危険＞
　　単に船舶の操縦上の危険のみならず，灯火および形象物の表示，信号，見張り，航法その他運航に関するすべての事項を包括したものについての危険である。
　・灯火および形象物の表示に関する危険とは，灯火の発光状態が不良であること，形象物の形状が変形していること，灯火および形象物が障

害物により適切に表示されていないこと等により生じる危険
- 信号に関する危険とは，視界制限状態において霧中信号を吹鳴しても逆風等により他の船舶に十分聞こえないこと，霧中信号の間隔が適切でないこと等により生じる危険
- 見張りに関する危険とは，経験の浅い見張員を配置すること，見張員の配置場所が適切でないこと，適当な見張手段を用いていないこと等により生じる危険
- 航法に関する危険とは，帆船が風向・風力の変化によってその針路および速力に変化を生じること，集団操業中の漁船群の中を航過すること等により生じる危険
- その他運航に関する危険とは，出入港時または狭い水道等を航行時，投錨用意，機関用意等の保安準備をしないこと，適当な位置に人を配置していないこと等により生じる危険

＜切迫した危険のある特殊な状況＞

　船舶の性能上の限界，水深，天候，その他の事由により，本法の規定に従うことができないような事情，または地形，潮流等の条件のため，船員の相当な注意能力を持ってしても回避できないやむを得ない事情により発生し，明白な危険が差し迫った特殊な状況をいう。この場合，単に衝突の危険があるだけでなく，明白に危険が切迫していることを要し，かつ，本法の規定によっては切迫した危険を避けることができず，本法の規定から離れることによって切迫した危険を避けることができる可能性があることを要件としている。

- 狭い水道等を違法に左側航行している他の船舶が，近距離に接近しても依然として違法行為を続行することが明白である場合
- 視界制限状態の中で至近距離に突然，他の船舶を発見した場合
- 保持船が船首方向の至近に障害物を発見した場合
- 離着水のため滑走中の水上航空機に他の船舶が接近する場合

問 133　海上衝突予防法第39条における「船員の常務」とは何か。具体的に述べよ。

答　＜錨泊中（停泊中）の常務＞
- 他の船舶または物件に接近して錨泊しないこと

- 錨地の底質，潮流等について事前に把握し，走錨，からみ錨に注意すること
- 天候に注意し，要すれば見張員の増強，機関の用意をすること

＜航行中の常務＞
- 離岸中や揚投錨中の船舶に接近しないこと
- 港内，狭い水道等では減速して航行すること
- 狭い水道等では機関用意，投錨用意，見張員の増強をすること

問 134 注意を怠ることの責任について，海上衝突予防法では，船員の常務もしくはその特殊な状況により必要とされる注意のほか，どのようなことを怠った場合，その責任を問われるか。

答
- 適切な航法で運航すること
- 灯火もしくは形象物を表示すること
- 信号を行うこと

問 135 海上衝突予防法第40条（他の法令による航法等について，この法律の規定の適用等）には何が示されているか。

答 本条は，海上衝突予防法の特別法である海上交通安全法および港則法についても，海上衝突予防法の航法，灯火，形象物，信号等に関する原則的な規定は，他の法令（海上交通安全法，港則法）において定められた特例と抵触しない限り，他の法令の適用海域において適用または準用されることを注意的に明確に規定している。なお，本条に適用または準用することを規定していない条項であっても，他の法令に特別の定めがない限り適用されるのは当然である。

＜適用される条文＞
第16条（避航船）
第17条（保持船）
第20条（灯火および形象物についての通則）（第4項を除く）
第34条（操船信号および警告信号）（第4項から第6項を除く）
第36条（注意喚起信号）
第38条（切迫した危険のある特殊な状況）

第39条（注意等を怠ることについての責任）
<準用される条文>
第11条（視野の内にある船舶の航法）

問 136 レーダーの使用に関して定めた条文について述べよ。

答 第5条：視覚および聴覚等によるほか，レーダーを併用して適切な見張りをしなければならない。
第6条：レーダー情報や性能等も考慮して，レーダー装備船として安全な速力を決めて航行しなければならない。
第7条：衝突のおそれを早期に知るための長距離レンジの走査，レーダープロッティングの観察等を行わなければならない。
第8条：レーダーにより衝突を避けるための動作を早期にとる等，有効に動作をとらなければならない。
第19条：レーダーのみより探知した場合は，著しく接近するかまたは衝突するおそれがあるかを判断しなければならず，また，その事態にある場合は回避動作をとらなければならない。ただし，その動作が転針である場合には，一定の制限に従わなければならない。

② 海上交通安全法

問1 海上交通安全法の適用海域について述べよ。

答 東京湾, 伊勢湾, 瀬戸内海のうち, 下記の水域以外の海域
① 港則法に基づく港の区域
② 港則法に基づく港以外の港湾にかかわる港湾法に規定する港湾区域
③ 漁港漁場整備法の規定により, 市町村長, 都道府県知事または農林水産大臣が指定した漁港の区域内
④ 陸岸に沿う海域の内, 漁船以外の船舶が通常航行していない海域として政令で定める海域

東京湾は剣埼灯台と洲埼灯台を結んだ線内, 伊勢湾は大山三角点と石鏡灯台を結ぶ以北, 瀬戸内海は紀伊日ノ御埼灯台と蒲生田岬灯台を結ぶ線以北と関埼灯台と佐田岬灯台を結ぶ線および関門港東側境界線で囲まれる海域

問2 指定海域とは何か。

答 地形及び船舶交通の状況からみて, 非常災害が発生した場合に船舶交通が著しくふくそうすることが予想される海域のうち, 二以上の港則法に基づく港に隣接するものであつて, レーダーその他の設備により当該海域における船舶交通を一体的に把握することができる状況にあるものとして政令で定める海域

問3 海上交通安全法では,「航行している」と「停留している」を使い分けているが, それぞれどのような意味か。また, 海上衝突予防法では, どのように区別しているか。

答 船舶が, 錨泊をし, 陸岸に係留をし, または乗り揚げていない状態のうち, 停止して漂泊の状態にある場合を停留といい, 進行している場合を航行という。

② 海上交通安全法　337

海上衝突予防法では，どちらも航行中であるとして区別していない。

問4　海上交通安全法適用海域内で，航路に関する部分以外の海域では，どのような航法規定が適用されるか。

答　海上衝突予防法に基づく航法規定が適用される。

問5　「船舶」について，海上交通安全法と海上衝突予防法の違いを述べよ。

答　海上衝突予防法：水上輸送の用に供する船舟類（水上航空機を含む）
　　海上交通安全法：水上輸送の用に供する船舟類
　　違いは，海上交通安全法には水上航空機が含まれていないこと

問6　海上衝突予防法に規定する操縦性能制限船は，他の船舶の進路を避けることができない船舶と定義されているが，海上交通安全法の作業船は，他の船舶の進路を避けることが容易でない船舶と定義されている。この相違について述べよ。

答　海上衝突予防法では，操縦性能制限船は，他の船舶の進路を避けることができない船舶と定義されており，操縦性能制限船が避航義務を負う航法規定はない。一方，海上交通安全法では，作業船も巨大船の進路を避けなければならない旨を定めた航法規定があるので，定義は，他の船舶の進路を避けることが容易でない船舶となっている。すなわち，仮に作業船の定義を他の船舶の進路を避けることができない船舶とするならば，作業船が避航船となる航法規定を設けることができなくなる。

問7　海上交通安全法における漁ろう船等とは，どのような船舶か。

答　＜第2条第2項(3)＞
　　漁ろう等：次に掲げる船舶をいう
　　　イ：漁ろうに従事している船舶
　　　ロ：工事または作業を行っているため接近してくる他の船舶の進路

を避けることが容易でない国土交通省令で定める船舶で国土交通省令で定めるところにより灯火または標識を表示しているもの

問8 海上交通安全法における工事作業船（第2条第2項(3)ロ）の灯火，形象物について述べよ。

答
・緑色の全周灯2個連掲
・白色菱形，紅色球形，紅色球形形象物を連掲

「航路およびその周辺の一定の海域以外の海域」において工事・作業をする場合は，海上衝突予防法の操縦性能制限船に該当する場合，紅色，白色，紅色の全周灯連掲，通航妨害のおそれある舷に紅色全周灯2個連掲，通航可能舷に緑色2個連掲，形象物は黒色球形，黒色菱形，黒色球形，通航妨害の舷に黒色球形2個連掲，通航可能舷に黒色菱形2個連掲。

問9 海上交通安全法第3条（避航等）には，何が規定されているか。

答
・航路出入等の船舶（漁ろう船を除く）は航路航行船を避航（第1項）
・航路出入等の漁ろう船等・航路停留船は航路航行の巨大船を避航（第2項）
・「航路をこれに沿って航行している船舶」でないものとみなす場合について（第3項）
・航路出入等の漁ろう船等・航路停留船と「航路航行の巨大船以外の船舶」との航法
・他の航法規定との優先関係（第1項後段，第2項後段）

問10 「航路をこれに沿って航行している」とは，どのような状態をいうか。

答 航路ごとに定められた交通方法に従って，航路の方向に沿って航行している状態をいう。

2 海上交通安全法　*339*

問11　海上交通安全法第3条第3項で「航路をこれに沿って航行している船舶でないものとみなす」と規定されているのは，どのような航路における，どのような航行をした場合か。

答　① 航路の中央から右の部分を航行すべきことを定めた航路において，中央から左の部分を航行した場合
② 航行すべき方向を定めた航路において，指定されている方向に航行しなかった場合
③ できる限り航路の中央から右の部分を航行しなければならないと定めた航路において，漫然と航路の左側や中央を航行した場合
④ 潮流の流向によって航行すべき水道が定められている航路において，この定めに従わないで航行した場合
⑤ 工事もしくは作業の実施または船舶の沈没等による船舶交通の危険を防止するため，海上保安庁長官が航路またはその周辺の海域について船舶の航行を制限した場合，当該航路にて特別に臨時に定めた交通方法に従わないで航行した場合

問12　航路航行義務船の定義について述べよ。

答　長さ50m以上の船舶

問13　どのような航行をする場合に，航路航行義務があるか。

答　国土交通省令（海上交通安全法施行規則第3条）で航路ごとに定められた2の地点間を航行する場合に，定められた航路の区間を航行する義務がある。

問14　長さ45mの船が，航路を航行してもよいか。

答　航行してもよいが，規定の航法に従わなければならない。

問15 海上交通安全法第4条の航路航行義務の適用を受けない船舶について述べよ。

答 ① 長さ50m未満の船舶
② 海難を避けるため、または人命もしくは他の船舶を救助するためやむを得ない事由のある船舶
③ 海洋の調査その他の用務を行う船舶で、その用務が行われる水域を管轄する海上保安部の長が認めたもの
④ 消防船その他の緊急用務を行う船舶で、省令で定める灯火または標識を表示している船舶
⑤ 漁ろうに従事する船舶
⑥ 海上交通安全法第30条第1項に定める許可を受けて、航路およびその周辺の海域における工事または作業を行うためやむを得ない事由がある場合、省令で定める灯火または標識を表示している船舶

問16 海上交通安全法における航路幅はどの程度か。また、航路中央の浮標は何という浮標識か。

答 およそ700m
安全水域標識

問17 長さ45mの船が速力制限区間を対水速力15ノットで航行してもよいか。

答 航路航行義務のない船舶が航路を航行する場合、規定の航法に従わなければならないので、速力制限に従った速力で航行しなければならない。したがって、対水速力15ノットで航行することは許されない。

問18 海上交通安全法と海上衝突予防法の追越し信号の差異について述べよ。

答 海上交通安全法第6条に規定する追越し信号は，航路において他の船舶を追い越す場合に相手船に追越しの意思を伝達する注意喚起信号であり，他船を追い越す場合には常に行わなければならない。

海上衝突予防法第9条第4項における追越し信号は，狭い水道等において追い越される船舶が他船を安全に通過させるための動作をとらなければ追い越すことができない場合に，相手船に協力動作を要求する信号である。

相手船に協力動作を求める場合には海上衝突予防法の追越し信号を行い，協力動作を要求しない場合には海上交通安全法の追越し信号を行い，それぞれの信号を使い分ける必要がある。

問19 海上交通安全法に規定する航路で，海上衝突予防法に規定する追越し信号を行ってよいか。

答 海上衝突予防法の追越し信号は，追越しの意思表示と協力動作の要請の2つの意味を持っている。追い越される船舶の協力動作を必要とする場合には，海上衝突予防法の追越し信号を行える。

問20 追越し信号を行う時期について述べよ。

答 追越し信号は，相手船に追越しの意思を伝達し，注意を喚起することが目的であるから，追い越される船舶がその進路や速力を変更すると追越し船にとって操船が難しくなる前に信号を行い，追越しの意思を伝達しておくことが必要である。追い越される船舶が気付いていないと思われるときには，繰り返し行うべきである。

問21 航路内を航行している動力船は，航路外近距離を航路の方向とほぼ一致した進路で航行している船舶を追い越す場合，追越し信号を行う必要があるか。

答 追越し船が航路内にある限り，追い越される船舶が航路外にあっても，「航路において他の船舶を追い越す場合」に該当するので，規定の追越し

信号を行う必要がある。

問 22 航路内にて他の船舶を追い越す場合に，海上交通安全法に規定する追越し信号を行わなくてもよい場合について述べよ。

答 ① 追越し船が海上衝突予防法に規定する追越し信号を行う場合
② 追越し船が漁ろうに従事している船舶である場合
③ 追越し船が汽笛を備えていない船舶である場合

問 23 海上交通安全法第7条の規定により，一般動力船が信号により行先の表示を行った場合，海上衝突予防法第34条第1項の規定による操船信号を行うことの可否とその理由について述べよ。

答 海上交通安全法第7条による行先表示信号は，船舶が航路に出入りし，または横断しようとするときに行先を示す信号である。一方，海上衝突予防法第34条第1項の規定による操船信号は，針路を転じ，または機関を後進にかける場合に，船舶のそのときどきの行動を示す信号である。したがって，海上交通安全法の行先表示信号を行った場合でも，そのときの状況により，海上衝突予防法による操船信号（針路信号）を行うべき場合であればこれを行うべきである。

問 24 行き先表示について，どのような方法があるか。

答 国際信号旗を用いる方法，汽笛を用いる方法がある。

航行の種類	行先表示信号	汽笛信号
航路の途中から右転する	第1代表旗＋S旗	長長短長
航路の途中から左転する	第1代表旗＋P旗	長長短短長
航路を抜けたのち右転する	第2代表旗＋S旗	長長長短
航路を抜けたのち左転する	第2代表旗＋P旗	長長長短短
航路を横断する	第1代表旗＋C旗	長長長長
航路を横断して他の航路へ入り，さらに途中から右転する	第1代表旗＋C旗＋S旗	長長短長（備讃北横断時）のち，長長短長（備讃南を出るとき）

第 1 代表旗：航路の途中から出入り
第 2 代表旗：航路を抜けたのち変針
S 旗：右転
P 旗：左転
C 旗：横断

問 25 行き先信号を義務付けている船舶について述べよ。

答 ＜海上交通安全法第 7 条＞
国土交通省令（海上交通安全法施行規則第 6 条，別表第 2）に定められた航路への出入りまたは横断を行う総トン数 100 トン以上で汽笛を備えている船舶
＜国土交通省令により定められた航路＞
浦賀水道航路，中ノ瀬航路，伊良湖水道航路，明石海峡航路，備讃瀬戸東航路，備讃瀬戸北航路，備讃瀬戸南航路，宇高西航路，宇高東航路，来島海峡航路，水島航路

問 26 海上交通安全法第 8 条（航路の横断の方法）第 2 項の「前項の規定」とは，どのような規定か。

答 航路を横断する船舶は，できる限り当該航路に対して直角に近い角度で，速やかに横断しなければならない。

問 27 海上交通安全法第 8 条第 2 項が規定されている理由について述べよ。

答
・速力制限のある航路をこれに沿って航行している船舶が，当該航路と交差する航路を横断する場合，すみやかに横断するために増速することはかえって危険であり，速力制限を守らせることが安全であると考えられること
・2 つの航路は必ずしも直角に交わっていないこと

問 28 海上交通安全法の航路横断禁止区域について述べよ。

答
- 備讃瀬戸東航路の宇高東航路および宇高西航路との交差部分の東西両側の一定水域における航路の横断
- 来島海峡航路の馬島付近の中水道および西水道付近における，馬島の南北に設けられた基準線を横切ることとなる場合の横断

問29 航路内で錨泊してよい場合について述べよ。

答 ＜海上交通安全法第10条＞
- 海難を避けるためやむを得ない事由があるとき
- 人命または他の船舶を救助するためやむを得ない事由があるとき

問30 海上交通安全法における「航路航行義務」，「速力の制限」，「航路への出入りまたは航路の横断の制限」，「航路内びょう泊の禁止」の各規定に共通するただし書について述べよ。

答 「ただし，海難を避けるため，または人命もしくは他の船舶を救助するためやむを得ない事由があるときは，この限りでない」

問31 海上交通安全法における航路で，できる限り右側通航するのはどこか。また，なぜそのようにしているか。

答 ＜伊良湖水道航路（第13条）および水島航路（第18条）＞
　伊良湖水道航路は，暗礁の存在等地理的な制約から航路の幅員が1200mに限定されている。したがって，同航路を中央で二分した場合，大型船の安全な航行に必要な最低限の幅員である700mを確保することができないため，右寄り通航方式が採用された。
　水島航路（幅員350～700m）も，伊良湖水道航路と同様，地形の制約から幅員が十分に取れないので，右寄り通航方式が採用された。
　「できる限り，航路の中央から右の部分を」とは，船舶の大きさからくる操船上の許す範囲で，航路の中央から右の部分に入って航行するという意味で，航路の右側を航行するか否かの判断を船舶の自主性に委ねたものではない。船型が小さく，完全に航路の中央から右の部分に入っ

て航行することができる船舶は，常に航路の右側部分を航行しなければならず，このような船舶にとっては，通常の右側通航と変わらないこととなる。大型船は，やむを得ない場合は，航路の中央から左側の部分にはみ出すことが認められるが，この場合においても，はみ出しが必要最小限度になるように努めなければならない。

問 32 浦賀水道航路，中ノ瀬航路の航法について述べよ。

答 ＜海上交通安全法第 11 条，第 12 条＞
- 浦賀水道航路をこれに沿って航行するときは，同航路の中央から右の部分を航行しなければならない。
- 中ノ瀬航路をこれに沿って航行するときは，北の方向に航行しなければならない。
- 航行し，または停留している船舶（巨大船を除く）は，浦賀水道航路をこれに沿って航行し，同航路から中ノ瀬航路に入ろうとしている巨大船と衝突のおそれがあるときは，当該巨大船の進路を避けなければならない。
- 浦賀水道航路，中ノ瀬航路とも対水速力 12 ノットの速力制限あり。

問 33 航路管制が行われている航路について述べよ。

答 ＜伊良湖水道航路（巨大船以外の長さ 130m 以上 200m 未満の船舶）＞
管制信号：南航，北航とも原則として巨大船の航路入航 15 分前から航路を通過し終わるまでの間実施される。

信号の方法	信号の意味
N の点滅	伊良湖水道航路を南東の方向に航行しようとする長さ 130m 以上 200m 未満の船舶は，航路外で待機しなければならない。
S の点滅	伊良湖水道航路を北西の方向に航行しようとする長さ 130m 以上 200m 未満の船舶は，航路外で待機しなければならない。
N と S の交互点滅	伊良湖水道航路を航行しようとする長さ 130m 以上 200m 未満の船舶は，航路外で待機しなければならない。

情報信号：伊良湖水道航路を通航する巨大船の動静を知らせる。

信号の方法		信号の意味
→	毎4秒に1閃光の点滅	1時間以内に巨大船が南航する。
→	毎2秒に1閃光の点滅	15分以内に巨大船が南航する。
←	毎4秒に1閃光の点滅	1時間以内に巨大船が北航する
←	毎2秒に1閃光の点滅	15分以内に巨大船が北航する。
→←	毎8秒に順次点滅	巨大船がおよそ15分以内に航路を南航し，当該巨大船が航路出航後，およそ15分以内に他の巨大船が北航する。
←→	毎8秒に順次点滅	巨大船がおよそ15分以内に航路を北航し，当該巨大船が航路出航後，およそ15分以内に他の巨大船が南航する。

＜水島航路（巨大船以外の長さ70m以上の船舶）＞

信号所：三ツ子島管制信号所，西ノ埼管制信号所

信号の方法	信号の意味
Nの点滅	水島航路を南の方向に航行しようとする長さ70m以上の船舶（巨大船を除く）は，航路外で待機しなければならない。
Sの点滅	水島航路を北の方向に航行しようとする長さ70m以上の船舶（巨大船を除く）は，航路外で待機しなければならない。

問34　伊良湖水道航路の航法について述べよ。

答　＜海上交通安全法第14条＞
　航路をこれに沿って航行している巨大船と巨大船以外の船舶が航路内で行会い衝突のおそれがある場合には，巨大船以外の船舶が避航しなければならない。

問35　明石海峡航路の航法規定について述べよ。

答　＜海上交通安全法第15条＞
　明石海峡航路をこれに沿って航行するときは，同航路の中央から右の部分を航行しなければならない。

問36 備讃瀬戸東航路，宇高東航路，宇高西航路の航法規定について述べよ。

答 ＜海上交通安全法第16条，第17条＞
- 備讃瀬戸東航路をこれに沿って航行するときは，同航路の中央から右の部分を航行しなければならない。
- 宇高東航路をこれに沿って航行するときは，北の方向に航行しなければならない。
- 宇高西航路をこれに沿って航行するときは，南の方向に航行しなければならない。
- 宇高東航路または宇高西航路をこれに沿って航行している船舶は，備讃瀬戸東航路をこれに沿って航行している巨大船と衝突のおそれがあるときは，当該巨大船の進路を避けなければならない。それ以外の場合は，海上衝突予防法の該当する規定が適用される。
- 航行し，または停留している船舶（巨大船を除く）は，備讃瀬戸東航路をこれに沿って航行し，同航路から北の方向に宇高東航路に入ろうとしており，または宇高西航路をこれに沿って南の方向に航行し，同航路から備讃瀬戸東航路に入ろうとしている巨大船と衝突するおそれがあるときは，当該巨大船の進路を避けなければならない。それ以外の場合は，海上衝突予防法の該当規定が適用される。
- 備讃瀬戸東航路の男木島から小瀬居島間は，対水速力12ノットの速力制限あり。
- 宇高東，宇高西航路の東西部分のある範囲は航路の横断は禁止されている。

問37 備讃瀬戸東航路を航行している船舶が宇高東航路を横切る場合の速力について述べよ。

答 航路の交差部をある航路に沿って航行し，他の航路を横切る場合，航路の横断方法の規定（海上交通安全法第8条）は適用されないので，この場合，すみやかに横切る必要はなく，この区域に定められている対水速力12ノット以下の速力制限に従わなければならない。

問 38 宇高東航路を航行している船舶が，備讃瀬戸東航路を横切る場合の速力について述べよ。

答 宇高東航路には速力制限はないので，備讃瀬戸東航路を横切る場合でも速力は制限されない。

問 39 備讃瀬戸北航路，備讃瀬戸南航路，水島航路の航法規定について述べよ。

答 ＜海上交通安全法第18条，第19条＞
- 備讃瀬戸北航路をこれに沿って航行するときは，西の方向に航行しなければならない。
- 備讃瀬戸南航路をこれに沿って航行するときは，東の方向に航行しなければならない。
- 水島航路をこれに沿って航行するときは，できる限り，同航路の中央から右の部分を航行しなければならない。
- 水島航路をこれに沿って航行している船舶（巨大船を除く）は，同航路をこれに沿って航行している巨大船と行き会う場合において衝突のおそれがあるときは，当該巨大船の進路を避けなければならない。
- 水島水道航路で巨大船と巨大船以外の他の船舶が航路内において行き会うことが予想される場合において，その行き会いが危険であると認めるときは，当該他の船舶に対し，航路外待機を指示できる。
- 水島航路をこれに沿って航行している船舶（巨大船および漁ろう船等を除く）は，備讃瀬戸北航路をこれに沿って航行している他の船舶と衝突するおそれがあるとき，当該他の船舶の進路を避けなければならない。
- 水島航路をこれに沿って航行している漁ろう船等は，備讃瀬戸北航路をこれに沿って西の方向に航行している巨大船と衝突するおそれがあるときは，当該巨大船の進路を避けなければならない。
- 備讃瀬戸北航路をこれに沿って航行している船舶（巨大船を除く）は，水島航路をこれに沿って航行している巨大船と衝突するおそれがあるときは，当該巨大船の進路を避けなければならない。

・航行し，または停留している船舶（巨大船を除く）は，備讃瀬戸北航路をこれに沿って西の方向にもしくは備讃瀬戸南航路をこれに沿って東の方向に航行し，これらの航路から水島航路に入ろうとしており，または水島航路をこれに沿って航行し，同航路から西の方向に備讃瀬戸北航路もしくは東の方向に備讃瀬戸南航路に入ろうとしている巨大船と衝突するおそれがあるときは，当該巨大船の進路を避けなければならない。

問 40 巨大船が水島航路を南下しているときの航法について述べよ。

答 ＜海上交通安全法第19条第4項＞
備讃瀬戸北航路航行船が水島航路の巨大船を避ける。
備讃瀬戸南航路航行船が水島航路の巨大船を避ける。

問 41 備讃瀬戸東航路を航行中，宇高東航路，宇高西航路を航行する巨大船と衝突のおそれがある場合，どのようにするか。

答 備讃瀬戸東航路を航行中の動力船が避航船となるので，巨大船の進路を避けなければならない。

問 42 備讃瀬戸北航路，水島航路を航行する船舶間の航法について述べよ。

答 水島航路をこれに沿って航行している巨大船，漁ろう船と衝突のおそれがある場合，これを避けなければならない。
水島航路をこれに沿って航行している船舶（巨大船，漁ろう船を除く）と衝突のおそれがある場合，備讃瀬戸北航路を航行中の動力船が保持船となる。

問 43 来島海峡航路の航法および順中逆西とした理由について述べよ。

答 ＜航法＞
・順潮の場合は中水道を，逆潮の場合は西水道を航行しなければならな

い。ただし，各水道を航行中に転流前後になった場合は，来島マーチスからの指示に従い航行する。
- 中水道を航行する場合は，大島，大下島側に寄り，西水道を航行する場合は四国側に寄って航行しなければならない。
- 小島と波止浜間の水道から西水道へ，またはその逆に航行する船舶は，順潮の場合も西水道を航行できるが，この場合は，その他の船舶のさらに四国側を航行しなければならない。
- 潮流の速力を超えて4ノット以上の速力で航行しなければならない。
- 馬島付近の中水道および西水道付近における，馬島の南北に設けられた基準線内は追越し禁止とされている。

<理由>
順潮時は船舶の舵効きが悪くなるため，西水道より屈曲が少ない中水道を航行した方が一般的に安全であるから。

問 44 来島海峡における汽笛信号の長1，長2，長3，長4の意味ついて述べよ。

答 長1：転流が予想される場合に中水道を航行する船舶
長2：転流が予想される場合に西水道を航行する船舶
長3：小島・波止浜との間の水道から西水道，または西水道から小島・波止浜間の水道に向う船舶
長4：来島海峡航路を横断する船舶

問 45 来島海峡航行時，視界不良となった場合，長音1回（対水速力あり）または長音2回（対水速力なし）を行うべきか。

答 転流が予想される場合，混同するので，しないほうがよい。

問 46 来島海峡航路およびその付近において，適用されない海上衝突予防法の規程について述べよ。

答 わん曲部信号（第34条第6項）を行うこと。

②　海上交通安全法　351

問 47　巨大船等の通報事項，通報時期について述べよ。

答　＜通報事項＞
① 船舶の名称および総トン数
② 航行しようとする航路の区間，航路外から航路に入ろうとする時刻および航路から航路外に出ようとする時刻
③ 船舶局の呼出符号または呼出名称
④ 仕向港
⑤ 巨大船にあってはその長さおよび喫水
⑥ 危険物積載船にあっては積載している危険物の種類および数量
⑦ 長大物件曳航船等にあってはその全長

＜通報時期＞
・巨大船，総トン数25000トン以上の液化ガス船，長大物件曳航船は，航路外から航路に入ろうとする日の前日の正午まで（通報事項に変更がある場合は，航路入航予定時刻の3時間前までに変更事項を通報）
・危険物積載船（巨大船，25000トン以上の液化ガス積載船，長大物件曳航船を除く）は，航路入航予定時刻の3時間前まで（通報事項の①～④，⑥を通報）

問 48　総トン数15000トン，長さ150mのコンテナ船が，阪神港神戸区の摩耶埠頭から関門海峡を通って韓国に向かうとき，通航する航路ごとの航法規定について述べよ。また，来島海峡航路を27ノットで航行してもよいか。

答　＜阪神港神戸区での特定航法＞
　神戸中央航路を航行して出航しようとするとき，運航開始予定日の前日正午までに通報

＜備讃瀬戸航路での航路ごとの航法＞
・東航路において対水速力12ノットの速力制限あり（男木島から小瀬居島間）
・宇高東航路との交差部において宇高東航路をこれに沿って航行している船舶（巨大船，漁ろう船を除く）と衝突のおそれがある場合，保持

船となる。
- 宇高西航路との交差部において宇高西航路をこれに沿って航行している船舶（巨大船，漁ろう船を除く）との衝突のおそれがある場合，避航船となる。
- 宇高東，宇高西航路をこれに沿って航行している巨大船，漁ろう船と衝突のおそれがある場合，これらを避けなければならない。
- 水島航路をこれに沿って航行している巨大船，漁ろう船と衝突のおそれがある場合，これらを避けなければならない。
- 北航路において対水速力12ノットの速力制限あり（小瀬居島と牛島東端間）

＜来島海峡航路の航法＞
- 順潮の場合は中水道を，逆潮の場合は西水道を航行しなければならない。ただし，各水道を航行中に転流前後になった場合は，来島マーチスからの指示に従い航行する。
- 中水道を航行する場合は大島，大下島側に寄り，西水道を航行する場合は四国側に寄って航行しなければならない。
- 小島と波止浜間の水道から西水道へ，またはその逆に航行する船舶は，順潮の場合も西水道を航行できるが，その他の船舶のさらに四国側を航行しなければならない。
- 潮流の速力を超えて4ノット以上の速力で航行しなければならない。
- 馬島付近の中水道および西水道付近における，馬島の南北に設けられた基準線内は追越し禁止

＜来島海峡航路を27ノットで航行してもよいか＞
　来島海峡航路は速力制限は特にないが，同航路は屈曲しており，また，漁船の操業，南流時は航路出入口付近で通航方法が逆転し交差すること等から，過大な速力である。緊急時に対応できるような安全な速力とすべきである。

問49 阪神港（神戸区）を出港後，港内を航行中，エンジンが不調となった場合，すぐに投錨することはできるか。

答 埠頭，桟橋，岸壁，係船浮標およびドック付近または運河その他の狭い水道および船だまりの入り口付近ではみだりに錨泊してはならないが，海

難を避ける場合，許される。同様に，航路内であっても海難を避けるためであれば許される。

問 50 明石海峡を対水速力又は対地速力 15 ノットで航行してもよいか。また，航路内を他船と並航してよいか。航路通航前にどのようなことを連絡しなければならないか。

答
- 速力制限がないので，対水速力又は対地速力 15 ノットで航行しても差し支えない。
- 航路幅も十分あるので，他船と並航してもかまわないが，なるべく避けるべきである。
- 航路入航予定日の前日の正午までと 3 時間前までに，船名，総トン数，長さ，入航予定時刻，積荷，仕向港，呼出符号等を連絡する。

問 51 水島を出帆して神戸に向かうときに通航する航路毎の航法規定を述べよ。自船は巨大船とする。また，備讃瀬戸東航路から明石海峡までは対水速力又は対地速力 22 ノットで航行してもよいか。

答
- 水島航路はできる限り右側に寄って航行する
- 備讃瀬戸北航路をこれに沿って航行している船舶（巨大船を除く）と衝突のおそれがある場合，保持船となる。
- 備讃瀬戸南航路をこれに沿って航行している船舶（巨大船を除く）と衝突のおそれがある場合，保持船となる。
- 備讃瀬戸北，南，東航路の速力制限区域では，対水速力 12 ノットで航行。
- 備讃瀬戸東航路と宇高西，東航路との交差部において，宇高西，東航路を航行している船舶と衝突のおそれがある場合，保持船となる。
- 備讃瀬戸東航路の速力制限区域を出てから明石海峡までの間，対水速力又は対地速力 22 ノットで航行してもかまわない。
- 明石海峡においても，速力制限はないので，対水速力又は対地速力 22 ノットで航行してもかまわないが，周囲の状況により，安全な速力とすべきである。

問 52 緊急用務船の灯火，形象物について述べよ。

答 一定間隔で毎分 180 〜 200 回の閃光を発する紅色全周灯 1 個
紅色円錐形形象物 1 個

問 53 進路警戒船を配置しなければならない船舶について述べよ。

答 ＜海上交通安全法施行規則第 15 条 5 項＞
長さ 250m 以上の巨大船または危険物積載船である巨大船

問 54 航行を補助する船舶を配備しなければならない船舶について述べよ。

答 巨大船または危険物積載船

問 55 消防設備船を配置しなければならない船舶について述べよ。

答 危険物積載船で総トン数 50000 トン以上（積載物が液化ガスである場合は総トン数 25000 トン以上）の船舶

問 56 側方警戒船を配備しなければならない船舶について述べよ。

答 長大物件曳航船等（引き船の船首から曳航物件の後端までの距離，または押し船の船尾から押される物件の先端までの距離が 200m 以上になる船舶）

問 57 進路警戒船・側方警戒船の灯火，標識について述べよ。

答 ・一定間隔で毎分 120 〜 140 回の閃光を発する緑色全周灯 1 個
・紅白の吹流し 1 個

問 58 巨大船の定義，灯火，形象物について述べよ。

答 定義：長さ 200m 以上の船舶
灯火：一定間隔で毎分 180～200 回の閃光を発する緑色全周灯 1 個
形象物：黒色円筒形形象物 2 個連掲

問 59 危険物積載船の定義，灯火，標識について述べよ。

答 ＜定義＞
・火薬類（その数量が爆薬にあっては 80 トン以上，その他の火薬類にあっては数量を爆薬 1 トンとして換算した場合に 80 トン以上）を積載した総トン数 300 トンの船舶
・ばら積みの高圧ガスで引火性のものを積載した総トン数 1000 トンの船舶
・ばら積みの引火性液体類を積載した総トン数 1000 トンの船舶
・有機過酸化物（その数量が 200 トン以上）を積載した総トン数 300 トンの船舶
＜灯火＞
一定間隔で毎分 120～140 回の閃光を発する紅色全周灯 1 個
＜標識＞
国際信号旗の第 1 代表旗の下に B 旗

問 60 海上交通安全法で規定される灯火で，巨大船等が掲げる閃光のうち甲種，乙種はそれぞれどのように違うか。

答 甲種：一定の間隔で毎分 120 回以上 140 回以下の閃光を発する。
乙種：一定の間隔で毎分 180 回以上 200 回以下の閃光を発する。

問 61 航法の特例を認められる緊急船舶の範囲およびその表示すべき灯火・形象物について述べよ。また，緊急船舶と一般動力船の航法の適用について述べよ。

|答| ＜緊急船舶の範囲＞
① 消防，海難救助その他救済を必要とする場合の援助
② 船舶交通に対する障害の除去
③ 海洋汚染の防除
④ 犯罪の予防または鎮圧
⑤ 犯罪の捜査
⑥ 船舶交通に関する規制
⑦ 人命または財産の保護，公共の秩序の維持，その他海上保安庁長官が特に公益上の必要があると認めた用務

＜灯火・形象物＞
・少なくとも2海里の視認性を有し，一定の間隔で毎分180回以上200回以下の閃光を発する紅色の全周灯1個
・頂点を上にした円錐形形象物で，底の直径が0.6m，高さ0.5mの大きさの紅色の標識

＜航法の適用＞
・海上交通安全法では，航法上，緊急船舶に何らの優先権も与えていない。一般動力船にも，緊急船舶を避航する等の特別の義務を課していない。したがって，両船が海交法適用海域において，衝突のおそれがある場合には，航路内では海交法の航法規定に従い，それ以外の海域では，海上衝突予防法の航法規定に従って対応しなければならない。

|問| 62　海上交通安全法適用海域を航行中または停留中のろかいを用いている船舶の灯火については，どのように規定されているか。また，当該船舶が表示すべき灯火について，海上衝突予防法との相違を述べよ。

|答| ・海上交通安全法第28条第1項では，海上衝突予防法第25条第5項ただし書を適用せず，白色の携帯電灯または点灯した白灯を常に表示しなければならないとしている。
・海上衝突予防法との相違は，海上衝突予防法では必要なときに表示すればよいが，海上交通安全法では常時表示しなければならないとされている。

《参考》
海上衝突予防法第25条第5項のただし書は，ろかいを用いている船舶

について，第5項本文に規定する灯火（舷灯1対，船尾灯）を必ずしも表示する必要がないとし，灯火を表示しない場合は，白色の携帯電灯または点火した白灯をただちに使用することができるように備えておき，他の船舶との衝突を防ぐために十分な時間，これを表示しなければならないとしている。

問63 海難とは，どのような状態のことか。

答
- 船舶の衝突，乗揚げ，沈没，火災，浸水，転覆
- 船舶の機関，推進器，舵等の損傷または故障
- 船舶の運用に関連して生じた航路標識等，船舶以外の損傷

問64 海難における処置について述べよ。

答
- 航行困難となった場合，船舶交通に危険を及ぼすおそれのない海域まで船舶を移動させ，かつ，そこから移動しないような措置をとる。
- 沈没した場合，沈没位置を示すための指標として方位標識を設置する。
- 積荷が海面に脱落し，または散乱するおそれのある場合，これらを防止するために必要な措置をとる。
- 海難の概要および行った措置に関し，海上保安庁へ通報する。

問65 工事もしくは作業の実施により，船舶交通の危険が生じるおそれがある海域において，海上保安庁長官は告示により，どのような交通方法と異なる航法を定めることができるか。

答 海上交通安全法第4条：航路航行義務の規定にかからわず，航路外を航行できる
第8条：航路の横断の方法の規定にかかわらず，航路を斜めに横断できる
第9条：航路の出入りまたは横断の制限にかかわらず，航路への出入りまたは横断ができる
第10条：錨泊の禁止の規定にかからわず，錨泊できる

第11条第1項，第15条，第16条第1項：右側通航の各規定にかかわらず，航路の中央から左側部分を航行できる

第11条第2項，第16条第2項・第3項，第18条第1項・第2項：一方通航にかかわらず，指定された方向と反対の方向に航行できる

第13条，第18条第3項：右寄り通航にかかわらず，左に寄って航行できる

第20条第1項：潮流による通航方向にかかわらず，この規定に反して航行できる

問66 海上交通安全法第24条に定める緊急用務を行うための船舶，漁ろうに従事している船舶，同法の規定により許可を受けて工事または作業を行っている船舶の適用除外規定について述べよ。

答

	緊急船舶	漁ろう船	工事船舶
第4条：航路航行義務	○	○	○
第5条：速力の制限	○		
第6条：追越しの信号		○	
第7条：行先の表示	○	○	
第8条：航路の横断方法	○	○	○
第9条：航路の出入・横断	○	○	○
第10条：錨泊の禁止	○		○

○が適用除外規定

問67 海上交通安全法第33条（海難発生の場合の措置）において，船舶交通の危険が生じ，または生じるおそれがあるときは，当該海難にかかわる船舶の船長は，どのような応急措置をとらなければならないか。

答
・できる限り速やかに，標識の設置その他の船舶交通の危険を防止するために必要な応急処置をとり，かつ，その海難の概要およびとった措置について，海上保安庁長官に通報しなければならない。
・上記の応急措置は，船舶交通の危険を防止するため有効かつ適切なものであること。

- 航行することが困難となった船舶を，他の船舶交通に危険を及ぼすおそれがない海域まで移動させ，かつ，その船舶が移動しないように必要な措置をとる。
- 沈没した船舶の位置を示すための指標となるように，緑色の灯浮標を設置し，または緑色の灯火を表示する。
- 積荷の海面への脱落および散乱を防止するための必要な措置をとる。

問 68 指定海域について述べよ。

答 非常災害時に海域内の混乱を防止するために指定された海域（2018年3月）。2023年11月末現在，東京湾のみ。

問 69 指定海域において非常災害発生周知措置がとられた場合，その措置が解除されるまでの間，船舶交通の危険を防止するため，必要な限度において，海上保安庁長官がとることのできる措置について述べよ。

答 指定海域及びその周辺地域にある船舶に対して，非常災害が発生した旨を周知させる措置，非常災害の発生により，指定海域において船舶交通の危険が生じるおそれのある旨を周知させる措置をとることができる。

③ 港則法

問1 港則法の目的（第1条）について述べよ。

答 ＜港内における船舶交通の安全＞
　港には多数の船舶が出入りするが，港内水域の広さには限界がある。また，防波堤等の構造物により複雑な水路を擁しており，輻輳する各種多様な船舶を交通規則の一般法である海上衝突予防法のみで規制し，衝突や座礁事故を防ぎ，交通秩序を維持することは困難である。したがって，港則法により特別な規則を定め，港内における船舶交通の安全を図ることを目的としている。
＜港内の整頓を図る＞
　港内の秩序維持のため，港内の整理・整頓が不可欠である。その対象は船舶だけでなく，港内の整理・整頓にかかわる人，物をも含んでいる。港内という限られた水域における船舶の運航，災害防止，水路の保全等に関する事項を規制し，秩序維持を図り，特別な場合には港長に付与された権限で即時適切な処理ができる体制をとっている。

問2 港則法上の港の区域について述べよ。

答
・港の区域は，船舶の利用状況，地勢等の自然条件，港湾施設の環境，近い将来の施設の建設計画等を考慮して，港内の船舶交通の安全と港内の整頓を確保するため，法を適用することが合理的で，かつ，必要と判断される範囲を港則法施行令第1条別表第1に定めている。
・通常，船舶が荷役し，停泊し，または頻繁に航行する水域の他，以下の水域が含まれる。
　① 港へ出入りする船舶およびはしけ，通船，補給船等の船舶交通が錯綜する水域
　② 防波堤の入口に入航する船舶が針路を定める地点から当該水路に至るまでの水域
　③ 船舶が入港，荷役待ち等をするための水域
　④ 危険物の荷役，材木の水上荷卸し施設等の周辺水域

問3 京浜港のように，複数の港を1つの港として区域を定めている理由について述べよ。

答 水域全般にわたって交通の流れが連続しているため，交通規制を的確に行うためには，関連する水域全般の状況を把握して，一人の港長の下で全般にわたる統一的な規制を行う必要があるため。

問4 港則法第3条第1項（汽艇等）とは何か。

答 「汽艇等」とは，汽艇（総トン数20トン未満の汽船をいう），はしけおよび端舟その他ろかいのみをもって運転し，または主としてろかいをもって運転する船舶のことをいう。

《参考》
 ・「汽艇」とは，航洋船に対する諸用途に供され，または港内の交通その他の雑役に用いられる小型動力船で，交通艇，水船，食糧船，官公庁の港内艇，港内曳船，水先艇等のいわゆるランチ，モーターボートと呼ばれる小型船をいう。
 ・「はしけ」とは，陸岸と停泊中の船舶との間を作業員，荷物等を運搬する船舶で，無動力，動力付，帆装を備えているものすべてをいう。
 ・「端舟」とは，推進力として機関，帆を使用しない船で，ろかいまたは主としてろかいをもって運転される小舟のことをいう。

問5 プッシャーバージは，汽艇等に該当するか。また，その理由について述べよ。

答 該当しない。
 ＜理由＞
 ・バージ自体は汽艇等であるが，プッシャーバージはプッシャーとバージが連結され，完全一体となっている。
 ・その活動範囲は，港内のみにとどまらず，湾内，沿岸を航行し，港間の貨物輸送にも広く用いられているため。

問6 「汽艇等」が一般船舶と異なる扱いを受けている事項について述べよ。

答
- 第4条：通常入出港届出は不要
- 第5条：錨地の指定を受けない
- 第7条：港長による移動制限の許可を受けなくてよい
- 第8条：港長への修繕，係船の届出は不要
- 第9条：係船浮標，他船への係留，他船の交通の妨げとなる場所での停泊，停留の禁止
- 第12条：特定港への入出，通過時に航路航行義務がない
- 第18条：汽艇等以外の船舶の進路を避けなければならない

問7 指定港とは何か。

答 指定海域（海上交通安全法第2条第4項に規定する指定海域）に隣接する港のうち，レーダーその他の設備により当該港内における船舶交通を一体的に把握することができる状況にあるものであって，非常災害が発生した場合に当該指定海域と一体的に船舶交通の危険を防止する必要があるものとして政令で定める港。館山港，木更津港，千葉港，京浜港，横須賀港

問8 特定港とは何か。

答 ＜港則法第3条第2項＞
「特定港」とは，喫水の深い船舶が出入りできる港または外国船舶が常時出入りする港であって，政令で定めるものをいう。2023年11月現在で87港。

問9 「命令で定める，船舶交通が著しく混雑する特定港」はどこか述べよ。

答 京浜港，千葉港，名古屋港，四日市港，阪神港，関門港

問10 港長について述べよ。

答
- 特定港には，港長がおかれ，海上保安庁長官が海上保安官の中から任命する。
- 港長は，保安庁長官の指揮・監督下にあり，港則に関する法令に規定する事務を掌り，特定港内の船舶交通の安全確保と港内の整頓を図るための種々の規制に関する職権を行使する。
- 特定港以外の港にあっては，海上保安部または保安署の長が港長を兼務し，職務にあたる。

問11 港長に届出なければならない事項について述べよ。

答
- 第4条による入出港の届出
- 第5条第5項による係留施設の使用の届出
- 第7条第1項のただし書の規定により移動した場合の届出
- 第8条第1項による修繕，係船の届出
- 第33条による進水，ドックへの出入りの届出

問12 港則法第4条の入出港の届出の立法趣旨について述べよ。

答 船舶交通が輻輳する特定港では，港内における船舶交通の安全および港内の整頓を図るためには，港内の船舶の動静を把握する必要があることから，特定港に入出港する船舶に対し，船名，総トン数，入出港の日時・場所等の所要の事項を届出させることとしたもの。

問13 港則法第4条の「特定港に入港した」と第12条の「特定港に出入し」の違いについて述べよ。

答 第4条：単に港の境界線の内側に入ったときをいうのではなく，荷役，人の乗下船，補油その他の目的を持って港域内において停泊したときをいう。
- 岸壁，桟橋，係船浮標等に係留したとき
- 錨泊の場合は錨が海底をかいたとき

・検疫目的で検疫錨地に錨泊する場合は仮泊であり，入港には該当しない
第 12 条：特定港の入出港届出を要する入出港のみならず，港内を移動する場合も含まれる。

問 14 入出港の届出を必要としない船舶とは，どのような船舶か。

答
・総トン数 20 トン未満の船舶および端舟その他ろかいのみをもって運転し，または主としてろかいをもって運転する船舶
・平水区域を航行する船舶
・旅客定期航路事業に使用される船舶で，事業計画の詳細を記載した書面および港長の指示する入港実績書を提出している場合
・その他あらかじめ港長の許可を受けた，当該港を基地とし，係留場所を有する船舶
  ① 海上保安庁，自衛隊の艦船，公用船舶
  ② 毎日のように出漁する地元の漁船
  ③ 当該港における工事に従事し，毎日のように入出港する作業船

問 15 港則法第 5 条第 1 項の規定について述べよ。

答 特定港内に停泊する船舶は，国土交通省令の定めるところにより，そのトン数または積載物の種類に従い，当該特定港内の一定の区域内に停泊しなければならない。

問 16 港則法第 5 条第 2 項における国土交通省令の定める特定港においては，特にどのような規定が適用されるか。

答 国土交通省令の定める船舶は，国土交通省令の定める特定港内に停泊しようとするときは，係船浮標，桟橋，岸壁その他船舶が係留する施設に係留する場合のほか，港長から錨泊すべき場所の指定を受けなければならない。この場合，港長は特別の事情のない限り，港則法第 5 条第 1 項に規定する一定の区域内において錨地を指定しなければならない。

問 17 港則法第 5 条第 2 項の「命令の定める船舶」とは，どのような船舶か。

答
・総トン数 500 トン以上の船舶
・関門港若松区においては，総トン数 300 トン以上の船舶

問 18 港則法第 5 条第 2 項の「命令の定める特定港」とは，どこか。

答 京浜港，阪神港，関門港

問 19 港則法第 5 条（びょう地）第 2 項において「けい留する施設にけい留する場合のほか」と定めている理由について述べよ。

答
・錨泊の場合は任意の地点を選定できるが，係留施設に係留する場合，岸壁，桟橋，係船浮標等の決まった施設に係留するため，港長が係留場所をその都度指定し，整理する必要がない。
・係留施設に係留する場合，その使用に関し，施設の管理者と使用についての一定の契約が成立しており，港長が命令するのではなく，施設の管理者に一任されている。
・第 5 条第 5 項，第 6 項により，港長は係留施設の管理者にその使用届を提出させ，または要すればその使用の制限または禁止を命ずることができる。港長は管理者を経由して船舶の動静を把握できるため，直接船舶に指示する必要はない。

問 20 港長が港則法第 5 条第 2 項の「国土交通省令の定める特定港以外の特定港」において，びょう地指示を行うのはどのような場合か。

答
・季節的またはその他の事由により，一時的に多数の船舶が出入りし，港内船舶交通が輻輳するとき
・気象，海象の状況または船舶交通の安全確保のため必要なとき

問 21　命令の定める船舶が，命令の定める特定港内に錨泊する場合において，双びょう泊を命じられる場合があるが，どのようなびょう泊方法があるか。図示して述べよ。

答　ⓐ　一般的な双錨泊で本船の振れ回りが少なく狭い港内で有効。把駐力が最もよい。
　　ⓑ　一定の流向のある河川港で本船の振れ回り防止を目的に利用。
　　ⓒ　ⓑと同様であるが容易に錨が打てる。

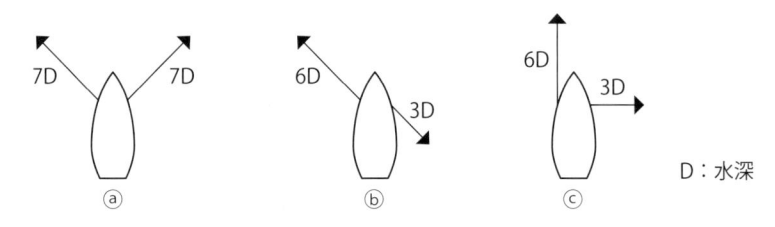

D：水深

問 22　特定港内において，錨泊をする場合の方法，場所および遵守すべき事項について述べよ。

答　＜錨泊の方法＞
・港内または錨地の状況（広狭，水深，風潮流），錨泊時間と荷役作業の予定等を勘案し，錨泊方法，錨鎖伸出数を決定する。
・平穏で錨泊時間が短く，底質も良く広い水域では，単錨泊とし，錨鎖は 4～5 節が一般的である。
・港内で他船や港内諸施設に近い場合，または河川港で常に流れがある場合，双錨泊，2 錨泊を用い，錨鎖の繰り出し数に注意する。
＜錨泊の場所＞
　港長に指定される場所
＜遵守すべき事項＞
・港長の許可を受けなければ，停泊した一定の区域外に移動し，または指定された錨地から移動してはならない。ただし，海難を避ける場合その他やむを得ない場合は除く。
・港則法第 7 条第 1 項のただし書により移動した場合には，遅滞なくその旨を港長に届出なければならない。

・港長は，必要があると認める場合には，特定港内に停泊する船舶に移動を命ずることできる。

問 23 港則法における双錨泊について述べよ。

答 双錨泊を定めているのは，錨泊船の振れ回りを小さくすることにより，輻輳する港における船舶交通の安全を図るとともに，港内を整頓して，より多くの船舶を入港させるためである。

問 24 錨地の指定を受けるべき港と船舶の大きさについて述べよ。

答
・京浜港，阪神港（尼崎西宮芦屋区を除く），関門港
・総トン数 500 トン以上（関門港若松区においては総トン数 300 トン）の船舶

問 25 港長が港則法第 5 条第 6 項の規定により係留施設の制限または禁止をするのは，どのような場合か。

答
・船舶交通の障害となる場所での係留
・船舶交通の障害となる方法での係留
・係留能力が十分でない係船浮標への係留
・水深が十分でない岸壁への係留

問 26 港則法における錨泊，停留，係留施設，係留，錨地，停泊とは，どのような状態か，それぞれ述べよ。

答
・錨泊：船舶が自船の錨によって海底に係止している状態をいう。海上衝突予防法とは異なり，係船浮標や錨泊船への係留は錨泊ではない。
・停留：船舶が錨泊し，係留し，または乗り揚げていない場合において，推進力を用いているいないにかかわらず，一定の場所に留まっている状態をいう。
・係留施設：係船浮標，桟橋，岸壁その他船舶が係留する施設

- 係留：係船浮標，桟橋，岸壁その他に船舶がつなぎ止められている状態
- 錨地：錨泊すべき場所
- 停泊：船舶が係留し，または錨泊している状態

問 27 錨地の指定その他港内における船舶交通の安全の確保に関する，船舶と港長の間の無線通信による連絡事項について述べよ。

答
- 入港通報
- 避難その他の船舶の事故等によるやむを得ない事由による入港または出港の届出
- 錨地の指定
- 海難を避けようとする場合等のやむを得ない事由のある場合の移動の届出
- 航行管制
- 危険物積載船に対する指導
- 海難に関する危険予防のための措置の報告
- 航路障害物の発見および航路標識の異常の届出
- 検疫にかかわる通報，動植物防疫検査にかかわる事項

問 28 特定港内に停泊する船舶の錨地を指定する港則法の規定の条項およびその要点について述べよ。

答 第 5 条第 1 項：特定港内に停泊する船舶は，省令により，そのトン数または積載物の種類により特定港内の一定の区域内に停泊しなければならない。

第 5 条第 2 項：特定港内に停泊する船舶は，係留施設に係留する場合のほか，港長から錨地の指定を受けなければならない。

第 5 条第 3 項：省令で定める特定港以外の特定港でも，港長は必要があれば，入港船に対し錨泊の指定を行うことができる。

第 8 条第 2 項：修繕中または係船中の船舶は，特定港では港長の指定する場所に停泊しなければならない。

第 22 条：危険物積載船は，特定港において錨地指定を受けるべき場合

を除き，港長の指定した場所でなければ，停泊し，または停留してはならない。

問29 港則法第7条（移動の制限）の立法趣旨について述べよ。

答 特定港における船舶交通の安全上の必要から，港区を定めてそれぞれの港区に停泊すべき船舶の種類，大きさを限定し，加えて錨地の指定が行われる。したがって，船舶がいったん停泊した港区外に出たり，指定された錨地から自由に移動することは，安全上および港内整頓またはその手続き上からも制限されなければならない。

問30 港則法第7条（移動の制限）の規定において，どのような場合に移動可能か。

答
- 出港の届出を行ったとき（第4条）
- 修繕または係船の届出を行ったとき（第8条）
- 港長から移動を命ぜられたとき（第10条）
- 危険物の運搬，荷役の許可を受けたとき（第23条）
- 海難を避けようとする場合，その他やむを得ない事由があるとき（第7条第1項ただし書）

問31 港則法第7条では，「特定港内において」と規定されていないが，特定港以外でも適用されることがあるか。また，その理由について述べよ。

答 適用されない。
　＜理由＞
　　本条は，第5条の規定により停泊した一定の区域，指定錨地からの移動を禁止しているものであり，第5条第1項，第2項の規定は特定港のみについての規定であるから，本条にて「特定港内において」との規定がなくても特定港で適用され，特定港以外では適用されない。特定港以外では港区の定めはなく，また錨地の指定もなく，したがって移動の制限を規定する必要もない。

問 32　港則法第7項第2項には，どのようなことが規定されているか。

答　第1項のただし書の規定により，船舶が移動した場合に，当該船舶は遅滞なくその旨を港長に届けなければならないと規定されている。

問 33　港則法第7条で汽艇等を除外している理由について述べよ。

答　・汽艇等は通常，錨地の指定を要する船舶の大きさに該当しない。
　　・汽艇等はその業務の性質上，港内のあらゆる水域を頻繁に移動しなければならず，この移動を制限することは，その用務に著しい支障をきたし，現実的ではない。

問 34　港則法第8条（修繕および係船）の立法趣旨について述べよ。

答　修繕または係船中の船舶は，当該船舶内で工事・作業が行われ，または移動できない等，特殊な状態にあり，かつ，その期間は通常の停泊と比べ長期わたる。したがって，法の目的である船舶交通の安全確保の見地から，これら船舶の現状を把握し，停泊場所を指定し，または荒天時等の必要な安全措置をとらせることができるとしたものである。

問 35　港則法第8条第1項における「しようとする者」について述べよ。

答　船舶の修繕または係船をしようとする意志を有し，かつ，当該船舶の利用・処分について権限を有する者である。したがって，一般的には船舶所有者または傭船者をさすが，船長または代理店が船主の代表として届出てもかまわない。

問 36　港則法第8項第1項では「汽艇等以外の船舶」として汽艇等を除外しているが，その理由について述べよ。また，第2項，第3項についてはどうか。

[3] 港則法　371

答　停泊場所の指定は，第 1 項の届出の結果行うもので，第 1 項で汽艇等を除外することは，当然第 2 項，第 3 項においても汽艇等は除外される。また，汽艇等に対しては港則法第 9 条により，停泊・停留の制限が課されており，さらに要すれば第 10 条により移動命令を行うことも可能である。
　　第 1 項：汽艇等はその性格上動静把握を要しない
　　第 2 項：1 項に対して届出を要しなければ，結果として指定のしようがない
　　第 3 項：乗組員数から保安要員数は限られ，移動も容易である

問 37　港則法第 8 条第 2 項の立法趣旨について述べよ。

答
・修繕または係船する船舶は，相当長期にわたり同一場所に停泊する。
・その船舶の状態から，一度停泊すると，その後の移動は容易でない。
・したがって，一般船舶について定められた港区内に随意に停泊させ，または荷役のために指定した錨地に引き続き錨泊することは，他の船舶交通の障害となる。
・限られた狭い港内の有効利用の観点からも好ましくなく，港長から停泊場所の指定を受けさせることとしたものである。

問 38　特定港内において汽艇等以外の船舶を修繕し，または係船をしようとする者は，港則法のどの規定に従わなければならないか。また，この場合の「船舶の修繕」および「係船」について述べよ。

答　港則法第 8 条第 1 項から第 3 項の規定
① その旨を港長に届出ること
② 修繕中，係船中は，特定港内においては港長の指示する場所に停泊すること
③ 港長が危険防止のため必要があると認めた場合は，必要な員数の船員の乗船を命ずることができる
　「船舶の修繕」とは，船体，機関，補機，甲板機器等の船舶の運航に直接影響する修繕であって，修繕中容易に運航できず，また，その復旧に時間を要するような修繕をいう。入渠，上架して行う修繕は該当しない。
　「係船」とは，船舶安全法の規定に基づき船舶検査証書を返納し，同法

の適用除外となる係船をいう。船舶安全法の適用のない船舶については，これに準じた係船をさす。

問 39 港則法第9条（係留の制限）の規定およびその立法趣旨について述べよ。

答
- 汽艇等および筏は，港内においては，みだりにこれを係留浮標もしくは他の船舶に係留し，または他の船舶の交通の妨げとなるおそれのある場所に停泊させもしくは停留させてはならない。
- 主として，航洋船の便宜の用に供される汽艇等が，航洋船の係留のために設置された係留浮標や航洋船本体に係留することは，これらの船舶の港内における安全運航や荷役業務に支障をきたすおそれがある。
- また筏は，それ自体が輸送手段ではなく貨物であり，長大で引き船による移動も容易でなく，これらが係留浮標や船舶自体に係留されていると船舶交通の妨げとなる。
- したがって，本船の係留浮標，着岸までの間，短時間の待ち，あるいは積荷のための本船接舷等の目的のある場合を除き，係留等の制限を課している。

問 40 みだりに錨泊および停留してはならない場所について述べよ。

答 ＜港則法施行規則第6条＞
- 埠頭，桟橋，岸壁，係船浮標およびドックの付近
- 河川，運河その他狭い水路および船だまりの入口付近

問 41 港則法第9条の規定の対象が汽艇等およびいかだに限定される理由について述べよ。

答 岸壁，係船浮標，錨地は航洋船の係留または錨泊に設備されたものである。したがって，汽艇等以外の船舶の係留を制限することは，本法の制定の趣旨に反する。一方，汽艇等や筏は港内で数多く運航されており，これらが自由気ままに係留施設の係留されると，航洋船の運航に支障をきたす

のみならず，港内での安全運航が損なわれることとなるため．

問 42 港則法第9条（係留の制限）は，港内における汽艇等および筏の停泊・停留場所を制限した規定であるが，どのような場合に，みだりに停泊・停留することとはならないか．

答
- 綱取りボートが本船待ちのため，本船の係留予定浮標やシーバースに短時間係留したり，付近で停泊・停留する場合
- 自船のエンジントラブル等のため，曳船の救助があるまで，係留・停留する場合
- 手配された交通艇が本船の舷梯につなぎ，または舷梯準備ができるまで，付近に停留する場合
- 本船に積み込む筏，材木をその船舶の舷側につないでおく場合
- 荷役中のタンカー等の警戒船がその付近に停留する場合
- 船だまりにある係船浮標に汽艇を係留する場合
- 入航船が完全に停泊する前にはしけ等を当該船舶に係留する場合
- 主機関のトライを行う船舶にはしけ等を係留する場合
- 荷役の順番待ちではしけが長時間航路筋に停留する場合
- 制限以上の縦列ではしけを本船に係留する場合

問 43 港則法第10条（移動命令）の立法趣旨について述べよ．

答
- 第5条第1項（港区）
- 第5条第2項，第3項（錨地指定）
- 第8条第2項（修繕，係船中の停泊場所の指定）
- 第7条（移動の制限）

上記の規定で，船舶を港内の一定の場所に留めておくことだけでは，安全の確保上，十分ではない．緊急時，必要なときは臨機の対応をとる場合があり，移動，命令の権限を港長に付与したもの．

問 44 港則法第10条の規定は，特定港以外の港則法適用港に準用されるか．また，その根拠について述べよ．

答 港則法第37条の5（準用規定）において，港則法第10条に関し，特定港以外の港にこれを準用すると規定されており，移動，命令は，特定港以外の港に準用される。

問 45 特定港内に停泊する船舶に対して，港長から港則法第10条に基づく移動命令が出されるのは，どのような場合か。具体例を述べよ。

答
・第5条第6項の規定により，係留施設の使用の制限・禁止を係留施設の管理者に対して指示した場合において，係留している船舶が移動しないとき
・第7条第1項のただし書により，緊急に移動した船舶の移動先が不適当と認められるとき
・第9条の規定に違反して，汽艇等が船舶交通の妨げとなるおそれのある場所に停泊している場合
・火災，油流出その他事故が発生し，付近に停泊している船舶を安全な場所に移動させるとき
・台風の来襲により港内停泊が危険と判断されるとき
・津波警報が発せられ，船舶の港内停泊が危険な場合
・火災を起こした船舶の隔離を要するとき

問 46 港則法第11条（停泊の制限）では，「港内における船舶の停泊および停留を禁止する場所または停泊の方法について必要な事項は国土交通省令でこれを定める」としているが，同法施行規則では，どのような事項が定められているか。

答 ＜港則法施行規則第6条＞
　以下の場所でみだりにびょう泊または停留してはならない
　① 埠頭，桟橋，岸壁，係船浮標およびドックの付近
　② 河川，運河，その他狭い水路および船だまりの入口付近
＜港則法施行規則第7条＞
　荒天に備え，予備錨・投錨準備，蒸気の発生，機関の準備等運航できるように準備しなければならない

問 47 港則法施行規則第7条にある「ただちに運航できるように準備する」とは，どのような準備をすることか。

答
・蒸気タービン船は所定の蒸気圧を保つこと
・運航要員を確保すること
・離岸または揚錨の準備をすること
・要すればタグボート，水先人の手配を事前に行うこと

問 48 港則法第12条（航路）の「出入し」とは，どのようなことか。

答 第4条の入出港の届出を行う入出港に限られるものではなく，港内を移動するときも含む。

問 49 港則法第12条（航路）の「航路によらなければならない」とは，どのようなことか。

答
・航路として定められた区間を，その方向に沿って航行しなければならないということであって，航路の出入口から航路に出入りすることに加えて，航路の途中からあるいは途中まで航路に沿って通航すること。
・航路の斜航および横切りは航路によることとはならない。

問 50 港則法第12条の「その他やむを得ない事由のある場合」とはどのような場合か。

答 人命または他の船舶を救助する場合等であって，航路を航行していたのでは人命または他の船舶の安全が確保できない場合

問 51 港則法第12条および同法施行規則第8条の規定による「国土交通省令に定める航路」と，港則法第36条の3第1項および同法施行規則第20条の2の規定による「国土交通省令の定める水路」との相違について述べよ。

答 <範囲についての相違>
- 港則法第12条では，同法施行規則別表第2に定めたものである。
- 第36条の3にいう「水路」は，航路を主体としているが，航路以外の水域も含んでおり，「水路」とし航路と区別している。

<目的についての相違>
- 第12条では，航行船舶および停泊船舶の安全を確保し，狭い水域を有効に利用し，航路航行義務を課し，航法を定めている。
- 第36条の3にいう「水路」は，港内における船舶交通の輻輳度の増大により，特に船舶の通航が頻繁な水路や狭い水路では港内交通管制を実施する必要から定められた。

問52 港則法第37条の2の規定による「港長の指定する航路」と，第12条の「命令の定める航路」の相違について述べよ。

答
- 港則法第12条の「航路」は，同法施行規則別表第2に定める航路をいい，航路航行義務と航法を定めている。
- 第37条の2（原子力船に対する規則）の「航路」とは，港長が原子力船の航路を指定することができるとしており，単に当該船舶の通航経路を示すものである。

問53 港則法第12条における「航路による」および第14条における「航路を航行する」について述べよ。

答
- 第12条の「航路による」とは，航路として定められた区間をその方向に沿って航行しなければならないということであり，航路の出入口から航路に出入りする場合だけでなく，航路の途中からあるいは航路の途中まで航路に沿って通航することも含まれる。
- 第14条の「航路を航行する」とは，第12条に規定する国土交通省令の定める航路内をこれに沿って航行している状態をいう。

問 54 特定港に出入りし,または特定港を通過するには,命令の定める航路によらなければならないが,航路の入口から入る場合,どのようにしなければならないか。

答
- 出入口から入る場合には,相当の距離を隔てたところから航路の方向に向かう態勢で入る。入口付近で大角度変針を行い入航することは,船員の常務に反する。
- 出航船のある場合は,入口付近にて出会うことのないように入航を調整し,また航路内で行き会う他船がある場合には,右側に沿うように入航する。

問 55 特定港に出入りし,または特定港を通過するには,命令の定める航路によらなければならないが,航路の途中から入る場合,どのようにしなければならないか。

答 途中から入る場合には,航路の進行方向に対して,できるだけ小さい角度で入航しなければならない。

問 56 航路航行義務船から汽艇等を除外している理由について述べよ。

答
- 汽艇等は,航洋船に対する種々な用務を行うため,主として港内を活動の範囲としており,これに航路航行を義務付けることは,その活動を著しく制限することとなり現実的ではない。
- 汽艇等は小型で喫水も浅く,必ずしも航路の有する水深を必要としない。
- 大型船の航行する航路を航行するよりも,その他の水域を航行させた方が,船舶交通の安全確保の観点からも望ましい。

問 57 航路によらないことができる場合とは,どのような場合か。

答
- 汽艇等が特定港に出入りし,または通過する場合
- 海難を避けようとする場合

- その他やむを得ない事由がある場合（人命または他の船舶を救助する場合等であって，しかも航路を航行していてはその目的を達しえない場合）

問 58 港則法第 13 条の立法趣旨について述べよ。

答 第 12 条の規定により，特定港に出入りし，または通過する汽艇等以外の船舶については航路航行義務が課されている。このため，航路は常にすべての船舶が安全に航行できる状態に維持する必要があるので，航路内において船舶の航行の障害となるおそれのある行為を禁止している。

問 59 特定港内において，操船上，いかりを利用する場合，港則法上，特に注意しなければならない事項について述べよ。

答 第 13 条において，特定港の航路内においては，以下の場合を除き，投錨は禁止されている。
① 海難を避けようとするとき
② 運転の自由を失ったとき
③ 人命または急迫した危険のある他の船舶の救助に従事するとき
④ 第 31 条の規定により，港長の許可を受け工事または作業に従事するとき

したがって，操船上，錨を利用する場合には，航路内に錨を投下することはもちろん，航路外に投錨したことにより，船体が航路にかかり，あるいは，風潮流の影響で振れ回り，船体が航路内に入ることもあってはならない。また，港内には投錨禁止区域も設定されており，事前の調査が必要である。

問 60 港則法第 14 条（航法）の規定が，海上衝突予防法の航法の規定に優先する場合について述べよ。

答
- 第 14 条第 1 項（航路航行船優先）：海上衝突予防法 13 条（追越し船），第 14 条（行会い船），第 15 条（横切り船）に優先する
- 第 14 条第 3 項（航路内で行き会う場合の右側端航行）：海上衝突予

防法第 9 条第 1 項（狭い水道等における航法）に優先する
- 第 14 条第 4 項（航路内追越し禁止）：海上衝突予防法第 9 条第 4 項（狭い水道等での追越し），第 13 条（追越し船）に優先する

問 61 港則法第 14 条第 1 項の立法趣旨について述べよ。

答
- 第 12 条により，特定港に出入りし，または通過するには航路によらなければならならず，航路はこのような船舶の航行のために特に設けられたものである。
- その航路を航行する船舶に対しては，航路外から航路に入り，または航路から航路外に出ようとする船舶が避航義務を負うように定めている。

問 62 港則法第 14 条第 1 項の「航路を航行する」とは，どのような状態か。

答 航路内を航行しており，かつ，進路が航路の方向にほぼ一致している状態をいう。

問 63 視界制限状態の場合，港則法第 14 条第 1 項は適用されるか。

答 適用されない。
海上衝突予防法第 40 条において，「第 11 条の規定は，他の法令において定められた避航に関する事項について準用する」と規定されており，1 船対 1 船の間における避航と保持の関係は，互いに他の船舶の視野の内にある船舶についてのみ適用されることが明示されている。
したがって，第 14 条第 1 項は，視界制限状態では適用されない。

問 64 港則法第 14 条第 1 項の規定により，特定港の国土交通省令の定める航路において，航路外から航路に入り，または航路から航路外に出ようとする船舶は，航路を航行している他の船舶を避けなければならないが，霧等のため，互いに当該他の船舶を視認することができず，レーダーのみで探知した場合，この航法規定は適用されるか。また，その理由について述べよ。

|答| 適用されない。
　港則法には，視界の状態により航法を区別する規定はない。しかし，視界制限状態において，互いに相手船を視認していない状態で一方の船舶に避航義務を課しても，履行することは不可能であり，かえって危険を招くことになる。したがって，海上衝突予防法の第19条（視界制限状態における船舶の航法）に従うべきであり，港則法第14条第1項の適用はない。

|問 65| 「航路を航行している汽艇等」と「航路外から航路に入り，または航路から航路外に出ようとする汽艇等以外の船舶」において，港則法第14条第1項の「航路外から航路に入り，または航路から航路外に出ようとする船舶は，航路を航行する他の船舶の進路を避けなければならない」という条文は適用されるか。また，その理由について述べよ。

|答| 適用されない。
　第14条第1項と第18条第1項との優先関係については，汽艇等には航路航行義務はないが，汽艇等以外の船舶は，航路の航行義務がある。また，第18条では，汽艇等は汽艇等以外の船舶の進路を避けなければならないと定めている。特定港内における汽艇等の地位と上記2項から，航路航行中の汽艇等といえども当該船舶を避けなければならず，よって，第14条第1項は，この場合適用されない。

|問 66| 港則法に定める航路内航行船と航路外から航路に入ろうとする船舶が衝突するおそれがあるとき，航路航行船に針路・速力の保持義務がある理由について述べよ。

|答| 海上衝突予防法第40条により，同法17条（保持船）は港則法および海上交通安全法の適用海域においても適用されると明記されている。また，港則法第14条では，航路外から航路に入ろうとする船舶は航路内航行船の進路を避けなければならないと定めている。これは，海上衝突予防法に定める避航義務船であり，一方，航路内航行船は，避航義務船の相手である保持義務船となるため，この場合には，針路・速力を保たなければならない。

問 67 港則法第 14 条第 3 項における「右側を航行しなければならない」と海上衝突予防法第 9 条第 1 項における「右側端に寄って航行しなければならない」の相違について述べよ。

答 海上衝突予防法における狭い水道等にいう「右側端によって航行しなければならない」とは，安全であり，かつ実行に適する限りという制限があり，可能な限り常に右側端に寄って航行することで，水道等の中央部を大型船や深喫水船のために空けておくということ，また，不必要な行会い関係を生じさせないという意図がある。一方，港則法の定める「右側通航」は，水道等（自然にできた水道）とは異なり，一般に水深は一定に保たれている。よって，安全に航過できるように，行き会う場合において右側に寄り航行すればよい。船舶が航路内にいなければ，航路中央を航行して差し支えない。

問 68 「航路の右側」とは，どのような意味か。

答 航路の中央線より右側という意味である。

問 69 常に右側通航する航路はどこか。

答 名古屋港：東，西，北航路において総トン数 500 トン未満の船舶
関門港：若松，奥洞海航路において総トン数 500 トン未満の船舶

問 70 港則法で定める航路で，追越し禁止に関する特例港はどこか。

答 京浜港：東京西航路
名古屋港：東，西（屈曲部を除く），北航路
広島港：航路（航路名は特にない）
関門港：関門港路（早鞆瀬戸水路を除く）

問 71 追越しをするための条件の，港則法で定める港内の航路における追越しと，海上衝突予防法第 9 条 4 項で定める狭い水道等における追越しの相違について述べよ。

答 港則法で定める，港内の航路における追越しは，原則禁止されているが，港によっては特定航法を定め，安全に変わりゆく余地を有する場合に限り，追越しを容認している。これは，追越し船が自船の操縦性能，操船技術，航路および交通の状況を勘案して，被追越し船の協力動作を必要とせず，かつ，その他船舶との関係においても安全な状態で追い越す（安全に変わりゆく余地を有する）ことができる場合である。
　一方，海上衝突予防法第 9 条第 4 項（狭い水道等）に規定する追越しでは，被追越し船が追越し船を安全に通過させるための動作をとらなければ追い越すことができない場合について規定したもので，追越し船は追越し信号を行わなければならず，被追越し船は，その追越しに同意する場合には同意信号を行い，追越し船を安全に通過させるための動作をとらなければならない。

問 72 特定港の命令の定める航路内を航行中の大型船舶が，同航中の他の船舶を追い越すために増速し，かつ，航路外に出ることの可否について述べよ。

答 〈追越しについて〉
　特定港における航路内の追越しは，第 14 条第 4 項で禁止されているので，してはならない。ただし，京浜港，名古屋港，関門港の特定航路内または航路の指定水域では，追越しが許されているので，この限りではない。
　〈増速することについて〉
　追越しが認められる航路においても，前方に極端に速力の遅い船舶がいて，長い航路をこれに続くことは，効率と安全の面から芳しくない。安全に変わりゆく余地があれば追い越してもよいが，追越しをするための増速は，事故が発生した場合に被害が大きくなること，また，港内での安全な速力（スロー）の原則にも反することとなるので慎まなければ

ならない。

＜航路外に出ることの可否＞

第12条において，汽艇等以外の船舶には，航路航行義務を課しているので，航路外を航行してはならない。その義務が免除されるのは，海難を避けるため，またはやむを得ない事由のある場合のみである。この場合，追越し目的のために航路外に出ることは航法違反であり，行ってはならない。

問73 港則法第14条の航法規定と，海上交通安全法の航路における一般航法との相違について述べよ。

答
- 海上交通安全法では，船種（巨大船，漁ろう船，一般船舶）により避航動作をとる優先順位を規定するが，港則法では，特定港における汽艇等と小型船および一般船舶を除き，この種の規定はない。
- 港則法では，航路内の並行航行を禁止しているが，海上交通安全法では，この種の規定はない。
- 港則法では，一部特定港の指定航路を除き，追越しは原則禁止されているが，海上交通安全法では，一部航路の追越し禁止区間を除き，追越しは認められている。
- 港則法では，航路内での行会い時，右側航行を義務付けているが，海上交通安全法では，一般的な規定はなく，航路毎に規定が異なる。
- その他，海上交通安全法では
  ① 明確な速力制限区間があるが，港則法にはない。
  ② 航路への出入り，横断する場合の行先の表示信号があるが，港則法では，同内容の信号はなく，バース信号があるのみである。

問74 特定港の航路において，帆船はどのようなことが禁止されているか。

答 縫航すること

問75 関門港，早鞆瀬戸の航行速力について述べよ。

問76 港則法の航路における航路接続部の優先関係について述べよ。

答 名古屋港：東航路航行船優先…西航路又は北航路航行船は，東航路航行船の進路を避けなければならない。
　四日市港：第1航路航行船優先…午起航路航行船は，第1航路航行船の進路を避けなければならない。
　博多港：中央航路航行船優先…東航路航行船は，中央航路航行船の進路を避けなればならない。
　関門港：関門航路航行船優先…砂津航路，戸畑航路，若松航路又は関門第2航路航行船は，関門航路航行船の進路を避けなければなられない。
　　関門第2航路航行船優先…安瀬航路航行船は，関門第2航路航行船の進路を避けなければならない。若松航路航行船は，関門第2航路航行船の進路を避けなければならない。
　　戸畑航路航行船優先…若松航路航行船は，戸畑航路航行船の進路を避けなければならない。
　　若松航路航行船優先…奥洞海航路航行船は，若松航路航行船の進路を避けなければならない。

問77 港則法第15条の立法趣旨について述べよ。

答 港の防波堤入口および入口付近は，防波堤により水路の幅が狭められ，出入航船により輻輳する海域である。したがって，通航船舶が頻繁に出会ううえ，防波堤等の影響で複雑な潮汐流が生じる。加えて，防波堤等により視界が遮られるため，衝突事故を起こす可能性が高いので，互いに出会うおそれのある場合には，出航船に優先権を与え，基本的に入口またはその付近を一方通航とし，港外に広い水域を確保できる入航船に防波堤外で待機させ，出航船を先に出航させ，港内を整頓した後，入航船を入れることとしたもの。

③ 港則法

問78 港則法第15条の「防波堤」とは、どのようなものか。

答 外海からの波浪を防ぎ、場所によっては潮汐流等を緩和・整流する役目をもつ構造物

問79 港則法第15条の「港の入口」とは、どのような水域のことか。

答 港則法に定める港の区域内において、防波堤の突端と他の防波堤の突端または島峡等との間の水域をいう。

問80 港則法第15条の「入口付近」とは、どのような水域のことか。

答 防波堤の入口を除く、その付近の水域をいう。具体的には、どの部分が入口付近であるかは、入口の幅員、航行する船舶の大小、水深等により判断しなければならず、一概に定めることは困難である。防波堤の内側または外側において、船舶が出会うおそれのある場合に、入航船が出航船を十分な余裕をもって避航できないこととなるような水域である。

問81 港則法第15条の「汽船」とは、どのようなものか。

答 帆船（帆のみで航行している帆船）およびろかい舟を除く、動力を使用して航行している船舶。海上衝突予防法の「動力船」のことをいう。

問82 港則法第15条において、「入航」とし、「入港」としない理由について述べよ。

答 港への出入港のみならず、港を通過するだけ、または移動する船舶があるため。

問83 港則法における、「入航する」及び「出航する」の意味について述べよ。

答 ・「入航する」とは，港の外側から内側に向かって航行すること
　・「出航する」とは，港の内側から外側に向かって航行すること

問 84　港則法第 15 条の「出会うおそれがある」とは，どのような状況か。

答　行き会って出会うおそれ，または横切って出会うおそれがある状態，現状から推察して出会うであろうと考えられる場合のことをいう。

問 85　港則法第 15 条において，出会うおそれがあるかどうかを確かめることができない場合，どのように判断すべきか。また，その理由について述べよ。

答　出会うおそれがあるかどうかを確かめられない場合には，出会うおそれがあるものと判断し，第 15 条を適用しなければならない。
　理由：海上衝突予防法第 7 条第 5 項にて，「衝突のおそれがあるかどうか確かめることができない場合は，これと衝突すると判断しなければならない」と定め，一般原則にのっとっている。現実に確かめられないからと航行を続け，入口または入口付近で出会った場合，両船が非常な危険にさらされるため。

問 86　港則法第 15 条において，「入航する汽船は，防波堤の外で，出航する汽船の進路を避けなければならない」と規定しているが，この水域の範囲では，一般的にどのようなことを考慮すべきか。

答 ・船舶の大小および喫水
　・船舶の操縦性能
　・入口付近の地形
　・船舶の輻輳度
　・風潮流等の外力の影響
　　一般的に，出航する汽船が入口を出てからどの方向に向けても，その航行を妨げない程度の余裕をもった範囲で，通常，出航船の長さの 3L 〜 4L 程度を基準として，上記事項を配慮して待機場所を決定すべきで

③ 港則法　387

> **問 87**　港則法第 15 条の規定により，入航する汽船が出航船の進路を避ける場合の避航方法について述べよ。

答
- 入航船にとっては，出航船の防波堤入口付近到達時間や入口通過後の行動が不明な場合が多い。したがって，出航船の安全な通航を妨げないように十分に余裕をもって待避する。
- 船舶の大小，風潮流等の外力の影響，輻輳度等を考慮し，出航船が入口を通過後，不自由なく航行できる場所を選択する。一般に，出航船の長さの 3L～4L 程度入口から離すのが良い。
- 出航船に疑念を抱かせないように，できれば海上衝突予防法上も入航船が避航船となる出航船の左側に位置し，船首を入口方向に向けない。
- 周囲の状況を考慮し，停留し，要すれば機関を後進とし，操船信号を励行する。
- 自船の安全確保のため，投錨用意をし，風潮流による圧流に十分注意を払う。
- VHF で交信し，自船の意思（避航していること）を相手船に告げる。

> **問 88**　港の防波堤の入口または入口付近で他の船舶と出会うおそれのある場合，港則法第 15 条の規定が適用されないのは，どのような場合か。

答
- 入航する汽船（汽艇等を除く）が出航する汽艇等と出会うおそれがある場合
- 国土交通省令の定める船舶交通が著しく混雑する特定港において，入航する汽船（小型船および汽艇等を除く）が出航する小型船と出会うおそれがある場合
- 汽船と帆船，または帆船と帆船が出会うおそれがある場合
- 視界制限状態

> **問 89**　港則法第 15 条と第 18 条の関係で航路入航船が数字 1 を掲示している場合，どちらが保持船となるか。

|答| 出航汽船が汽艇等で，入航汽船が汽艇等以外の船舶である場合，第15条ではなく第18条第1項が適用され，国際信号旗の数字旗1を掲示している船舶が保持船となる。

|問 90| 港則法第15条における防波堤付近の航法の「他の汽船と出会うおそれ」と海上衝突予防法第7条における「衝突のおそれ」とは，どのように違うか。

|答| 「出会うおそれ」とは，衝突のおそれのあるときはもちろんのこと，出航汽船と入航汽船とが互いに出入航の態勢の変化も考慮して，防波堤の入口または入口付近で最も接近して衝突のおそれを生じる可能性のあることをいう。

「衝突のおそれ」とは，衝突する可能性があることをいう。「出会うおそれ」より危険である。

|問 91| 港則法第16条の立法趣旨について述べよ。

|答| 狭い水域に多数の船舶が輻輳している港内およびその付近において，自船および他船の事故防止のために設けられた規定である。

|問 92| 他に危険を及ぼさないような速力について述べよ。

|答| ＜港則法第16条第1項＞
　船舶は，港内および港の境界付近においては，他の船舶に危険を及ぼさないような速力で航行しなければならない。
　港内は水域が狭く船舶が輻輳するので，船舶が高速力で航行すると，航法上余裕のある動作をとることができず衝突の危険があり，また，航走波によって舟艇や荷役中のはしけを動揺させたり係留索を切断する等の危険が生じるので，速力を減じ，安全な速力で航行しなければならない。
　他の船舶に危険を及ぼさないような速力は，港および港の境界付近の地形，船舶の輻輳の程度，船舶の大小等を勘案して決めなければならない。

問 93　港則法第 16 条において，港の境界付近とは，どの程度の範囲を考えなければならないか。

答　港の境界より外側の区域で，かつ，港内の船舶に影響を与える水域をいうが，船種，船舶の大小および速力により影響の度合いが異なり，一律に決めることは不可能である。特に大型船やタグボートが高速で航行する場合の航走波は，港内停泊船や汽艇等の航行に大きな影響を及ぼすので，十分な注意を要する。

問 94　港則法第 17 条は，視界制限状態の場合，適用されるか。

答　第 17 条の規定は，1 船対 1 船の避航・保持の関係を定めたものではなく，右側通航の原則を定めたものであり，視界制限状態においても適用される。

問 95　船舶が後進で出航するときに，埠頭の突端を進行方向の右に見ている場合，これによって航行することは，港則法第 17 条の適用として妥当か。また，その理由について述べよ。

答　後進で出航するときも，進行方向の右に近寄って航行することは妥当である。第 17 条は，見通しが困難な埠頭の突端付近を航行するとき，反対方向から接近する他の船舶と出会い頭に衝突する危険を避けるため，できるだけ早期に互いに視認し，時間的・距離的にも余裕のある動作がとれるように，右側航行の原則に基づき「右小回り左大回り」の一般規則を定めたものである。したがって，後進時においても，進行方向の右側に見る埠頭の突端に近寄って航行することは，この原則に合致する。

問 96　港則法第 18 条第 1 項，第 2 項は，港則法の他のどのような航法規定に優先するか。

答　・第 14 条第 1 項および第 15 条に優先する。
　　・第 18 条第 1 項，第 2 項の規定は，港内または省令の定める船舶交通

が著しく混雑する特定港内において，汽艇等と小型船に対し適用される航法規定である。港内すべての水域に適用されるという観点からは，第14条第1項，第15条に対し，一般法の立場にある。
- 第14条第1項は汽艇等を含む船舶対船舶，第15条は汽船対汽船という同一種類の船舶間に適用されるのに対し，第18条第1項では汽艇等対その他の船舶，第2項では小型船対汽艇等・小型船以外の船舶という異なる船舶間に適用され，第18条第1項，第2項が，第14条第1項，第15条に対し，特別法の立場にある。
- 第18条第1項，第2項の規定では，汽艇等または小型船は「行会い」，「追越し」等の条件にかかわらず，常に他船を無条件で避航しなければならない。すなわち，避航船に見合い関係による航法選択の判断の余地を与えていない厳しい規則である。
- 第18条の立法趣旨，汽艇等の港内における立場，小型船の操縦性能の良さ，浅い喫水等を勘案すれば，第18条第1項，第2項が第14条第1項，第15条に優先すべきなのは明白である。

問97 小型船とは，どのような船舶か。また，そのトン数について述べよ。

答 ＜港則法第18条第2項＞
「小型船」とは，総トン数が500トンを超えない範囲内において，国土交通省令で定めるトン数以下の船舶であって，汽艇等以外のもの。京浜港，名古屋港，四日市港，阪神港においては総トン数500トン以下，関門港においては総トン数300トン以下。

問98 小型船以外の船舶が識別のために掲げる標識について述べよ。

答 国際信号旗の数字旗の「1」

問99 小型船が避けなければならない船舶について述べよ。

答 ＜港則法第18条第2項＞
特定港内において，小型船および汽艇等以外の船舶の進路を避けなけ

ればならない。

問 100 航路航行中の小型船の前方に大型船が航路側方より割り込むようにして入ろうとしている場合における適用規定について述べよ。

答 航路を航行している小型船と航路外から航路に入ろうとする大型船（汽艇等以外の船舶）の航行は，港則法第18条第2項が適用され，小型船が避航船になる。

問 101 特定港の航路内で，1000トンの船が400トンの船を追い越す場合，どちらが避航するか。また，その根拠について述べよ。また，同航路外から航路に入ろうとする1000トンの船と小型船が衝突するおそれがある場合，どちらが避航するか。また，その根拠について述べよ。

答 大きさの異なる船舶間の関係なので，港則法第18条が適用され，400トンの船舶が避航しなければならない（港則法第18条第2項適用。第14条第4項（追越し禁止）に優先する）。

航路を航行している小型船が航路外から航路に入ろうとする1000トンの船を避航しなければならない（港則法第18条第2項適用。第14条第1項（航路航行船優先）に優先する）。

問 102 小型船が航路航行船を追い越す場合の適用規定について述べよ。

答 港則法第18条第2項が適用される。

問 103 港則法第19条第1項において，国土交通大臣は，港内における地形，潮流その他の自然条件により，港則法のどのような規定に対して，特別の定めをすることができるか。

答
・航路内行会い時の右側航行（第14条第3項）
・航路内の追越しの禁止（第14条第4項）

- 防波堤入り口（付近）における航法（第15条）
- 防波堤突端等付近における航法（第17条）

上記の航法に関する特別の定めとして，港則法施行規則に特定航法として定められている。

問104 港則法第19条第2項の立法趣旨について述べよ。

答 港則法第14条から第18条の規定だけでは安全な船舶交通が確保できない場合に，これら5条に加えて，特別航法を定めることができるとしたものである。第19条第1項とは異なり，第2項では，特別な要件は定められていない。よって，個々の港に関し，港内における地形，潮流その他の自然条件以外の理由によっても，港内における船舶交通の安全と港内整頓を図るため，特別な航法を定めることができるとしたものである。

問105 港則法第19条第2項の「航法の定めに関して特別の定め」には，どのような規定があるか。

答
- 曳航の制限（特定港）
- 特定航法
  ① 航行に関する注意（京浜港）
  ② 河川運河水面における追越し信号（阪神港大阪区）
  ③ 出・入・横切りの禁止（名古屋港西航路屈曲部）
  ④ 追越し禁止等（京浜港京浜運河）
  ⑤ 田野浦区から関門航路に入航する場合の航法（関門港）
  ⑥ 早鞆瀬戸の航行速力（関門港）
  ⑦ 航路航行船の航路接続部における優先関係の航法（名古屋港，四日市港，博多港，関門港）
- 進路の表示
- 縫航の制限
- びょう泊の制限（那覇港）

問106 港則法第21条の立法趣旨について述べよ。

答 危険物を積載している船舶は，積載している危険物による爆発，火災等の事故を起こす危険性を有しており，また，座礁，衝突等の事故発生の際は，危険物の流出，引火等により二次災害が発生することも予想されることから，特別な安全対策を講ずる必要があるため，港の境界外から港長の指揮下におくこととしたものである。

問 107 港則法第21条第2項の規定による危険物の種類についての詳細は，何によって知ることができるか。

答 港則法施行規則第12条に定める別表「危険物の種類を定める告示」

問 108 危険物積載船の特定港における停泊または停留場所は，どのように規定されているか。

答 ① びょう地の指定を受ける場合を除いて，港長の指定した場所でなければ，停泊し，または停留してはならない。ただし，港長が爆発物以外の危険物を積載した船舶について，その停泊の期間，危険物の種類，数量，保管方法に鑑み，差し支えがないと認めて許可したときは，この限りでない。
② 港長は，危険物の荷役作業を許可する場合，その作業が特定港内では不適当であると認めるときは，港界外の適当な場所を指定して許可することができる。
③ ②によって指定された場所に停泊し，または停留する船舶は，港界内にある船舶とみなす。

問 109 港則法に定める危険物について述べよ。

答 ・本法でいう危険物は，爆発物とそれ以外の危険物をいう。爆発物とは，火薬類および有機過酸化物をいい，その他の危険物とは，高圧ガス，腐食性物質，毒物，放射性物質，引火性液体物，可燃性固体，自然発火性物質，酸化性物質および有害性物質をいう。
・貨物として危険物を積載しているときは，その数量を問わず危険物積

載船となる。引火性または爆発性の蒸気を発する危険物を積載していた船舶で，それらの危険物を荷卸した後，ガス検定を行い，火災または爆発のおそれのないことを確認していないものは，危険物積載船とみなされる。
・船舶が危険物を積載していても，それらが運搬を目的とするものではなく，当該船舶で使用されるものは，本法では，危険物から除外される。

問 110　港則法第22条の立法趣旨について述べよ。

答　危険物積載船舶のもつ危険性を考えると，港則法第5条第1項の規定による危険物積載船舶の停泊できる港区の限定だけでは，船舶交通の安全上十分とはいえない。よって，危険物積載船舶のすべてを対象にして，停泊または停留場所を具体的かつ個別に指定することとしたものである。

問 111　爆発物その他の危険物を積載した船舶は，特定港に入港しようとするときは，どのようにしなければならないか。

答　<港則法第21条第1項>
港の境界外で港長の指揮を受けなければならない。

問 112　危険物積載船舶は，港長の指定した場所でなければ停留できない理由について述べよ。

答　危険物積載船が岸壁の近くまで来て機関を停止して出港船の離岸待ちをすることは，船舶交通の安全上好ましくないため。

問 113　港則法第22条には，「危険物を積載した船舶は，特定港においては，びょう地の指定を受ける場合を除いて，港長の指定した場所でなければ停泊し，または停留してはならない」と規定しているが，どのような場合に限り，この禁止事項が解除されるか。

答　港長が，爆発物以外の危険物を積載した船舶につき，その停泊の期間，

ならびに危険物の種類，数量および保管方法に鑑み，差し支えがないと認めて許可したとき。

問114 危険物の「積込」「積替」「荷卸」「運搬」とは，どのような状態をいうか。

答
- 「積込」とは，他の船舶または陸（水）上から船舶内に積載することをいう。
- 「積替」とは，船内において積載場所を変えることをいう。
- 「荷卸」とは，船内から他の船舶または陸（水）上に移す（揚げる）ことをいう。
- 「運搬」とは，特定港内またはその付近にある地点（船舶を含む）の間を船舶により運搬することを意味し，積込，荷卸が伴う作業をいう。単に船舶が特定港に入出港し，または通過する場合における港内およびその付近の航行は含まない。

問115 特定港内において，港長は，爆発物その他の危険物を積載した船舶が，危険貨物の荷役作業を行うことが不適当であると認めるときは，どのような措置をとることができるか。

答 ＜港則法第23条第2項＞
港の境界外において適当な場所を指定して，荷役作業を許可することができる。

問116 港則法第23条2項の立法趣旨について述べよ。

答 危険物の荷役が行われるとき，港内における船舶の輻輳状況，危険物積載船舶の船型，危険物の種類・数量等を勘案すると，当該作業が特定港内で行われることが不適当であると予想される場合，港の境界外でも場所を指定して危険物荷役の許可ができることを定めたもの。

| 問 117 港則法第23条第4項の「特定港の境界付近」とは，どのような水域のことか。

| 答 どの程度を指すかについては明確ではないが，港域外の水域であって当該特定港に出入りする船舶の航路筋にあたる海域，あるいは運搬中に事故があった場合に，当該特定港の安全に影響を及ぼすおそれのある範囲まで。

| 問 118 港則法第24条の立法趣旨について述べよ。

| 答 港内またはその付近の水面において，ごみその他の廃物が投棄され，あるいは荷役の際に積荷が脱落するといったことが起きると，港内における船舶交通の安全および港内の整頓の確保に支障を生ずるおそれがあるので，当該行為を規制し，または当該廃棄物等を回収させて，水路の保全を図ることとしたもの。

| 問 119 港の境界外1万m以内において，廃物の投棄を禁止している理由について述べよ。

| 答 港内のみならず，港の境界外1万m以内の水域まで適用しているのは，投棄されたバラスト，石炭がら等の廃物が港内に連なる航路筋や河川運河に堆積すると，港に出入し，停泊する船舶の交通の安全が阻害されることとなり，また，投棄された廃油，ごみ等の廃物は，潮流等の自然条件ともあいまって広い範囲に拡散する場合もあるので，港内においてのみ適用したのでは，その効果が十分でないから。

| 問 120 港内で海難が発生した場合の措置について述べよ。

| 答 ＜港則法第25条＞
・遅滞なく標識の設定その他危険予防のための措置をとる。
・港長（特定港以外の港にあっては，最寄りの海上保安監部か管区海上保安本部の事務所の長または港長）に報告する。

・海洋汚染等及び海上災害の防止に関する法律等に基づく通報を行った場合，通報した事項について報告することは必要ない。

問 121 港則法第 27 条は，港内における小型船舶の灯火等の表示に関し，海上衝突予防法の特則を定めた規定であるが，その特例について述べよ。

答
・海上衝突予防法では，「航行中の長さ 7m 未満の帆船」および「ろかいを用いて航行中の船舶」は，正規の灯火（舷灯 1 対，船尾灯 1 個または 3 色灯 1 個）を表示しない場合は，白色の携帯電灯または点火した白灯をただちに使用することができるように備えておき，他の船舶との衝突を防ぐために十分な時間これを表示しなければならないとしている。一方，港則法では，正規の灯火を表示しない場合，白色の携帯電灯または点火した白灯を周囲から最も見えやすい場所に表示しなければならないとしている。

・海上衝突予防法では，航行中の長さ 12m 未満の運転不自由船，航行中または錨泊中の長さ 12m 未満の操縦性能制限船（潜水作業に従事しているものを除く）は，それぞれ正規の灯火または形象物を表示することを要しないとしている。一方，港則法では，港内にあるこれらの船舶は，それぞれ規定された灯火および形象物を表示しなければならないとしている。

問 122 港則法第 30 条（火災警報）の立法趣旨について述べよ。

答 特定港のように船舶が輻輳する港においては，港内に停泊する船舶に火災が発生した場合，付近の船舶が退避し，または退避の準備ができるよう，火災が発生したことを周知する必要があるので，火災が発生した船舶に火災警報を行うことを義務付けたもの。

問 123 港則法第 30 条において，「航行している場合を除き」と限定されている理由について述べよ。

答 一般に，航行中火災が発生した場合，ただちに停泊するのが通常であり，

かつ，航行中に汽笛またはサイレンを吹鳴することは，海上衝突予防法に定める各種の信号と混同されるおそれがあるため。

問 124 港則法第 30 条に定められている信号のほかに，火災発生を他に周知するため，どのような手段または方法があるか。

答
- 国際信号旗による以下の旗の掲揚
    - J：私は火災中，危険物を積んでいる。私を十分避けよ。
    - IT：私は火災を起こしている。
    - CB6：私は火災中，援助を頼む。
- 発光信号による方法

問 125 港則法第 31 条（工事の許可）の立法趣旨について述べよ。

答
- 港内または港の境界付近で工事または作業が行われると，一定の水域が占有され，船舶交通の安全および港内の整頓が阻害されるおそれが大きくなること
- 工事，作業は港長の許可制とし，港内における船舶交通の安全を図る
- 港長は許可をするにあたり，船舶交通の安全のため必要な措置を命ずることができることを定めたもの

問 126 港則法における「港の境界付近」とは，どのような場所か。

答 工事または作業が港内における船舶交通や在港船に影響を及ぼし得る範囲をいう。一律に，港界からどの程度の範囲であるか，工事，作業内容や規模，場所により異なるので，明示はできない。航路筋に近い場所，多数の船舶が停泊し，荷役，補油等を行う泊地に近い場所等の状況に応じ，その都度個別に判断しなければならない。

問 127 港則法第 31 条における工事または作業の具体例を述べよ。

答
- 航路，泊地等の浚渫作業

- 港湾用地の造成
- 岸壁，桟橋，ドルフィン等の工作物の設置，補修
- 定置網，のり，かき等の養殖筏，漁礁の設置
- 採泥およびボーリング作業
- 潜水探査，磁気探査の海底調査
- 潜水して行う船底清掃作業
- 沈船引揚げ作業

問128 港則法第31条における，許可を受ける必要のない作業の具体例を述べよ。

答
- 船舶の離着岸作業
- 船内清掃作業等，その及ぼす影響が船内に限られる作業
- 第24条第3項による，港長に命ぜられて廃棄物または散乱するおそれのあるものを除去する作業
- 第26条の規定による，港長に命ぜられて漂流物，沈没物その他の物件を除去する作業

問129 港則法第32条（港内での端艇競争等行事の許可）の規定する港内における行事の計画，実施については，どのようなことを配慮しなければならないか。

答
- 船舶交通の安全に及ぼす影響が最小に留まるような計画であること
- 現場における指揮者の所在，指揮系統，連絡方法を明確にすること
- 行事参加者の危険防止措置，他船への警戒措置をとること
- 事故発生時の対応策をとっておくこと
- 関係者の集合および解散の場所，具体的な要領を定めておくこと
- 船舶の定員超過等の法令違反がないよう注意すること
- 利害関係者の同意を得ておくこと

問130 港則法第35条の立法趣旨について述べよ。

答　港には，多数の船舶が出入りし，または停泊する場所であることから，漁ろう活動がこれらの船舶の自由な運航等を妨げることとなれば，港の機能が著しく損なわれる。このため，港内でも特に船舶交通の輻輳する場所において，交通の障害となるような方法等で，漁ろうすることを禁止し，港内における船舶交通の安全を確保することとしたもの。

問131　港則法第35条において，港内における漁ろうの制限について述べよ。

答　船舶交通の妨げとなるおそれのある港内の場所においては，みだりに漁ろうをしてはならない。

問132　港則法に規定する「漁ろう」と海上衝突予防法における漁ろうに従事する船舶の「漁ろう」の差異について述べよ。

答
- 港則法おける「漁ろう」とは，漁業権に基づく漁ろうのみを意味するのではなく，広く水産動植物の採捕行為をいう。船舶の操縦性は関係ない。
- 海上衝突予防法においては，船舶の操縦性能を制限する網，その他の漁具を用いて行う漁ろうをいう。

問133　港則法において「みだりに漁ろうする」とは，どのような状態のことか。

答　当該漁ろう行為が，船舶交通を妨げるおそれがあるにもかかわらず，漁ろうを行う場合をいう。

問134　港内における，漁ろうしている船舶と一般船舶の関係について述べよ。

答
- 港則法第35条は，航法を規定したものではない。一般船舶と漁ろう船が接近する場合には，航法としては，海上衝突予防法（第9条第3項，第18条第1項，第2項，第38条，第39条等）または港則法

第18条第1項の航法規定による。
- 出会いの場所が航路筋や船舶の輻輳する水域ならば，漁ろう船は予防法の規定に従い，一般船舶の安全な通航を妨げないようにしなければならない。また，一般船舶には避航義務が発生する。
- 遊漁船のような汽艇等に該当するものは，港則法の規定により，一般船舶を避航しなければならない。

問135　港則法第36条の立法趣旨について述べよ。

答　港内または港の境界付近は船舶交通が輻輳しているので，このような場所において強力な灯火が使用されると，運航上，前方の見通し，航路標識の識別を妨げるばかりでなく，運航者の目を幻惑することにより，安全運航を妨げるおそれがある。したがって，このような強力な灯火を使用することを禁止し，またはその灯火の減光または被覆を命ずることができることとしたもの。

問136　減光，被覆とは，どのようなことか。

答
- 減光とは，灯火の出力を制限すること，または灯器（電球）の数を減らすことで灯火を抑えること
- 被覆とは，灯火を他の物で覆うこと

　加えて，灯光の向きを変えたり，高さを加減することで，減光，被覆の効果もある。

問137　港則法の「喫煙等の制限」に関する規定について述べよ。

答　＜第36条の2，第1項＞
　何人も港内においては，相当の注意をしないで，油送船の付近で，喫煙し，または火気を取り扱ってはならない。
＜第36条の2，第2項＞
　港長は，海難の発生その他の事情により，特定港内において引火性の液体が浮流している場合において，火災の発生があると認めるときは，

当該水域にある者に対し，喫煙または火気の取り扱いを制限し，または禁止することができる。ただし，海洋汚染等及び海上災害の防止に関する法律の適用がある場合は，この限りではない。

問 138　港内において，どのような場所で喫煙および火気の取扱いを禁止しているか。

答　油送船の付近

問 139　特定港において，喫煙または火気の取扱いが禁止されることがあるのは，どのような場合か。

答　海難の発生，その他の事情により引火性の液体が浮遊している場合において，火災の発生のおそれがあると認められるとき

問 140　油槽船が着桟していない危険物桟橋において，喫煙制限条項（港則法第36条の2）は適用されるか。また，その理由を述べよ。

答　適用される。
　　油送船が着桟していなくとも，桟橋にはチクサンアームや油送管があり，火災防止のために，喫煙や火気取り扱いを制限できる。

問 141　港則法第36条の3（船舶交通の制限等）に規定されている「特定港内の国土交通省令の定める水路」について述べよ。

答　港内における，特に船舶交通量の多い水路や，狭い水路における通航の安全と円滑を図るため，「国土交通省令の定める水路」を設け，港長が信号所において交通整理のために信号を行い，管制している水路のこと。

問 142　「みだりに…ならない。」とさていれる港則法および港則法施行規則の規定について述べよ。

答
- 第9条：係留等の制限
- 第24条第1項：廃物の棄却禁止
- 第28条：汽笛等の吹鳴の制限
- 第35条：漁ろうの制限
- 第36条：灯火の制限
- 港則法施行規則第6条：停泊の制限

問143 港則法における「みだりに」とは，どういうことか。

答 社会通念上，正当な理由があるとは認められない場合をいい，「正当な理由がなく」とおおむね同義である。その具体的内容については，法律の目的に照らし，行為の目的，方法，態様等を考慮して判断されるべきである。

問144 港則法の規定において，「何人も…してはならない」とある条項について述べよ。

答
- 第24条第1項：水路の保全
- 第36条第1項：船舶交通の妨げとなる灯火の使用禁止
- 第36条の2，第1項：喫煙および火気の使用禁止

問145 港則法に定める特定港で，2隻の船舶が出合い，衝突のおそれがある場合に適用される同法の航法について述べよ。

答
- 第14条第1項：航路外から航路に入り，または航路内から航路外に出ようとする船舶は，航路内航行船の進路を避けなければならない。
- 第14条第3項：航路内において行き会う場合には，互いに航路の右側を航行する。
- 第15条：汽船が港の防波堤の入口または入口付近で他の汽船と出会うおそれのあるときは，入航する汽船は，防波堤の外で出航する汽船の進路を避けなければならない。
- 第18条第1項：汽艇等が港内において，汽艇等以外の船舶と出会い，衝突のおそれがあるときは，当該船舶の進路を避けなければならない。

- 第 18 条第 2 項：国土交通省令の定める船舶交通が著しく混雑する特定港内においては，国土交通省令の定めるトン数以下の船舶（小型船）は，小型船および汽艇等以外の船舶の進路を避けなければならない。

問 146 港長の権限で港の境界外に及ぶ条項には，どのようなものがあるか。

答 第 21 条（港長の入港指揮）
第 23 条第 1 項，第 2 項（危険物の荷役，運搬の許可）
第 24 条第 3 項（廃物・散乱物の除去命令）
第 29 条（私設信号の設置）
第 31 条（工事等の許可および措置の命令）
第 36 条第 2 項（灯火の減光，被覆）
第 36 条の 3（交通整理の権限）
第 37 条の 2（原子力船に対する規制）

問 147 港則法における夜間入港について述べよ。

答 平成 17 年 11 月に夜間入港の制限はなくなった。

問 148 港則法における航法に関する条項を列挙せよ。

答 第 14 条（航路航行船優先，並列航行の禁止，行会うときの右側通航，追越しの禁止）
第 15 条（防波堤入口付近の航法）
第 16 条（速力の制限，帆船の減帆または引船の使用）
第 17 条（工作物の突端・停泊船付近における航法（右小回り左大回り））
第 18 条（汽艇等の避航義務，小型船の避航義務）
第 19 条（特定航法）
同法施行規則第 8 条の 4（小型船および汽艇等以外の船舶の標識）
同法施行規則第 9 条（曳航の制限）
同法施行規則第 10 条（縫航の制限）
同法施行規則第 11 条（進路の表示）

③ 港則法　405

問 149　港則法における危険物に関する条項を列挙せよ。

答　第 21 条（港長の入港指揮，危険物の種類）
　　　第 22 条（危険物を積載した船舶の停泊場所等の指定）
　　　第 23 条（危険物の荷役・運搬の許可）

問 150　出入港するときに制限されることがあるのは，どのような場合か。

答　・水路における航行管制
　　　・危険物積載船の場合

問 151　他の者に影響を与える港則法の規程について述べよ。

答　第 28 条（汽笛吹鳴の制限）
　　　第 35 条（漁ろうの制限）
　　　第 36 条（灯火の制限）
　　　第 36 条の 2（喫煙等の制限）
　　　第 36 条の 3 および第 37 条（船舶交通の制限等）
　　　第 37 条の 2（原子力船に対する規制）

問 152　進路の表示（信号）について述べよ。

答　＜港則法施行規則第 11 条＞
　① 船舶は，港内又は港の境界付近を航行するときは，進路を他の船舶に知らせるため，海上保安庁長官が告示で定める記号を，船舶自動識別装置の目的地に関する情報として送信していなければならない。ただし，船舶自動識別装置を備えていない場合及び船員法施行規則第 3 条の 16 ただし書の規定により船舶自動識別装置を作動させていない場合においては，この限りではない。
　② 船舶は，釧路港，苫小牧港，函館港，秋田船川港，鹿島港，千葉港，京浜港，新潟港，名古屋港，四日市港，阪神港，関門港，博多港，長

崎港または那覇港の港内を航行するときは，前檣その他の見えやすい場所に海上保安庁長官が告示で定める信号旗を掲げて進路を表示するものとする。

問 153 港則法に規定する小型船の夜間の信号を述べよ。また，港則法第18条は夜間でも適用されるか。

答
・白色の全周灯1個を常時表示
・夜間でも適用される

問 154 港内に限らず，港界外にもおいても適用される港則法の条文について述べよ。

答 第16条第1項（速力の制限）：港の境界付近も，他の船舶に危険を及ぼさないような速力で航行する。

第21条第1項（港長の入港指揮）：危険物を積載した船舶は，特定港に入港しようとするとき，境界外で港長の指揮を受ける。

第23条第2項，第3項（危険物の荷役・運搬の許可）：港長は，危険物の荷役を特定港の境界外に指定して許可することができる。この場合は，港の境界内にある船舶とみなす。

第24条第1項，第2項（廃物の投捨禁止，散乱物の脱落防止）：港の境界外1万m以内の水面において，廃物を捨ててはならない。港の境界付近においても，散乱物を脱落させない措置をする。

第25条（海難発生時の処置）：港の境界付近で海難が発生したときも，船長は標識の設定，報告等の措置をとる。

第26条（沈没物等の除去命令）：特定港（特定港以外の港にも準用）の境界付近の交通阻害物件の所有者・占有者に対し，港長は除去を命ずることができる。

第31条（工事等の許可および措置命令）：特定港（特定港以外の港にも準用）の境界付近での工事・作業も港長の許可を受ける。この場合，港長は必要な措置を命ずることができる

第36条（灯火の制限）：特定港の境界付近においても，強力な灯火をみだりに使用してはならない。みだりに使用した場合，港長は，特

定港の境界付近の強力な灯火の使用者に対し，減光または被覆を命ずることができる。

第36条の3第2項（水路航行予定時刻の通報）：一定の大きさの船舶は，交通整理のための命令の定める水路に入航しようとするときは，航行予定時刻を港長に通報する。

第37条の2（原子力船に対する規制）：特定港（他の港にも準用）の境界付近にある原子力船に対しても，港長は停泊場所の指示等の規制をすることができる。

問155 四日市港における特定航法について述べよ。

答 第一航路と午起航路では，第一航路を優先航路とする航法。

問156 関門航路の潮流信号について述べよ。

答
- 潮流信号所：部埼潮流信号所，火ノ山下潮流信号所，台場鼻潮流信号所
- 各信号所の示す値は，早鞆瀬戸の潮流の状況
- 早鞆信号所：総トン数1万トン（油送船にあっては3000トン）以上の船舶が早鞆瀬戸水路に入航する3海里前から同水路を出域するまで
  - Hの点滅：東航船がある
  - Tの点滅：西航船がある
  - HTの交互点滅：東航船および西航船がある

問157 早鞆瀬戸を航行する総トン数100トン未満の汽船の航法について述べよ。

答 西航しようとする総トン数100トン未満の汽船は，門司埼に近寄って航行することができる。その場合，できるだけ門司埼に近寄って航行し，他の船舶に行き会った場合は，「右舷対右舷」で航過すること。潮流の速力を超えて4ノット以上の速力で航行すること。

問 158　早鞆瀬戸を 27 ノットで航行してよいか。

答　よくない。

航路内の速力制限はないが，航走波の影響による被害や，速力の遅い船舶との船間距離が縮まる等の危険，追越し後の割込み，減速等危険な状況が生じないように，安全な速力で航行すべきである。

問 159　関門港の特定航法について述べよ。

答
- 早鞆瀬戸入口付近に達する予定時刻を，通航予定日の前日の正午までに通報する
- 航路の右側を通航する
- 早鞆瀬戸を航行する場合は，潮流の流力を超えて 4 ノット以上の速力で航行する
- 西航する場合の進路信号
  - 第 1 代表旗に WM：六連島東方面
  - 第 1 代表旗に WA：藍島東方面
  - 第 1 代表旗に WS：白州・白島南方面
- 東航する場合の針路信号：第 1 代表旗に E
- 早鞆瀬戸水路では，他の船舶を追越してはならない

問 160　関門港の航路において他船を追い越す場合，海上衝突予防法の追越し信号を行うことができるか。また，その理由を述べよ。

答　できない。

海上衝突予防法の追越し信号を行わなければならない状況では，港則法において，特に追越しを許す場合の条件である安全に変わりゆく余地があることにならないので，追越しは禁止されている。したがって，海上衝突予防法の追越し信号を行うことは航法に違反する。

4 船員法関係

4-1 船員法

問1 発航港前に行わなければならない検査事項について述べよ。

答 ＜船員法第8条，船員法施行規則第2条の2＞
- 船体，機関および排水設備，操舵設備，係船設備，揚錨設備，救命設備，無線設備その他の設備が整備されていること
- 積載物の積付けが船舶の安定性を損なう状況にないこと
- 喫水の状況から判断して船舶の安全性が保たれていること
- 燃料，食料，清水，医薬品，船用品その他の航海に必要な物品が積み込まれていること
- 水路図誌その他の航海に必要な図誌が整備されていること
- 気象通報，水路通報その他の航海に必要な情報が収集されており，それらの情報から判断して航海に支障がないこと
- 航海に必要な員数の乗組員が乗り組んでおり，かつ，それらの乗組員の健康状態が良好であること
- 上記掲げるもののほか，航海を支障なく成就するため必要な準備が整っていること

問2 船長の在船義務について述べよ。

答
- 船員法第11条：船長は，やむを得ない場合を除いて，自己に代わって船舶を指揮すべき者にその職務を委任した後でなければ，荷物の船積および旅客の乗込みのときから荷物の陸揚および旅客の上陸のときまで，自己の指揮する船舶を去ってはならない。
- 入渠中は，積荷がない場合，旅客が乗り込んでいない場合に限り，在船義務の規定は適用されないが，指揮監督の責任はある。

問 3　どのような場合に，船長は甲板上で自ら船舶を指揮しなければならないか。

答　＜船員法第 10 条＞
・船舶が港を出入りするとき
・船舶が狭い水路を通過するとき
・船舶に危険のおそれがあるとき

問 4　航海の成就に関する船長の義務について述べよ。

答　＜船員法 9 条＞
　航海の準備が終わったときは，遅滞なく発航し，かつ，必要がある場合を除いて，予定の航路を変更しないで到達港まで航行しなければならない。

問 5　船舶に危険がある場合の処置について述べよ。

答　＜船員法第 12 条＞
　人命の救助ならびに船舶および積荷の救助に必要な手段を尽くさなければならない。

問 6　船舶が衝突した場合の処置について述べよ。

答　＜船員法第 13 条＞
　船長は，船舶が衝突したときは，互いに人命および船舶の救助に必要な手段を尽くし，かつ，船舶の名称，所有者，船籍港，発航港および到達港を告げなければならない。ただし，自己の指揮する船舶に急迫した危険のあるときは，この限りでない。

問 7　他の船舶の遭難を知った場合の処置について述べよ。

答 ＜船員法第14条＞
　船長は，他の船舶または航空機の遭難を知ったときは，人命の救助に必要な手段を尽くさなければならない。ただし，自己の指揮する船舶に切迫した危険がある場合および国土交通省令の定める場合はこの限りでない。

問8 他の船舶の遭難を知った場合で救助に赴かなくてよい場合（救助義務の免除）について述べよ。

答 ＜船員法第14条，同法施行規則第3条＞
・自己の指揮する船舶に急迫した危険がある場合
・遭難者の所在に関し，到着した他の船舶から救助の必要のない旨の通報があったとき
・遭難船舶の船長が，遭難信号に応答した船舶の中から適当と認める船舶に救助を求めた場合において，救助を求められた船舶の全てが救助に赴いていることを知ったとき
・やむを得ない事由で救助に赴くことができないとき，または特殊な事情によって救助に赴くことが適当でないか，もしくは必要でないと認められるとき

問9 他の船舶の遭難を知った場合でやむを得ない事由で自船が救助に赴けないときの取るべき措置について述べよ。

答 ＜船員法施行規則第3条第1項，第2項＞
　救助に赴くことができない旨を付近にある船舶に通報し，かつ，他の船舶が救助に赴いていることが明らかでないときは，遭難船舶の位置その他救助のために必要な事項を海上保安機関または救難機関に通報しなければならない。

問10 異常気象の通報について述べよ。

答 ＜船員法第14条の2＞
　暴風雨，流氷その他の異常な気象，海象もしくは地象または漂流物もしくは沈没物であって，船舶の航行に危険を及ぼすおそれのあるものに遭遇したときは，その旨を付近にある船舶および海上保安機関その他の関係機関に通報しなければならない。

問11 非常部署表および火災制御図を規定している法規の条項を述べよ。

答 船員法第14条の3，同施行規則第3条の3

問12 非常操舵操練について述べよ。

答 ＜船員法施行規則第3条の4，第4項，第7項＞
　実施間隔：少なくとも3カ月に1回
　実施内容：① 操舵機室から操舵設備の直接の制御
　　　　　　② 船橋と操舵機室との連絡
　　　　　　③ その他操舵設備の非常の場合における操舵を行う

問13 防火操練で行わなければならない事項について述べよ。

答 ＜船員法施行規則第3条の4＞
　・防火扉の閉鎖
　・通風の遮断
　・消火設備の操作

問14 救命艇操練で行わなければならない事項について述べよ。

答 ＜船員法施行規則第3条の4＞
　・救助艇等の振出しまたは降下
　・附属品の確認
　・救命艇の内燃機関の始動および操作

・救命艇の進水および操船
・進水装置用の照明装置の使用

問 15 旅客船以外の遠洋区域または近海区域を航行する船舶が行わなければならない操練について述べよ。

答 ＜船員法施行規則第3条の4＞
操練の種類：防火，防水，救命艇等，救助艇，非常操舵
・膨張式救命いかだの振出しまたは降下およびその附属品の確認は，少なくとも1年に1回
・救命艇の進水および操船は，搭載するすべての救命艇について，少なくとも3カ月に1回
・救助艇操練および非常操舵操練は少なくとも3カ月に1回
・その他については少なくとも1カ月に1回
・さらに，発航の直前に行われる海員に対する操練に，海員の1／4以上が参加していない場合は，発航後24時間以内にこれを実施しなければならない。

問 16 旅客船以外の遠洋区域または近海区域を航行区域とする船舶の救命艇等の操作の間隔について述べよ。

答 ＜船員法施行規則第3条の4＞
・救命艇，端艇の振出しまたは降下およびそれらの附属品の確認：少なくとも1カ月に1回
・救命艇の内燃機関の始動および操作：少なくとも1カ月に1回
・進水装置用の照明装置の使用：少なくとも1カ月に1回
・救命艇の進水および操船（搭載するすべての救命艇について）：少なくとも3カ月に1回
・膨張式救命いかだの振出しまたは降下およびその附属品の確認：少なくとも1年に1回

問 17 非常の場合における旅客を招集するための信号について述べよ。

答 <船員法施行規則第3条の3, 第6項>
　汽笛またはサイレンによる連続した7回以上の短声とこれに続く1回の長声

問 18　航海中, 死亡者を水葬できる要件について述べよ。

答 <船員法第15条, 同法施行規則第4条, 第5条>
・公海にあること
・死亡後24時間を経過していること（伝染病で死亡した場合はこの限りでない）
・衛生上, 遺体を船内に保存することができないこと
・医師の乗組む船舶にあっては, 医師が死亡診断書を作成したこと
・伝染病で死亡した場合は, 十分な消毒を行ったこと

問 19　航行中, 船内に行方不明者が発生した場合の処置について述べよ。

答 <船員法第16条, 同法施行規則第6条, 第7条>
・行方不明者を捜索し, 人命の救助に必要な手段を尽くす。
・遺留品の処置
① 遅滞なく, その船舶に乗組む本人の親族, 友人その他適当な者2名以上を立ち会わせて, 遺留品を取り調べたうえ, 遺留品目録を作成する。
② 遺留品目録には, 所定の事項を記載して, 船長および立会人が記名押印する。
③ 遺留品を管理し, 遺留品目録とともに相続人その他の権利者に引き渡す。
④ 船長は, 遺留品目録および遺留品の管理および引渡しを船舶管理者に委託することができる。
⑤ 遺留品の権利者の存否または所在がわからないときは, 最寄りの地方運輸局長に遺留品を遺留品目録とともに提出する。
⑥ 遅滞なく, 最寄りの地方運輸局長等に所定の報告書2通を提出し, かつ航海日誌を提示し, 雇止めする。

問 20　船員法により船内備置を義務付けられている書類について述べよ。

答　＜船員法第 18 条，第 67 条，第 113 条＞
- 船舶国籍証書または国土交通省令の定める証書
- 海員名簿
- 航海日誌
- 旅客名簿
- 積荷に関する書類
- 海上運送法第 26 条第 3 項に規定する証明書
- 時間外手当に関する帳簿
- 船員法，労働基準法，船員法に基づいて発する命令，労働協約，就業規則，船員の貯蓄金の管理に関する協定等の書類

問 21　どのような場合に，航行に関する報告をしなければならないか。

答　＜船員法第 19 条 1 号～6 号＞
- 船舶の衝突，乗揚，沈没，滅失，火災，機関の損傷その他の海難が発生したとき
- 人命または船舶の救助に従事したとき
- 航行中，他の船舶の遭難を知ったとき（無線電信によって知ったときを除く）
- 船内にある者が死亡し，または行方不明となったとき
- 予定の航路を変更したとき
- 船舶が抑留され，または捕獲されたとき，その他船舶に著しい事故があったとき

問 22　自動操舵使装置の使用時の注意事項について述べよ。

答　＜船員法施行規則第 3 条の 15 ＞
- 長時間使用したとき，または危険のおそれのある海域を航行しようとするときは，手動操舵を行うことができるかどうかについて検査すること

- 危険のおそれのある海域を航行する場合，自動操舵装置を使用するときは，ただちに手動操舵を行うことができるようにしておくこと。操舵を行う能力を有する者が速やかに操舵を引き継ぐことができるようにしておくこと
- 自動操舵から手動操舵への切り換えおよびその逆の切り換えは，船長もしくは甲板部の職員の監督の下に行うこと

問 23 2つ以上の動力装置を同時に作動することができる操舵装置を有する船舶は，その動力装置の作動について，どのようにしなければならないと規定されているか。

答 ＜船員法施行規則第3条の14＞
以下の海域を航行する場合には，2つ以上の動力装置を作動させておかなければならない。
- 船舶交通の輻輳する海域
- 視界制限状態にある海域
- その他の船舶に危険のおそれがある海域

問 24 操舵設備に関して，発港前の検査を行わなくてもよいとされる条件について述べよ。

答 ＜船員法施行規則2条の2＞
発航前12時間以内に検査を行った場合（操舵装置の発航前の検査は発航前12時間以内に実施すればよい）

問 25 船内秩序維持に関して，海員はどのような事項を遵守しなければならないか。

答 ＜船員法第21条＞
- 上長の職務上の命令に従うこと
- 職務を怠り，または他の乗組員の職務を妨げないこと
- 船長の指定するときまでに船舶に乗り込むこと

- 船長の許可なく船舶を去らないこと
- 船長の許可なく救命艇その他の重要な属具を使用しないこと
- 船内の食料または淡水を濫用しないこと
- 船長の許可なく電気もしくは火気を使用し，または禁止された場所で喫煙しないこと
- 船長の許可なく日用品以外の物品を船内に持ち込み，または船内から持ち出さないこと
- 船内において争闘，乱酔その他粗暴の行為をしないこと
- その他，船内の秩序を乱すようなことをしないこと

問 26 船長が海員を懲戒することできるのは，どのような場合か。

答 ＜船員法第 22 条＞
海員が船員法第 21 条（船内秩序）に規定する事項を遵守しなかった場合。懲戒の種類は，上陸禁止（10 日以内）と戒告。

問 27 船員法違反に対する懲役の罰則を規定している法規について述べよ。

答 船長：船員法第 122 条，第 123 条，第 124 条，第 125 条，第 126 条
海員：船員法第 127 条，第 128 条，第 128 条の 2

問 28 危険な行為に対する処置について述べよ。

答 ＜船員法第 25 条，第 26 条，第 27 条＞
- 船長は，海員が凶器，爆発または発火しやすい者，劇薬その他の危険物を所持するときは，その物につき保管，放棄その他の処置をすることができる。
- 船長は，船内にある者の生命もしくは身体または船舶に危害を及ぼすような行為をしようとする海員に対し，その危害を避けるのに必要な処置をすることができる。
- 船長は，必要があると認めるときは，旅客その他船内にある者に対しても，上記に規定する処置をすることができる。

問 29 争議行為の制限について述べよ。

答 ＜船員法第 30 条＞
　労働関係に関する争議行為は，船舶が外国の港にあるとき，またはその争議行為により人命もしくは船舶に危険が及ぶようなときは，これをしてはならない。

問 30 衛生管理者について述べよ。

答 ＜船員法第 82 条の 2＞
・衛生管理者の選任
　① 遠洋区域または近海区域を航行区域とする総トン数 3000 トン以上の船舶
　② 国土交通省令で定める漁船
・衛生管理者は，衛生管理者適任証書を受有する者でなければならない。ただし，やむを得ない事由がある場合において，国土交通大臣の許可を受けたときは，この限りでない。
・衛生管理者は，船内の衛生管理に必要な業務に従事する者で，必要に応じて，医師の指導を受けるように努めなければならない。

問 31 労働時間について述べよ。

答 ＜船員法第 60 条，第 61 条＞
　1 日当たり：8 時間以内
　1 週間当たり：基準労働期間について平均 40 時間以内
　休日は，1 週間当たり基準労働期間について平均 1 日以上

問 32 時間外手当の対象とならない作業について述べよ。

答 ＜船員法第 68 条＞
・人命，船舶もしくは積荷の安全を図るため，または人命もしくは他の

船舶を救助するため緊急を要する作業
・防火操練，救命艇操練その他これらに類似する作業
・航海当直の通常の交代のために必要な作業

問33 船員に対する債権と給料の支払いの債務との相殺の制限について述べよ。

答 ＜船員法第35条＞
　船舶所有者は，船員に対する債権と給料の支払い債務とを相殺してはならない。ただし，相殺の額が給料の1／3を超えないときおよび船員の犯罪行為による損害賠償の請求権をもってするときは，この限りでない。

問34 新乗船者に対して，船長がすべき教育および訓練について述べよ。

答 ＜船員法施行規則第3条の11，第1項（船上教育）＞
　海員が当該船舶に乗り組んでから2週間以内に，当該船舶の救命設備および消火設備の使用方法に関する教育を施さなければならない。
＜船員法施行規則第3条の12，第1項（船上訓練）＞
　海員が当該船舶に乗り組んでから2週間以内に，当該船舶の救命設備および消火設備の使用方法に関する訓練を施さなければならない。

4-2　船員労働安全衛生規則

問1 船員労働安全衛生規則には，どのようなことが規定されているか。

答
・安全担当者，衛生担当者に関する事項
・安全基準および衛生基準
・個別作業基準
・特殊危害防止基準
・年少船員および女子船員の就業制限
・登録安全担当者講習実施機関

・登録危険作業講習実施機関

問2 安全担当者の選任を規定している法規について述べよ。

答 ＜船員労働安全衛生規則第2条＞
　船舶所有者は，船内において，この省令に定める事項を行うために，船長の意見を聞いて，甲板部，機関部，無線部，事務部その他の各部について，当該部の海員の中からそれぞれ安全担当者を選任しなければならない。

問3 安全担当者の業務を規定している法規について述べよ。

答 ＜船員労働安全衛生規則第5条1号～6号＞
・作業設備および作業用具の点検および整備
・安全装置，検知器具，消火器具，保護具その他危害防止のための設備および用具の点検および整備
・作業を行う際に危険なまたは有害な状態が発生した場合または発生するおそれのある場合の適当な応急措置または防止措置
・発生した災害の原因の調査
・作業の安全に関する教育および訓練
・安全管理に関する記録の作成および管理

問4 衛生担当者の選任を規定している法規について述べよ。

答 ＜船員労働安全衛生規則第7条＞
　船舶所有者は，船内においてこの省令に定める事項を行うために，船長の意見を聞いて，次のいずれかの要件に適合する海員の中から（小型船にあっては，船内の衛生管理に関する知識を有する海員の中から），衛生担当者を選任しなければならない。
① 船員労働安全衛生規則第6条の2第1号または第2号に掲げる要件
② 船舶職員及び小型船舶操縦者法別表第1第3号に規定する救命講

習又は機関救命講習であって，同法第4条第2項に規定する登録海技免許講習実施機関が実施するものの課程を修了していること

問5 衛生担当者の業務を規定している法規について述べよ。

答 ＜船員労働安全衛生規則第8条1～6号＞
・居住環境衛生の保持
・食料および用水の衛生の保持
・医薬品その他の衛生用具，医療書，衛生保護具等の点検および整備
・負傷または疾病が発生した場合における適当な救急措置
・発生した負傷または疾病の原因の調査
・衛生管理に関する記録の作成および管理

問6 船舶所有者は，船員にどのような安全衛生教育を行うことを義務付けられているか。

答 ＜船員労働衛生規則第11条第1項1号～5号＞
・船内の安全および衛生に関する基礎的事項
・船内の危険なまたは有害な作業についての作業方法
・保護具，命綱，安全ベルトおよび作業用救命胴衣の使用方法
・船内の安全および衛生に関する規定を定めた場合は，当該規定の内容
・乗り組む船舶の設備および作業に関する具体的事項

問7 船員労働安全衛生規則の経験を要する作業について述べよ。

答 ＜船員労働安全衛生規則第28条＞
・揚錨機，ラインホーラー，ネットホーラーその他，錨鎖，索具，漁具等を海中に送入もしくは巻き上げる機械を操作し，またはこれらの機械により海中に送入もしくは巻上げ中の錨鎖，索具，漁具などの走行を人力で調整する作業
・クレーン，ウインチ，デリックその他の重量物を移動する機械または装置を操作する作業

- 運転中の機械または動力伝導装置の運動している部分への注油, 掃除, 修理もしくは検査または運動している調帯の掛け換えの作業
- 切削またはせん孔用の工作機械を使用する作業
- 推進機関用の重油専焼缶に点火する作業
- 刃物を用いて鯨体を解体する作業
- 床面から2m以上の高所であって, 墜落のおそれのある場所における作業
- 舷外に身体の重心を移して行う作業
- 危険物の状態, 酸素の量または人体に有害な気体を検知する作業

問8 高所作業とは, どのような作業か。また, 高所作業を行わせてはいけないのは, どのような者か。

答 <船員労働安全衛生規則第51条>
床面から2m以上の高所であって, 墜落のおそれのある場所における作業
<船員労働安全衛生規則第28条>
その作業を担当する部の業務経験6カ月未満の者, その他一定の資格・条件を満たさない者
※「一定の資格」とは
- 国土交通大臣がその作業について指定した講習を修了していること
- その作業を所掌する部の海技従事者として免許を受けていること
- 国土交通大臣がその作業について認定した資格を持っていること

問9 船舶に積み込んだ飲用水の管理について述べよ。

答 <船員労働安全衛生規則第40条の2>
- 少なくとも1年に1回, 地方公共団体等の行う水質検査を受けなければならない。
- 少なくとも1カ月に1回, 飲用水に含まれる遊離残留塩素の含有率についての検査を行わなければならない。
- 少なくとも2年(船舶安全法第10条第1項ただし書に規定する船舶にあっては3年)に1回, 飲用水タンク, 当該タンクに付属する管

系等の洗浄を行わなければならない。

問 10 清水の積込および貯蔵について述べよ。

答 ＜船員労働安全衛生規則第38条＞
　清浄なものを衛生的に積み込まなければならず，かつ，衛生的に保つために以下に掲げる措置を講じなければならない。
・清水の積込前には，元栓およびホースを洗浄すること
・清水用の元栓およびホースは，専用のものとすること
・清水用の元栓にはふたを付け，ホースは清潔な場所に保管すること
・清水タンクに使用する計量器具は専用のものとし，かつ，清潔に保存すること
・飲用水のタンクで内部がセメント塗装のものは，貯蔵する清水を正常に保ちうる状態まであく抜きすること
・その他清水を衛生的に保つための必要な措置

問 11 安全標識について，どのような場所に，どのような標識を設置しなければならないか。

答 ＜船員労働安全衛生規則第24条＞

区分	設置場所	安全標識
1	危険物，常用危険物を積載する場所	防火標識，禁止標識または危険標識
2	火薬庫	第三種標識による，防火標識，禁止標識または危険標識
3	・消火器具置場 ・墜落の危険のある開口 ・高圧電線の露出箇所 ・担架置場等の船内必要な箇所	防火標識，禁止標識，危険標識，注意標識，救護標識または用心標識
4	・1, 2, 3に掲げる場所のうち必要な所 ・非常の際に脱出する通路，昇降設備および出入口	夜光塗料を用いた方向標識または指示標識

問 12 安全標識に夜光塗料を用いることについての規定を述べよ。

| 答 | <船員労働安全衛生規則第24条第3項>
以下に掲げる箇所には，夜光塗料を用いて方向標識または指示標識を施さなければならない。ただし，非常照明装置が設けられている箇所については用いなくてもよい。
・非常の際に脱出する通路，昇降設備および出入口
・消火器具置場

| 問 13 | 舷外作業を行う場合，使用しなければなれない保護具について述べよ。

| 答 | <船員労働安全衛生規則第52条>
命綱または作業用救命胴衣を使用しなければならない。また，作業場所付近に救命浮環等の救命器具をただちに使用できるように用意しなければならない。

| 問 14 | 船内の管系および電路の識別標識について述べよ。

| 答 | <船員労働安全衛生規則第23条>
・識別色の標識をリング状に表示すること。また，バルブのハンドルは同色とする。
・標識の周囲は，白の生地色を適当な範囲まで施す。
・船内の消火の用に供することができる管系のバルブのボディは赤で塗装する。
・船内の安全上，必要があると認められる箇所にある電路には，見やすい箇所に電圧を赤で標示する。

管系	識別色
清水管系	青
海水管系	緑
燃料油管系	赤
潤滑油管系	黄
蒸気管系	銀
圧縮空気管系	ねずみ
ビルジ管系	黒

| 問 15 | 船長による統括管理について述べよ。

| 答 | <船員労働安全衛生規則第1条の2>
船舶所有者は，船内における安全および衛生に関する事項に関し，船

長に統括管理させ，かつ，安全担当者，消火作業指揮者，衛生担当者その他の関係者の間の調整を行わせなければならない。

> **問 16** 安全管理，衛生管理および消火等に関する改善意見の申し出について述べよ。

答 ＜船員労働安全衛生規則第6条＞
① 安全担当者は，船長を経由し，船舶所有者に対して，作業設備，作業方法等について安全管理に関する改善意見を申し出ることができる。この場合において，船長は，必要と認めるときは，当該改善意見に自らの意見を付すことができる。
② 船舶所有者は，前項の申し出があった場合は，その意見を尊重しなければならない。
＜船員労働安全衛生規則第9条＞
① 衛生担当者は，船長を経由し，船舶所有者に対して，衛生設備，居住環境等について衛生管理に関する改善意見を申し出ることができる。この場合において，船長は，必要と認めるときは，当該改善意見に自らの意見を付すことができる。
② 船舶所有者は，前項の申し出があった場合は，その意見を尊重しなければならない。
＜船員労働安全衛生規則第6条の4＞
① 消火作業指揮者は，船長を経由し，船舶所有者に対して，消火設備，消火作業に関する訓練等について火災予防および消火作業に関する改善意見を申し出ることができる。この場合において，船長は，必要と認めるときは，当該改善意見に自らの意見を付すことができる。
② 船舶所有者は，前項の申し出があった場合は，この意見を尊重しなければならない。

5 船舶職員及び小型船舶操縦者法

問1 船舶職員及び小型船舶操縦者法の目的について述べよ。

答 ＜船舶職員法及び小型船舶操縦者法第1条＞
　この法律は，船舶職員として船舶に乗り組ませるべき者の資格ならびに小型船舶操縦者として小型船舶に乗船させるべき者の資格および遵守事項等を定め，もって船舶の安全を図ることを目的とする。

問2 業務停止を命ずる期間について述べよ。

答 ＜船舶職員及び小型船舶操縦者法第10条第1項＞
　国土交通大臣は，海技士が次の各号のいずれかに該当するときは，その海技免許を取り消し，2年以内の期間を定めてその業務の停止を命じ，またはその者を戒告することができる。ただし，これらの事由によって発生した海難について海難審判所が審判を開始したときは，この限りでない。
① この法律またはこの法律に基づく命令の規定に違反したとき。
② 船舶職員としての職務または小型船舶操縦者としての業務を行うにあたり，海上衝突予防法（昭和五十二年法律第六十二号）その他の他の法令の規定に違反したとき。

問3 航海中に死亡その他やむを得ない事由により，船舶職員として乗り組んだ海技従事者に欠員を生じた場合の措置について述べよ。

答 ＜船舶職員及び小型船舶操縦者法第19条＞
① 第18条の規定は，船舶職員として乗り組んだ海技士の死亡その他やむを得ない事由により船舶の航海中に船舶職員に欠員を生じた場合には，その限度において，当該船舶については，適用しない。ただし，その航海の終了後は，この限りでない。
② 前項の場合においては，船舶所有者は，遅滞なく，国土交通大臣に

その旨を届け出なければならない。
③　国土交通大臣は，第1項の場合において，必要があると認めるときは，船舶所有者に対し，その欠員を補充すべきことを命ずることができる。

問4　海技免状の携行および譲渡について述べよ。

答　＜船舶職員及び小型船舶操縦者法第25条，第25条の2＞
　海技士または小型船舶操縦士は，船舶職員として船舶に乗り組む場合または小型船舶操縦者として小型船舶に乗船する場合には，船内に海技免状または操縦免許証を備え置かなければならない。
　海技士または小型船舶操縦士は，その受有する海技免状または操縦免許証を，他人に譲渡し，または貸与してはならない。

問5　海技免状の更新要件について述べよ。

答
・乗船履歴。次のいずれかを満たすこと。
　①　総トン数20トン以上の船舶での職員履歴が有効期間満了日以前5年間で1年以上
　②　総トン数20トン以上の船舶での職員履歴が更新申請日以前6カ月以内で3カ月以上
・更新講習の受講
・同等業務経験による認定

6 海難審判法

> **問1** 海難審判はどのような関係者で構成されるか。

答 ＜海難審判法第12条，第14条＞
- 審判官：海難審判所は審判官3名をもって構成する合議制（地方海難審判所は審判官1名）。事件が1名の審判官で審判を行うことが不適当であると認めるときは，前項の規定にかかわらず，3名の審判官で構成する合議体で審判を行う。審判官は所定の資格をもって，海難の原因を判断する者。
- 理事官：所定の資格をもった審判関係人であり，海難事件の調査，審判の請求，審判の立会いおよび裁決の執行を行う者。

＜海難審判法第28条第1項＞
- 受審人：海技士もしくは小型船舶操縦士または水先人の職務上の故意または過失によって海難が発生したと認められ，理事官により審判開始申立書に受審人として記載されたか，審判開始の申し立て後，新たに受審人として指定された者。

＜海難審判法施行規則第41条＞
- 指定海難関係人：審判関係人の一員であり，海技従事者でも水先人でもなく，理事官によって勧告裁決を請求する必要があると認められ，審判開始申立書に指定海難関係人として指定されたか，審判開始申し立て後，新たに指定された者。

＜海難審判法第19条〜23条＞
- 補佐人：高等海難審判庁長官の監督を受けて，海難審判で受審人が指定海難関係人の利益のために審判上の行為（弁護）をする，所定の資格を持つ，海事の法律の専門家。

> **問2** 海難審判法による海難とは何か。何の損害がなくても海難となるのは，どのような場合か。また，船舶の安全が阻害されるとは，どのような場合か。

答 ＜海難（海難審判法第2条）＞
・船舶に損傷を生じたとき，または船舶の運用に関連して船舶以外の施設に損傷を生じた場合
・船舶の構造，設備または運用に関連して人に死傷が生じたとき
・船舶の安全または運航が阻害されたとき

＜損害がなくても海難となる場合＞
　船舶の安全または運航が阻害されるとは，船舶が危険でない状態にあることや予定通りに運航することが妨げられることであり，運航の阻害とは，運航が現実に阻害されることが必要であるが，船舶の安全を誰も期待できない状態（船長が泥酔して出入港部署についている状態等），具体的な危険に陥らなくても船舶の安全は阻害されていることになる。

・船舶の安全の阻害
　① 正当な理由なしに船舶を放棄し漂流させた
　② 積付け不良のため荷くずれが生じ，船舶が著しく傾斜した
　③ 夜間，法定の灯火を表示せず航行したり，停泊灯を表示せず錨泊した
　④ やむを得ない事由がないのに，航路標識の灯質や灯色等が予告なしに変更された

・船舶の運航の阻害
　① 海上衝突予防法，海上交通安全法または港則法の規定に違反し，狭い水道や航路内に錨泊した
　② 砂洲に乗り揚げて，船体は無傷でも航行できなくなった
　③ 燃料や清水の積込みが不十分で，航海の継続ができなくなった
　④ 保守点検を怠り，機関の調子が悪く，速力が出ないため，予定通りの運航ができなくなった

問3 海難審判において，上告は，いつ，誰が，どこにするのか。

答 ＜海難審判法第53条＞
　裁決に対し，裁決の言い渡しから30日以内に，補佐人，受審人が，東京高等裁判所にする。

問4 海難審判と民事裁判，刑事裁判の関係について述べよ。

答　海難審判は，海難審判庁が海難の原因を明らかにして，同種の原因による海難が再発しないようにすることを目的としている。この点で，海難審判の裁決が司法裁判所を拘束するものではないが，民事訴訟では，当事者が海難審判の裁決を挙証の場合に証拠として用いることが多いことから，裁決が民事訴訟での挙証に重大な役割を果たしている。また，民事訴訟では損害賠償の解決に相当の年月がかかるので，大部分は海難審判の裁決を利用して事件が解決されるのが実情である。裁決を待たずに示談が成立する場合も極めて多い。

　一方，刑事訴訟では，海難審判先行の原則に沿い，公訴の提起に先立って審判請求がなされることが多く，その裁決は，検察側が行う罪の構成上の立証に用いられることがある。

　また，船舶保険では，衝突損害填補条項（衝突約款）の適用上，衝突各船の過失を認定する場合に，海難審判の裁決が重要な資料となり，裁決に示された懲戒の種類と程度によって，衝突船舶の関係者が過失の有無とその割合を協定することが一般に行われている。

問5 日本で行うべき海難審判において，「人」「水域」「船舶」の範囲について述べよ。

答　＜人＞
・日本人
・日本国の領土，領海または内水内にある外国人
・日本国の海事従事者免状を行使している外国人
＜水域＞
・日本国の領海および内水の内外を問わずすべての海域
・日本国内の湖沼や河川
・外国船にあっては，日本国の領海，内水等の日本国の法権のおよぶ範囲の水域
＜船舶＞
・日本船舶

- 日本の領海，内水等，日本国の法権のおよぶ水域にある日本船舶以外の船舶
- 建造中の船舶は，運航できる状態に完工したとき（航行の用に供せる状態になったとき）
- 人か物を載せて水上を移動するものは海難審判法の船舶であり，その用途や大小は問わない

問6 海難審判は何審制か。

答 1審制である。

問7 海難審判法に定める懲戒について述べよ。

答 ＜海難審判法第4条＞
- 免許の取消
- 業務の停止（1カ月以上3年以下）
- 戒告

問8 海難審判法の「一事不再理」とは，どのようなことか。

答 ＜海難審判法第6条＞
　海難審判所は，本案につき既に確定裁決のあった事件については，審判を行うことはできない。

7 船舶のトン数の測度に関する法律

問1 船舶のトン数の測度に関する法律の趣旨について述べよ。

答 ＜船舶のトン数の測度に関する法律第1条＞
　この法律は，1969年の船舶のトン数の測度に関する国際条約を実施するとともに，海事に関する制度の適正な運営を確保するため，船舶のトン数の測度及び国際トン数証書の交付に関し必要な事項を定めるものとする。

問2 トン数の種類について述べよ。

答 ＜船舶のトン数の測度に関する法律第4条（国際総トン数）＞
　国際総トン数は，1969年の船舶のトン数の測度に関する国際条約および同条約の附属書の規定に従い，主として国際航海に従事する船舶について，その大きさを表すための指標として用いられる指標とする。
＜同法第5条（総トン数）＞
　総トン数は，我が国における海事に関する制度において，船舶の大きさを表すための主たる指標として用いられる指標とする。
＜同法第6条（純トン数）＞
　純トン数は，旅客または貨物の運送の用に供する場所とされる船舶内の場所の大きさを表すための指標として用いられる指標とする。
＜同法第7条（載貨重量トン数）＞
　載貨重量トン数は，船舶の航行の安全を確保することができる限度内における貨物等の最大積載量を表すための指標として用いられる指標とする。

8 船舶安全法関係

8-1 船舶安全法

問1 船舶安全法の目的および堪航性について述べよ。

答 ＜船舶安全法第1条＞
　船舶の孤立性，完結性を考慮して，船舶の堪航性（海上にて通常遭遇すると予想される危険に堪え安全に航行できること）を保持し，万一危難に遭遇しても人命の安全を保持するために，船体，機関および諸設備を SOLAS 条約に準拠させ，これらについて最低限度の基準を設けて，各船舶に強制し，もし，この基準に達しない場合，その船舶は航行の用に供することができないと規定し，船舶の安全性を保つことを目的としている。

問2 船舶が定期的に行わなければならない検査について述べよ。

答 ＜船舶安全法第5条第1項＞
　定期検査と中間検査

問3 第1種中間検査の検査項目について述べよ。

答 ＜船舶安全法施行規則第18条第1項＞
・船舶安全法第2条第1項1号〜13号に掲げる事項
・満載喫水線および無線電信等について行う検査

問4 臨時検査は，どのような場合に行うか。

答 ＜船舶安全法第5条3号＞
・船舶安全法第2条第1項に掲げる事項または無線電信等について，国土交通省令（船舶安全法施行規則第19条第1項）をもって定める

・改造または修理を行うとき
・満載喫水線の位置または船舶検査証書に記載した条件の変更を受けるとき
・その他，国土交通省令（船舶安全法施行規則第19条第3項）の定めるとき

問5 船舶の航行区域について規定している法規について述べよ。

答 ＜船舶安全法施行規則第1条第6項～第9項＞
平水区域（第6項），沿海区域（第7項），近海区域（第8項），遠洋区域（第9条）

問6 船舶の堪航性の異議申し立てに関する必要事項について述べよ。

答 ＜船舶安全法第13条，同法施行規則第50条＞
・申し立てをしようとする船舶乗組員の職務および氏名
・重大な欠陥があると思われる事項およびその現状
・申し立てをするに至った経過
・上記の事項を記載した申立書の申立事項に対する船長の意見書

問7 コンテナの段積み制限に関する規定について述べよ。

答 ＜船舶安全法施行規則第56条の4, 1号＞
管海官庁は，法による検査を受け，これに合格したコンテナ（初めて材料試験および荷重試験を行ったものに限る）または法による検定を受け，これに合格したコンテナについて，最大総重量，最大積重ね重量（コンテナ上部に他のコンテナを積み重ねることにより，当該コンテナに負荷される荷重のうち許容される最大のものをいう），ラッキング試験荷重値，端壁強度および側壁強度を指定する。

問8 最大搭載人員を規定している法規について述べよ。

答 ＜船舶安全法施行規則第8条, 第9条＞
　船舶の安全を確保するため, 船舶に搭載することを許される最大限度の人員をいう。

問9 最大搭載人員を超えて航行できる条件について述べよ。

答
・船舶検査証書の書き換えを申請して, 書き換えられた場合
・やむを得ない場合（傷病船員の補充, 遭難者の救助等）

問10 「その他の乗船者」とは, どのような者か。

答　船舶所有者, 船舶管理人, 船舶借入人, 船荷上乗人, 検疫吏員, 税関吏員, 水先人, その他船員でなく船内で業務に従事する者

問11 満載喫水線を標示しなければならない船舶について述べよ。

答 ＜船舶安全法第3条＞
・遠洋区域または近海区域を航行区域とする船舶
・沿海区域を航行区域とする長さ24m以上の船舶
・総トン数20トン以上の漁船

問12 船舶検査証書について述べよ。

答 ＜船舶安全法第9条＞
・管海官庁が, 定期検査に合格した船舶に対して, 航行区域, 最大搭載人員, 制限気圧, 満載喫水線の位置等, 航行上の条件を定めて交付する証書
・有効期限は5年

問13 船舶検査手帳について述べよ。

答 <船舶安全法第 10 条の 2 >
・検査に関する事項を記入するための手帳で，最初の定期検査に合格した後，管海官庁から交付される
・船級協会は，検査を行った場合，それに関して必要事項を記載する
・船内に備え置く

問 14 安全管理手引書について述べよ。

答 <船舶安全法施行規則第 12 条の 2 >
　安全管理手引書は，船舶所有者が，国際航海に従事する旅客船，タンカー，液化ガスばら積船，液体化学薬品ばら積船等の一定の船舶ごとに，SOLAS 条約に規定する国際安全管理規則に従って，当該船舶の航行の安全を確保するため船舶および船舶を管理する船舶所有者の事務所において行われるべき安全管理に関する事項を定めたもの。

8-2　船舶設備規定

問 1　錨，錨鎖の数や重さは，何によって定められるか。

答　船舶の艤装数等を定める告示（平成 10 年 7 月 1 日運輸省告示第 336 号）第 2 条の艤装数によって定められる（船舶設備規定第 123 条～第 126 条に規定）。

問 2　海図等の備付けの規定について述べよ。

答 <船舶設備規定第 146 条の 10 >
　遠洋区域，近海区域または沿海区域を航行区域とする船舶には，航行する海域および港湾の海図その他予定された航海に必要な航海用刊行物を備えなければならない。ただし，機能等について告示（航海用具の基準を定める告示（平成 14 年 6 月 25 日国土交通省告示第 520 号）第 5 条）で定める要件に適合する電子海図情報表示装置その他電子航海刊行物情報表示装置を備える場合はこの限りでない。

問3 コンテナのプロトタイプ試験（荷重試験）について述べよ。

答 ＜船舶設備規程第311条の18（第13号表）＞
　コンテナは，第13号表に定める荷重試験を行っても，安全な使用を困難にするような永久的な変形またはき裂その他の異状を生じないものでなければならない。

問4 救命いかだの落下強度について述べよ。

答 ＜船舶救命設備規則第21条第1項3号＞
　18mの高さ（水面からの高さが18mを超える場所に積み付けられる救命いかだにあっては，当該積付場所）から水上に投下した場合に，救命いかだおよびその艤装品が損傷しないものであること。

問5 航海用レーダーを2台備えなければならない船舶について述べよ。

答 ＜船舶設備規程第146条の12，第1項＞
　総トン数3000トン以上の船舶

問6 自動衝突予防援助装置を備えなければならない船舶について述べよ。

答 ＜船舶設備規程第146条の16＞
　総トン数1万トン以上の船舶

8-3　危険物船舶運送及び貯蔵規則

問1 タンカー荷役中に，船長が見張らなければならない事項について述べよ。

答 ＜危険物船舶運送及び貯蔵規則第333条第5項＞
　船長は，引火性液体物質の荷役中，次の事項を監視しなければならな

い。
- 貨物油の荷役装置の弁の作動状況
- 貨物油の荷役装置の作動圧力
- 油の漏れの有無
- 積込みの状況
- ボイラ，調理室からの火粉の飛来の有無

問2 常用危険物とは，どのようなものか。

答 ＜危険物船舶運送及び貯蔵規則第2条2号＞
　　船舶の航行または人命の安全を保持するため，当該船舶において使用する危険物

問3 危険物を積載する場合に，船長が確認しなければならない事項について述べよ。

答 ＜危険物船舶運送及び貯蔵規則第19条＞
① 危険物の船積みをする場合は，船長は，その容器，包装，標札等および品名等の表示がこの省令の規定に適合し，かつ，危険物明細書の記載事項と合致していることを確認しなければならない。
② 前項の確認をする場合において，その容器，包装，標札等および品名等の表示に関して，この省令の規定に違反しているおそれがあると認めるときは，証人の立ち会いの下に荷ほどきして検査することができる。

問4 木材の甲板積みをする場合の高さ制限について述べよ。

答 ＜特殊貨物船舶運送規則第30条＞
　　木材を甲板に積み付ける場合には，水分の吸収によるその質量の増加および燃料その他消耗品の質量の変化を考慮し，船舶が全航海を通じて十分な復原性を維持できるように積み付けなければならない。この場合において，ラワン原木その他これに類似の大型丸太材の積付け高さは，

上甲板から上方に当該積載場所の甲板の幅(船舶の幅を超える場合は船舶の幅)の1/3を超えてはならない。

8-4　海上における人命の安全のための国際条約等による証書に関する省令

問1　条約証書の種類について述べよ。

答　＜海上における人命の安全のための国際条約等による証書に関する省令第1条の2,14号＞
　旅客船安全証書,原子力旅客船安全証書,貨物船安全構造証書,貨物船安全設備証書,貨物船安全無線証書,貨物船安全証書,国際照射済核燃料等運送船適合証書,国際液化ガスばら積船適合証書,国際液体化学薬品ばら積船適合証書,免除証書,高速船安全証書,高速船航行条件証書,国際満載喫水線証書,国際満載喫水線免除証書および国際防汚方法証書

問2　条約証書の有効期限について述べよ。

答　＜海上における人命の安全のための国際条約等による証書に関する省令第4条＞
① 旅客船安全証書:当該証書の交付の日後最初に行われる中間検査にかかわる検査基準日(船舶安全法施行規則第18条第2項の表,備考第2号(同条第7項の規定により読み替えて適用する場合を含む)に規定する検査基準日をいう。次項第1において同じ)または船舶検査証書の有効期間が満了する日のいずれか早い日
② 原子力旅客船安全証書:当該証書の交付の日後最初に行われる中間検査の日(船舶安全法施行規則第18条第2項の表第2号下欄に掲げる日をいう)または船舶検査証書の有効期間が満了する日のいずれか早い日
③ 貨物船安全構造証書,貨物船安全設備証書,貨物船安全無線証書,貨物船安全証書,国際照射済核燃料等運送船適合証書,国際液化ガスばら積船適合証書,国際液体化学薬品ばら積船適合証書,高速船

安全証書および高速船航行条件証書ならびに国際満載喫水線証書：船舶検査証書の有効期間が満了する日
④　旅客船安全証書にかかわる要件の一部または全部を免除する免除証書：当該証書の交付の日後最初に行われる中間検査にかかわる検査基準日または船舶検査証書の有効期間が満了する日のいずれか早い日
⑤　貨物船安全構造証書，貨物船安全設備証書，貨物船安全無線証書または貨物船安全証書にかかわる要件の一部または全部を免除する免除証書および国際満載喫水線免除証書：船舶検査証書の有効期間が満了する日

問3　条約証書の有効期限の延長について述べよ。

答　＜海上における人命の安全のための国際条約等による証書に関する省令第5条＞
①　管海官庁または日本の領事官は，条約証書（原子力旅客船安全証書を除く。以下この条において同じ）の有効期間が満了する際，外国の港から本邦の港または船舶安全法第5条第1項の検査を受ける予定の外国の他の港に向け航海中となる船舶（船舶検査証書を受有する船舶に限る。以下この条において同じ）については，申請により，当該条約証書の有効期間が満了する日の翌日から起算して3カ月（高速船にあっては，1カ月）を超えない範囲内において，その指定する日まで当該条約証書の有効期間を延長することができる。ただし，指定を受けた日前に当該航海を終了した場合には，当該条約証書の有効期間は，満了したものとみなす。
②　前項の規定による場合を除き，管海官庁または日本の領事官は，条約証書の有効期間が満了する際，航海中となる高速船でない船舶（航海を開始する港から最終の到着港までの距離が1000海里を超えない航海に従事するものに限る）について，申請により，当該条約証書の有効期間が満了する日から起算して1カ月を超えない範囲内において，その指定する日まで当該条約証書の有効期間を延長することができる。
③　前2項（①，②）の申請をしようとする者は，条約証書有効期

間延長申請書（第10号様式）に当該条約証書，船舶検査証書および船舶検査手帳を添えて管海官庁または日本の領事官に提出しなければならない。

④　第1項（①）および第2項（②）の指定は，条約証書および船舶検査手帳に記入して行う。

9 海洋汚染等及び海上災害の防止に関する法律

問1 油を排出してもよいのは，どのようなときか。

答 ＜海洋汚染等及び海上災害の防止に関する法律第4条＞
- 船舶の安全を確保し，または人命を救助する場合
- 船舶の損傷その他やむを得ない原因により油が排出された場合において，引き続く油の排出を防止するための可能な一切の措置をとったとき
- 船舶からのビルジその他の油の排出であって，排出される油分の濃度，排出海域および排出方法に関して政令で定める基準に適合する場合
- タンカーからの貨物油を含む水バラスト等の排出であって，油分の総量，油分の瞬間排出率，排出海域および排出方法に関して，政令で定める基準に適合する場合

問2 油の排出があったときに，海上保安庁に通報しなければならない要件について述べよ。

答 ＜海洋汚染等及び海上災害の防止に関する法律第38条，同法施行規則第27条，第28条，第30条，第30条の2＞
- 通報事項
  ① 油が排出された日時および場所
  ② 排出された油の量および広がりの状況
  ③ 排出された物質を収納していた容器の種類，数量および状態
  ④ 油の排出時における風および海面の状態
  ⑤ 排出された油等による海洋の汚染の防止のために講じた措置
  ⑥ 船舶の名称，種類，総トン数および船籍港
  ⑦ 船舶所有者の氏名または名称および住所
  ⑧ 船舶に積載されていた油等の種類および量
  ⑨ 船舶に備え付けられている油等による海洋の汚染の防止のための器材および消耗品の種類および数
  ⑩ 損壊により油等が排出された場合にあっては，損壊箇所および

その損壊の程度
・通報先
　最寄りの海上保安機関
・排出限度
　① 油等の量：100リットルの油分を含む量
　② 油分の濃度：排出される1万立方cmあたり10立方cm
　③ 油の広がりの範囲：1万平方m

問3 大量の油を流出した場合で，関係各庁に連絡しなくてよい場合とは，どのような場合か。

答 ＜海洋汚染等及び海上災害の防止に関する法律第38条第1項，同法施行規則第28条＞
　排出された油等が国土交通省令で定める範囲（1万平方m）を超えて広がるおそれがないと認められるとき

問4 油濁防止管理者の選任について述べよ。

答 ＜海洋汚染等及び海上災害の防止に関する法律施行規則第9条，第10条＞
　油濁防止管理者を選任しなければならない船舶は，総トン数200トン以上のタンカー（引かれ船等であるタンカーおよび係船中のタンカーを除く）とする。
・油濁防止管理者の要件
　海技従事者の免許を受けている者であって，タンカーに乗り組んで油の取扱いに関する作業に1年以上従事した経験を有する者または油濁防止管理者を養成する講習として国土交通大臣が定める講習を修了した者でなければならない。

問5 油濁防止管理者の仕事について述べよ。

答 <海洋汚染等及び海上災害の防止に関する法律第6条第1項>
　　船長(船長以外の者が船長に代わってその職務を行なうべきときは,その者)を補佐して,船舶からの油の不適正な排出の防止に関する業務の管理をする。

問6　油記録簿に記載すべき事項について述べよ。

答 <海洋汚染等及び海上災害の防止に関する法律施行規則第11条の3の表>
　① 船舶の燃料油タンクへの水バラストの積込みまたは燃料油タンクの洗浄
　② 船舶の燃料油タンクから汚れた水バラストまたは洗浄水の排出または処分
　③ 船舶におけるスラッジその他の油性残留物の収集および処分
　④ 船舶の機関区域のビルジの排出または処分
　⑤ 燃料油およびばら積みの潤滑油の補給
　⑥ タンカーへの貨物油の積込み
　⑦ 航海中のタンカーにおける貨物油の移替え
　⑧ タンカーからの貨物油の取卸し
　⑨ 貨物艙原油洗浄設備を設置するタンカーにおける原油洗浄
　⑩ タンカーの貨物艙への水バラストの積込み
　⑪ タンカーの貨物艙の洗浄
　⑫ タンカーからの汚れた水バラストの排出または処分
　⑬ タンカーのスロップタンクからの水の排出
　⑭ タンカーにおける油性残留物の処分
　⑮ タンカー貨物艙からのクリーンバラストの排出
　⑯ 事故その他の理由による例外的な油の排出

問7　油記録簿の船内保存について述べよ。

答 <海洋汚染等及び海上災害の防止に関する法律第8条第3項>
　　船長は,油記録簿を,その最後の記載をした日から3年間船舶内に

9 海洋汚染等及び海上災害の防止に関する法律　445

保存しなければならない。

問8　タンカーからの貨物油を含む水バラスト等の油分濃度排出基準について述べよ。

答　＜海洋汚染等及び海上災害の防止に関する法律施行令第1条の9＞
・法第4条第3項に規定するタンカーからの貨物油を含む水バラスト等の排出（次項に規定する水バラストの排出を除く）にかかわる同条第3項の油分の総量，油分の瞬間排出率，排出海域および排出方法に関し，政令で定める基準（以下この条において「排出基準」という）は，次のとおりとする。

① バラスト航海のための当該タンカーへの水バラストの積込みの開始時から当該タンカーに積載された貨物油の取卸しの完了時までの間の航海において排出される油分の総量が，当該航海の直前の航海において積載されていた貨物油の総量の3万分の1以下であること。

② 油分の瞬間排出率が1海里当たり30リットル以下であること。

③ すべての国の領海の基線（海洋法に関する国際連合条約に規定する領海の幅を測定するための基線（南極海域にあっては，氷棚を陸地とみなして引かれる同条約に規定する領海の幅を測定するための基線）をいう。ただし，オーストラリア本土の北東海岸のうち南緯11度東経142度8分の点から南緯24度42分東経153度15分の点に至る部分にかかわる基線は，南緯11度東経142度8分の点，南緯10度35分東経141度55分の点，南緯10度東経142度の点，南緯9度10分東経143度52分の点，南緯9度東経144度30分の点，南緯10度41分東経145度の点，南緯13度東経145度の点，南緯15度東経146度の点，南緯17度30分東経147度の点，南緯21度東経152度55分の点，南緯24度30分東経154度の点および南緯24度42分東経153度15分の点を順次結んだ線をいう。以下同じ）からその外側50海里の線を超える海域（別表第1の5に掲げる海域を除く）において排出すること。

④ 当該タンカーの航行中に排出すること。

⑤ 海面より上の位置から排出すること。ただし，貨物油を含む水バラスト等（国土交通省令で定めるものを除く。）であって油水分離

したものを，国土交通省令で定めるところにより，当該水バラスト等の油水境界面を確認したうえ，ポンプを使用することなく排出する場合は，この方法に限定しない。
⑥ 水バラスト等排出防止設備のうち国土交通省令で定める装置を作動させながら排出すること。
・法第4条第3項に規定するタンカーの国土交通省令で定める程度以上に洗浄された貨物艙からの貨物油を含む水バラストの排出にかかわる排出基準は，海面より上の位置から排出することとする。ただし，国土交通省令で定める方法により排出する場合は，この方法に限定しない。

問9 クリーンバラストの排出基準について述べよ。

答 ＜海洋汚染等及び海上災害の防止に関する法律施行令第1条の9，第2項＞
　法第4条第3項に規定するタンカーの国土交通省令で定める程度以上に洗浄された貨物艙からの貨物油を含む水バラストの排出にかかわる排出基準は，海面より上の位置から排出することとする。ただし，国土交通省令で定める方法により排出する場合は，この方法に限定しない。
＜同法律施行規則第8条の3＞
　令第1条の9第2項ただし書の国土交通省令で定める方法は，水バラストを排出する直前に当該水バラスト中の油分の状態を確認したうえ排出する方法とする。ただし，船舶が港および沿岸の係留施設以外にある場合にあっては，ポンプを使用することなく排出しなければならない。

問10 分離バラストの排出方法について述べよ。

答 ＜海洋汚染等及び海上災害の防止に関する法律施行規則第8条の14＞
・海面より上の位置から排出する方法
・分離バラストタンクから水バラストを排出する直前に，当該水バラストが油により汚染されていないことを確認したうえ，海面下に排出する方法。ただし，船舶が港および沿岸の係留施設以外にある場合にあっては，ポンプを使用することなく排出しなければならない。

⑨ 海洋汚染等及び海上災害の防止に関する法律　447

問11　船舶の海洋汚染防止設備について述べよ。

答　＜海洋汚染等及び海上災害の防止に関する法律第5条＞
・ビルジ等排出防止設備
・水バラスト等排出防止設備
・分離バラストタンク
・貨物艙原油洗浄設備

問12　船舶の海洋汚染防止設備等の検査について述べよ。

答　＜定期検査（海洋汚染等及び海上災害の防止に関する法第19条の36）＞
　次の表の上欄に掲げる船舶（以下「検査対象船舶」という）の船舶所有者は，当該検査対象船舶を初めて航行の用に供しようとするときは，それぞれ同表の下欄に掲げる設備等について，国土交通大臣の行う定期検査を受けなければならない。次条第1項の海洋汚染等防止証書の交付を受けた検査対象船舶をその有効期間満了後も航行の用に供しようとするときも，同様とする。
＜中間検査（同法第19条の38）＞
　海洋汚染等防止証書の交付を受けた検査対象船舶の船舶所有者は，当該海洋汚染等防止証書の有効期間中において，国土交通省令で定める時期に，当該検査対象船舶に設置された海洋汚染防止設備等（ふん尿等排出防止設備を除く）および大気汚染防止検査対象設備ならびに当該検査対象船舶に備え置き，または掲示された海洋汚染防止緊急措置手引書等および揮発性物質放出防止措置手引書について，国土交通大臣の行う中間検査を受けなければならない。
＜臨時検査（同法第19条の39）＞
　海洋汚染等防止証書の交付を受けた検査対象船舶の船舶所有者は，当該検査対象船舶に設置された海洋汚染防止設備等または大気汚染防止検査対象設備について国土交通省令で定める改造または修理を行うとき，当該検査対象船舶に備え置き，または掲示された海洋汚染防止緊急措置手引書等または揮発性物質放出防止措置手引書について国土交通省令で定める変更を行うとき，その他国土交通省令で定めるときは，当該海洋

汚染防止設備等もしくは大気汚染防止検査対象設備または当該海洋汚染防止緊急措置手引書等もしくは揮発性物質放出防止措置手引書について，国土交通大臣の行う臨時検査を受けなければならない。

問 13 特別海域とは，どのような海域か。

答 ＜海洋汚染等及び海上災害の防止に関する法律施行令別表第1の5＞
海洋学上および生態学上の条件ならびに交通の特殊性に関連する認められた技術上の理由により，油による海洋汚染の防止のための，特別の義務的な方法を採用することが要求される海域で，地中海海域，バルティック海海域，黒海海域，北西ヨーロッパ海域，ガルフ海域，南アフリカ南部海域および南極海域をいう。

問 14 船舶からの廃棄物の排出の適用除外について述べよ。

答 ＜海洋汚染等及び海上災害の防止に関する法律第10条第1項＞
・船舶の安全を確保し，または人命を救助するための廃棄物の排出
・船舶の損傷その他やむを得ない原因により廃棄物が排出された場合において，引き続く廃棄物の排出を防止するための可能な一切の措置をとった場合
＜同法律第10条第2項＞
・船舶内にある船員その他の日常生活に伴い生ずるふん尿もしくは汚水またはこれらに類する廃棄物の排出
・船舶内にある船員その他の者の日常生活に伴い生ずるごみまたはこれに類する廃棄物

問 15 海洋汚染等防止証書および国際海洋汚染等防止証書について述べよ。

答 ＜海洋汚染等防止証書（海洋汚染等及び海上災害の防止に関する法律第19条の37）＞
定期検査の結果，海洋汚染防止設備等，海洋汚染防止緊急措置手引書および大気汚染防止検査対象設備が技術基準に適合すると認められたと

きに交付される証書。有効期間は5年間（3カ月を限り延長可）。
<国際海洋汚染等防止証書（同法律第19条の43）>
　国際航海に従事する検査対象船舶の船舶所有者の申請により，国土交通大臣から海洋汚染等防止証書の他に交付される証書

問16　海洋汚染等防止検査手帳について述べよ。

答　<海洋汚染等及び海上災害の防止に関する法律第19条の42>
　海洋汚染防止設備等の法定検査に関する事項を記録するため，最初の定期検査に合格した検査対象船舶の船舶所有者に対し，国土交通大臣から交付されるもの

問17　有害液体物質の排出の適用除外について述べよ。

答　<海洋汚染等及び海上災害の防止に関する法律第9条の2, 第1項>
・船舶の安全を確保し，または人命を救助するための有害液体物質の排出
・船舶の損傷その他やむを得ない原因により有害液体物質が排出された場合において，引き続く有害液体物質の排出を防止するための可能な一切の措置をとった場合
<同法律第9条の2, 第2項, 第3項>
・国土交通省令で定める有害液体物質の輸送の用に供されていた貨物艙であって，国土交通省令で定める浄化方法により洗浄されたものの水バラストの排出
・船舶からの有害液体物質の排出であって，事前処理の方法，排出海域および排出方法に関し政令で定める基準に適合するもの

問18　有害液体汚染防止管理者の選任について述べよ。

答　<海洋汚染等及び海上災害の防止に関する法律第9条の4, 第1項>
　船舶所有者は，有害液体物質を輸送する総トン数200トン以上の船舶に乗り組む船舶職員のうちから，船長を補佐して船舶からの有害液体

物質の不適正な排出の防止に関する業務の管理を行うための者を選任しなければならない。

問 19 有害液体物質記録簿について述べよ。

答 ＜海洋汚染等及び海上災害の防止に関する法律第 9 条の 5 ＞
- 有害液体物質を輸送する船舶の船長は，有害液体物質記録簿を船舶内に備え付けなければならない。
- 有害液体汚染防止管理者は，当該船舶における有害液体物質の排出その他有害液体物質の取扱いに関する作業で，国土交通省令で定めるものが行われたときは，その都度，国土交通省令で定めるところにより，有害液体物質記録簿への記載を行わなければならない。
- 船長は，有害液体物質記録簿を，その最後の記載した日から 3 年間船舶内に保存しなければならない。
- 有害液体物質記録簿の様式その他有害液体物質記録簿に関し必要な事項は，国土交通省令で定める。

問 20 油濁防止緊急措置手引書について述べよ。

答 ＜海洋汚染等及び海上災害の防止に関する法律第 7 条の 2 ＞
- 船舶所有者は，総トン数 150 トン以上のタンカーおよび総トン数 400 トン以上のタンカー以外の船舶から油の不適正な排出があり，または排出のおそれがある場合において，当該船舶内にある者が直ちにとるべき措置に関する事項について定めた手引書を船舶内に備え置き，または掲示しておかなければならない。
- 油濁防止管理者は，同手引書に定められた事項を，乗組員および乗組員以外の者であって油の取扱いに関する作業を行う者に周知させなければならない。

問 21 風について報告する義務が定められている法律および条文について述べよ。

答 ＜油等の排出の通報等＞
　海洋汚染等及び海上災害の防止に関する法律第38条，同法施行規則第27条，第28条，第30条，第30条の2
＜油排出時における風＞
　船員法第14条の2，同施行規則第3条の2
＜異常気象等の通報＞
　気象業務法第7条第2項，同法施行規則第4条

問22 ダンピング条約とMARPOL 73/78条約の目的について，それぞれ述べよ。

答　MARPOL 73/78条約は，船舶による油その他の有害物質による意図的な海洋環境の汚染を完全に無くすことおよび事故による油その他の有害物質の排出を最小限にすることを目的としている。
　ダンピング条約（廃棄物その他の物の投棄による海洋汚染の防止に関する条約）は，海洋環境を汚染するすべての原因を効果的に規制することを，単独で，および共同して促進するものとし，また，特に人の健康に危険をもたらし，生物資源および海洋生物に害を与え，海洋の快適性を損ない，または他の適法な海洋の利用を妨げるおそれがある廃棄物その他の物の投棄による海洋汚染を防止するために実行可能なあらゆる措置をとることを目的としている。

問23 油濁事故は，何で補塡されるか。

答　＜タンカーによる環境汚染損害に関するもの＞
・船主責任相互保険（P&I保険：Protection and Indemnity Insurance）：油濁事故等の第3者に対する責任や船員の死傷に対する賠償あるいは積荷に対する責任等を担保することを目的に，船舶所有者や運航者がP&I Clubと呼ばれる相互保険組合を組織し，船舶の所有，貸借または運航に伴う事故による経済的損失（船主責任）を相互に塡補しあう保険
・船舶油濁損害賠償保障法：日本の港に入港する船舶の総トン数100

トン以上のすべての船舶にP&I保険加入を義務付け，入港時にP&I保険に加入しているか事前通報も義務付けられている。
- 油濁民事責任条約（International Convention on Civil Liability for Oil Pollution Damage）：油濁事故損害に関するタンカー船主の厳格責任を規定したもの。92CLC。
- 油による汚染損害の補償のための国際基金の設立に関する国際条約（International Convention on the Establishment of an International Fund for Compensation for Oil Pollution Damage）：CLC条約に基づく船主による補償だけでは不十分であるとして，被害者に対する十分な補償を確保するもの。92FC。

＜タンカー以外の船舶による環境汚染損害に関するもの＞
- 危険及び有害物質の船舶による海上輸送に伴う損害についての責任並びに賠償及び補償に関する国際条約（HNS条約：International Convention on Liability and Compensation for Damage in connection with the carriage of Hazardous and Noxious Substances）
- 燃料油による汚染損害について民事責任に関する国際条約（バンカー条約：International Convention on Civil Liability for Bunker Oil Pollution Damage）

10　検疫法

問1　ねずみ族の駆除について述べよ。

答　＜検疫法第25条＞
　検疫所長は，検疫を行うにあたり，当該船舶においてねずみ族の駆除が十分に行われていないと認めたときは，当該船舶の長に対し，ねずみ族を駆除すべき旨を命ずることができる。ただし，当該船舶の長が，ねずみ族の駆除が十分に行われた旨またはねずみ族の駆除を行う必要がない状態にあることを確認した旨を証する証明書（検疫所長または外国のこれに相当する機関が6カ月内に発行したものに限る）を呈示したときは，この限りでない。

問2　検疫を受けなければならない船舶について述べよ。

答　＜検疫法第4条＞
① 外国を発航し，または外国に寄航して来航した船舶または航空機
② 航行中に，外国を発航しまたは外国に寄航した他の船舶または航空機（検疫済証または仮検疫済証の交付を受けている船舶または航空機を除く）から人を乗り移らせ，または物を運び込んだ船舶または航空機

問3　緊急避難に関する検疫措置について述べよ。

答　＜検疫法第23条＞
① 検疫済証または仮検疫済証の交付を受けていない船舶等の長は，急迫した危難を避けるため，やむを得ず当該船舶等を国内の港に入れ，または検疫飛行場以外の国内の場所（港の水面を含む）に着陸させ，もしくは着水させた場合において，その急迫した危難が去ったときは，ただちに，当該船舶を検疫区域もしくは検疫所長の指示する場所に入れ，もしくは港外に退去させ，または当該航空機をその場所から離陸

させ，もしくは離水させなければならない。

② 前項（①）の場合において，やむを得ない理由により当該船舶を検疫区域等に入れ，もしくは港外に退去させ，または当該航空機をその場所から離陸させ，もしくは離水させることができないときは，船舶等の長は，最寄りの検疫所長，検疫所がないときは保健所長に，検疫感染症の患者の有無，発航地名，寄航地名その他厚生労働省令で定める事項を通報しなければならない。

③ 前項（②）の通報を受けた検疫所長または保健所長は，当該船舶等について，検査，消毒その他検疫感染症の予防上必要な措置をとることができる。

④ 第2項（②）の船舶等については，第5条ただし書第3号に規定する許可は，保健所長もすることができる。

⑤ 第2項（②）の船舶等であって，当該船舶等を介して検疫感染症の病原体が国内に侵入するおそれがほとんどない旨の検疫所長または保健所長の確認を受けた者については，当該船舶等がその場所にとどまっている限り，第5条の規定を適用しない。

⑥ 前4項（②～⑤）の規定は，国内の港以外の海岸において航行不能となった船舶等について準用する。

⑦ 検疫済証または仮検疫済証の交付を受けていない船舶等の長は，急迫した危難を避けるため，やむを得ず当該船舶から上陸し，もしくは物を陸揚げし，または当該航空機から離れ，もしくは物を運び出した者があるときは，ただちに，最寄りの保健所長または市町村長に，検疫感染症の患者の有無その他厚生労働省令で定める事項を届け出なければならない。

問4 検疫に必要な書類について述べよ。

答 ＜検疫法第11条第2項＞
- 乗組員名簿
- 乗客名簿
- 積荷目録
- 航海日誌または航空日誌
- その他検疫のために必要な書類

問5 検疫を受ける船舶が入港前に通報しなければならない事項について述べよ。

答 ＜検疫法第6条＞
　検疫を受けようとする船舶等の長は，当該船舶等が検疫港または検疫飛行場に近づいたときは，適宜の方法で，当該検疫港または検疫飛行場に置かれている検疫所（検疫所の支所および出張所を含む）の長に，検疫感染症の患者または死者の有無その他厚生労働省令で定める事項を通報しなければならない。
＜検疫法施行規則第1条の2＞
　同法第6条に規定する事項は，次のとおりとする。
① 船舶の名称または航空機の登録番号
② 発航した地名および年月日ならびに日本来航前最後に寄航した地名および出航した年月日
③ 乗組員および乗客の数
④ 患者または死者の有無およびこれらの者があるときは，その数
⑤ 検疫区域に到着する予定日時

問6 外国の港に停泊中にペスト患者が発生したときと，その後日本に帰ってきたときの処置について述べよ。また，ペストが発生している国へ向かって航行しているとき船長がとるべき処置，また，日本へ帰港中，船内でペスト患者が発生したとき船長がとるべき処置について述べよ。

答 ＜検疫法第14条＞
(1) 検疫所長は，検疫感染症が流行している地域を発航し，またはその地域に寄航して来航した船舶等，航行中に検疫感染症の患者または死者があった船舶等，検疫感染症の患者もしくはその死体，またはペスト菌を保有し，もしくは保有しているおそれのあるねずみ族が発見された船舶等，その他検疫感染症の病原体に汚染し，または汚染したおそれのある船舶等について，合理的に必要と判断される限度において，次に掲げる措置の全部または一部をとることができる。
① 第2条第1号または第2号に掲げる感染症の患者を隔離し，ま

たは検疫官をして隔離させること。
② 第2条第1号または第2号に掲げる感染症の病原体に感染したおそれのある者を停留し，または検疫官をして停留させること（外国に当該各号に掲げる感染症が発生し，その病原体が国内に侵入し，国民の生命および健康に重大な影響を与えるおそれがあると認めるときに限る）。
③ 検疫感染症の病原体に汚染し，もしくは汚染したおそれのある物もしくは場所を消毒し，もしくは検疫官をして消毒させ，またはこれらの物であって消毒により難いものの廃棄を命ずること。
④ 墓地，埋葬等に関する法律（昭和23年法律第48号）の定めるところに従い，検疫感染症の病原体に汚染し，または汚染したおそれのある死体（死胎を含む）の火葬を行うこと。
⑤ 検疫感染症の病原体に汚染し，もしくは汚染したおそれのある物もしくは場所の使用を禁止し，もしくは制限し，またはこれらの物の移動を禁止すること。
⑥ 検疫官その他適当と認める者をして，ねずみ族または虫類の駆除を行わせること。
⑦ 必要と認める者に対して予防接種を行い，または検疫官をしてこれを行わせること。
(2) 検疫所長は，前項第1号（①）から第3号（③）まで，または第6号（⑥）に掲げる措置をとる必要がある場合において，当該検疫所の設備の不足等のため，これに応ずることができないと認めるときは，当該船舶等の長に対し，その理由を示して他の検疫港または検疫飛行場に回航すべき旨を指示することができる。

＜船員労働安全衛生規則第41条＞
(1) 船舶所有者は，船舶が別表第1に定める伝染病が発生している地域または発生するおそれのある地域に赴く場合は，予防注射の実施，衛生用品の整備，伝染病の予防に必要な注意事項に関する教育等，感染防止のために必要な措置を講じなければならない。
(2) 船舶所有者は，前項の地域においては，食料および飲用水の購入の制限，外来者に対する防疫の措置，衛生状態に関する情報の収集等，感染防止のために必要な措置を講じなければならない。

＜船員労働安全衛生規則第42条＞
　船舶所有者は，船内において伝染病または伝染病の疑いのある疫病が

発生した場合は，患者の隔離，患者の使用した場所，衣服，器具等の消毒，なま水およびなま物の飲食の制限等，伝染防止のために必要な措置を講じなければならない。

⑪ 水先法

問1 強制水先区における対象船舶について述べよ。

答 ＜水先法第35条＞
(1) 次に掲げる船舶（海上保安庁の船舶その他国土交通省令で定める船舶を除く。次項において同じ）の船長は，水先区のうち政令で定める港または水域において，その船舶を運航するときは，第4条の定めるところにより当該船舶について水先をすることができる水先人を乗り込ませなければならない。ただし，日本船舶または日本船舶を所有することができる者が借入れ（期間傭船を除く）をした日本船舶以外の船舶の船長であって，当該港または水域において国土交通省令で定める回数以上航海に従事したと地方運輸局長（運輸監理部長を含む。以下同じ）が認める者（地方運輸局長の認定後2年を経過しない者に限る）が，その船舶を運航する場合は，この限りでない。
　① 日本船舶でない総トン数300トン以上の船舶
　② 日本国の港と外国の港との間における航海に従事する総トン数300トン以上の日本船舶
　③ 前号に掲げるもののほか，総トン数千トン以上の日本船舶
(2) 前項の政令で定める港または水域のうち政令で定めるものについては，同項各号に掲げる船舶の範囲内において，当該港または水域における自然的条件，船舶交通の状況，水先業務の態勢その他の事情を考慮して，政令で，同項本文の水先人を乗り込ませなければならない船舶を別に定めることができる。この場合において，同項本文の規定は，当該港または水域においては，当該政令で定める船舶以外の船舶については，適用しない。

問2 強制水先の港および水域について述べよ。

答 ＜水先法施行令第4条，別表第2＞
　横浜川崎区，横須賀区，東京湾区，伊勢三河区，大阪湾区，備讃瀬戸区，来島区，関門区，佐世保区，那覇区

問3 強制水先の特例について述べよ。

答 ＜水先法施行令第5条＞
　水先法第35条第2項の政令で定める港または水域は，別表第2の港または水域のうち，次の表の左欄に掲げるものとし，同項の政令で定める水先人を乗り込ませなければならない船舶は，同欄に掲げる港または水域ごとにそれぞれ同表の右欄に掲げる船舶（水先人を乗り込ませる場合と同等以上の航行の安全が確保されているものとして国土交通省令で定める船舶の設備その他の事項に関する基準に適合するものを除く）とする。

港または水域	水先人を乗り込ませなければならない船舶
横浜川崎区	総トン数3000トン上の船舶および総トン数3000トン未満の危険物積載船
東京湾区，伊勢三河湾区，大阪湾区，備讃瀬戸区および来島区	総トン数10000トン以上の船舶
関門特例区域（別表第2の関門区の区域のうち港則法第5条第1項の規定により国土交通省令で定める区域であって国土交通省令で定めるものを除いた区域をいう）	総トン数10000トン以上の船舶ならびに関門区の区域を通過しない総トン数3000トン以上10000トン未満の船舶および総トン数3000トン未満の危険物積載船

問4 強制水先区において，水先人を乗船させることなく，船長が運航できる場合とは，どのような場合か。

答 ＜水先法第35条第1項＞
　日本船舶または日本船舶を所有することができる者が借入れ（期間傭船を除く）をした日本船舶以外の船舶の船長であって，当該港または水域において国土交通省令で定める回数以上航海に従事したと地方運輸局長（運輸監理部長を含む。以下同じ）が認める者（地方運輸局長の認定後2年を経過しない者に限る）が，その船舶を運航する場合は，この限りでない。

問 5 水先人を乗船させて水先業務を行わせている場合の船長の責任について述べよ。

答 ＜水先法第 41 条第 2 項＞
　水先人に水先をさせている場合において，船舶の安全な運航を期するための船長の責任を解除し，またはその権限を侵すものと解釈してはならない。

問 6 水先人の乗下船についての規定について述べよ。

答 ＜水先法第 43 条＞
　船長は，水先人が安全に乗下船できるように，適当な方法を講じなければならない。
＜船舶安全法施行規則第 64 条＞
　水先人用はしごおよび水先人用昇降機は，必要やむを得ない場合のほか，水先人および関係職員の乗下船以外には使用してはならない。
＜船舶設備規程第 146 条の 39 ＞
(1) 国際航海に従事しない船舶であって総トン数 1000 トン以上のものおよび国際航海に従事する船舶には，機能等について告示で定める要件に適合する水先人用はしごを備えなければならない。ただし，水先人を要招することがない船舶については，この限りでない。
(2) 前項の規定により水先人用はしごを備える船舶には，次に掲げる設備を備えなければならない。
　① 投索および②のマン・ロープ
　② 水先人用はしごおよび水先人が乗船する位置を照明するための設備
　③ 水先人用はしご，舷側はしごその他の設備の頂部から当該船舶に安全かつ容易に出入りするための設備
＜船舶設備規程第 303 条〜第 311 条＞
　水先人用昇降機等の設備

問7 水先の制限について述べよ。

答 ＜水先法第37条＞
　水先をすることができる水先人でない者は，水先をしてはならない。水先人の業務の停止の処分を受けている水先人は，水先をしてはならない。

＜水先法第38条＞
　船長は，水先をすることができる水先人でない者に水先をさせてはならない。

12 関税法

問1 関税法の趣旨について述べよ。

答 ＜関税法第1条＞
　この法律は，関税の確定，納付，徴収および還付ならびに貨物の輸出および輸入についての税関手続の適正な処理を図るため必要な事項を定めるものとする。

問2 関税法における用語の定義について述べよ。

答 ＜関税法第2条第1項1号〜13号＞
① 「輸入」とは，外国から本邦に到着した貨物（外国の船舶により公海で採捕された水産物を含む）または輸出の許可を受けた貨物を本邦に（保税地域を経由するものについては，保税地域を経て本邦に）引き取ることをいう。
② 「輸出」とは，内国貨物を外国に向けて送り出すことをいう。
③ 「外国貨物」とは，輸出の許可を受けた貨物および外国から本邦に到着した貨物（外国の船舶により公海で採捕された水産物を含む）で輸入が許可される前のものをいう。
④-1 「内国貨物」とは，本邦にある貨物で外国貨物でないものおよび本邦の船舶により公海で採捕された水産物をいう。
④-2 「附帯税」とは，関税のうち延滞税，過少申告加算税，無申告加算税および重加算税をいう。
⑤ 「外国貿易船」とは，外国貿易のため本邦と外国との間を往来する船舶をいう。
⑥ 「外国貿易機」とは，外国貿易のため本邦と外国との間を往来する航空機をいう。
⑦ 「沿海通航船」とは，本邦と外国との間を往来する船舶以外の船舶をいう。
⑧ 「国内航空機」とは，本邦と外国との間を往来する航空機以外の航空機をいう。

⑨ 「船用品」とは，燃料，飲食物その他の消耗品および帆布，綱，汁器その他これらに類する貨物で，船舶において使用するものをいう。
⑩ 「機用品」とは，航空機において使用する貨物で，船用品に準ずるものをいう。
⑪ 「開港」とは，貨物の輸出および輸入ならびに外国貿易船の入港および出港その他の事情を勘案して政令で定める港をいう。
⑫ 「税関空港」とは，貨物の輸出および輸入ならびに外国貿易機の入港および出港その他の事情を勘案して政令で定める空港をいう。
⑬ 「不開港」とは，港，空港その他これらに代わり使用される場所で，開港および税関空港以外のものをいう。

問3 入港手続きについて定めた法律について述べよ。

答 ＜関税法第15条＞
① 開港に入港しようとする外国貿易船の船長は，通信設備の故障その他政令で定める場合を除き，政令で定めるところにより，あらかじめ，当該外国貿易船の名称および国籍のほか，当該外国貿易船の積荷，旅客（当該外国貿易船に旅客が乗船する場合に限る）および乗組員に関する事項で政令で定めるものを，その入港しようとする開港の所在地を所轄する税関に報告しなければならない。
② 外国貿易船が前項の報告をしないで開港に入港したときは，船長は，当該外国貿易船の入港後ただちに，同項の規定により報告すべき事項を記載した書面を税関に提出しなければならない。
③ 外国貿易船が開港に入港したときは，船長は，入港のときから24時間（その時間が行政機関の休日（行政期間の休日に関する法律（昭和63年法律第91号）第1条第1項各号に掲げる日をいう。以下同じ）に含まれる場合においては，その行政機関の休日に含まれる時間を除いて計算する。第18条第1項（入出港の簡易手続）において同じ）以内に政令で定める事項を記載した入港届および船用品目録を税関に提出するとともに，船舶国籍証書またはこれに代わる書類を税関職員に提示しなければならない。
④ 税関長は，この法律の実施を確保するため必要があると認めると

きは，船長に対し，前項の船用品目録に記載すべき事項を，その入港の前に報告することを求めることができる。この場合において，船長は，通信設備の故障その他政令で定める場合を除き，当該入港の前に当該報告をしなければならない。
⑤　前項の求めがあった場合において，その入港の前に同項の報告をしなかった船長は，当該入港の後ただちに第3項（③）の船用品目録を税関に提出しなければならない。
⑥　第4項（④）の報告をした船長は，第3項（③）の規定にかかわらず，同項の船用品目録の提出を要しない。
⑦　税関空港に入港しようとする外国貿易機の機長は，通信設備の故障その他政令で定める場合を除き，政令で定めるところにより，あらかじめ，当該外国貿易機の登録記号および国籍のほか，当該外国貿易機の積荷，旅客（当該外国貿易機に旅客が搭乗する場合に限る）および乗組員に関する事項で政令で定めるものを，その入港しようとする税関空港の所在地を所轄する税関に報告しなければならない。
⑧　外国貿易機が前項の報告をしないで税関空港に入港したときは，機長は，当該外国貿易機の入港後ただちに，同項の規定により報告すべき事項を記載した書面を税関に提出しなければならない。
⑨　外国貿易機が税関空港に入港したときは，機長は，ただちに政令で定める事項を記載した入港届を税関に提出しなければならない。

問4　不開港への外国貿易船の出入りを規定している法律について述べよ。

答　＜関税法第20条＞
①　外国貿易船等の船長または機長は，税関長の許可を受けた場合を除くほか，当該外国貿易船等を不開港に出入りさせてはならない。ただし，検疫のみを目的として検疫区域に出入りする場合または遭難その他やむを得ない事故がある場合は，この限りでない。
②　外国貿易船等が前項ただし書の事故により不開港に入港したときは，船長または機長は，ただちにその事由を附してその旨を税関職員に（税関職員がいないときは警察官に）届け出なければならない。

13　領海及び接続水域に関する法律

問1　日本の領海と接続水域についての定義を述べよ。

答　＜領海及び接続水域に関する法律第1条＞
① 我が国の領海は，基線からその外側12海里の線（その線が基線から測定して中間線を超えているときは，その超えている部分については，中間線（我が国と外国との間で合意した中間線に代わる線があるときは，その線）とする）までの海域とする。
② 前項の中間線は，いずれの点をとっても，基線上の最も近い点からの距離と，我が国の海岸と向かい合っている外国の海岸にかかわるその外国の領海の幅を測定するための基線上の最も近い点からの距離とが等しい線とする。

＜同法律第4条＞
① 我が国が国連海洋法条約第33条1に定めるところにより我が国の領域における通関，財政，出入国管理および衛生に関する法令に違反する行為の防止および処罰のために必要な措置を執る水域として，接続水域を設ける。
② 前項の接続水域（以下単に「接続水域」という）は，基線からその外側24海里の線（その線が基線から測定して中間線（第1条第2項に規定する中間線をいう。以下同じ）を超えているときは，その超えている部分については，中間線（我が国と外国との間で合意した中間線に代わる線があるときは，その線）とする）までの海域（領海を除く）とする。
③ 外国との間で相互に中間線を超えて国連海洋法条約第33条1に定める措置を執ることが適当と認められる海域の部分においては，接続水域は，前項の規定にかかわらず，政令で定めるところにより，基線からその外側24海里の線までの海域（外国の領海である海域を除く）とすることができる。

問2　領海の基線とは，どのようなものか述べよ。

答 ＜領海及び接続水域に関する法律第2条＞
　基線は，低潮線，直線基線および湾口もしくは湾内または河口に引かれる直線とする。ただし，内水である瀬戸内海については，他の海域との境界として政令で定める線を基線とする。

問3 日本の領土における基線は，海図と一致するか。

答 ＜領海及び接続水域に関する法律施行令第1条，第2条＞
　一部直線基線を用いているので，一致しない。

問4 特定海域とは，どのような海域か。

答 ＜領海及び接続水域に関する法律（附則2）＞
　宗谷海峡，津軽海峡，対馬海峡東水道，対馬海峡西水道および大隅海峡。特定海域にかかわる領海は，基線からその外側3海里。

⑭ 商法 第三編 海商

問1 船長の義務について，どの法規に規定されているか。

答 ＜商法第705条＞
① 船長ハ其職務ヲ行フニ付キ注意ヲ怠ラサリシコトヲ証明スルニ非サレハ船舶所有者，傭船者，荷送人其他ノ利害関係人ニ対シテ損害賠償ノ責ヲ免ルルコトヲ得ス
② 船長ハ船舶所有者ノ指図ニ従ヒタルトキト雖モ船舶所有者以外ノ者ニ対シテハ前項ニ定メタル責任ヲ免ルルコトヲ得ス

＜商法第706条＞
海員カ其職務ヲ行フニ当タリ他人ニ損害ヲ加ヘタル場合ニ於テ船長ハ監督ヲ怠ラサリシコトヲ証明スルニ非サレハ損害賠償ノ責ヲ免ルルコトヲ得ス

＜商法第709条＞
① 船長ハ属具目録及ヒ運送契約ニ関スル書類ヲ船中ニ備ヘ置クコトヲ要ス
② 前項ノ属具目録ハ外国ニ航行セサル船舶ニ限リ国土交通省令ヲ以テ之ヲ備フルコトヲ要セサルモノト定ムルコトヲ得

＜商法第720条＞
① 船長ハ遅滞ナク航海ニ関スル重要ナル事項ヲ船舶所有者ニ報告スルコトヲ要ス
② 船長ハ毎航海ノ終ニ於テ遅滞ナク其航海ニ関スル計算ヲ為シテ船舶所有者ノ承認ヲ求メ又船舶所有者ノ請求アルトキハ何時ニテモ計算ノ報告ヲ為スコトヲ要ス

問2 船長の権限について，どの法規に規定されているか。

答 ＜商法第713条＞
① 船籍港外ニ於テハ船長ハ航海ノ為メニ必要ナル一切ノ裁判上又ハ裁判外ノ行為ヲ為ス権限ヲ有ス
② 船籍港ニ於テハ船長ハ特ニ委任ヲ受ケタル場合ヲ除ク外海員ノ雇

入及ヒ雇止ヲ為ス権限ノミヲ有ス

問 3 船長の法令違反等の運送品に関する処分について，どの法規に規定されているか。

答 ＜商法第740条＞
① 法令ニ違反シ又ハ契約ニ依ラスシテ船積シタル運送品ハ船長ニ於テ何時ニテモ之ヲ陸揚シ，若シ船舶又ハ積荷ニ危害ヲ及ホス虞アルトキハ之ヲ放棄スルコトヲ得但船長カ之ヲ運送スルトキハ其船積ノ地及ヒ時ニ於ケル同種ノ運送品ノ最高ノ運送賃ヲ請求スルコトヲ得
② 前項ノ規定ハ船舶所有者其他ノ利害関係人カ損害賠償ノ請求ヲ為スコトヲ妨ケス

問 4 共同海損とは何か。また，共同海損の成立要件について述べよ。

答 ＜商法第788条＞
船長が船舶および積荷に対して共同の危険を免れさせるため，船舶または積荷について行った処分により生じた損害および費用は，これを共同海損とする。
・船舶および積荷に共同の危険を免れるためであること
・船舶または積荷につき船長の故意・異常の処分があること
・損害または費用が生じていること
・船舶または積荷が保存されていること

問 5 犠牲損害とは何か。

答 共同の安全を招来するため，切迫した危険を回避予防することを目的としてなされた損害

問 6 共同海損の分担について，どの法規に規定されているか。

答 ＜商法第 789 条＞
　　共同海損ハ之ニ因リテ保存スルコトヲ得タル船舶又ハ積荷ノ価格ト運送賃ノ半額ト共同海損タル損害ノ額トノ割合ニ応シテ各利害関係人之ヲ分担ス
＜商法第 792 条＞
　　船舶ニ備附ケタル武器，船員ノ給料，船員及ヒ旅客ノ食料並ニ衣類ハ共同海損ノ分担ニ付キ其価額ヲ算入セス但此等ノ物ニ加ヘタル損害ハ他ノ利害関係人之ヲ分担ス
＜商法第 793 条＞
　① 船荷証券其他積荷ノ価格ヲ評定スルニ足ルヘキ書類ナクシテ船積シタル荷物又ハ属具目録ニ記載セサル属具ニ加ヘタル損害ハ利害関係人ニ於テ之ヲ分担スルコトヲ要セス
　② 甲板ニ積込ミタル荷物ニ加ヘタル損害亦同シ但沿岸ノ小航海ニ在リテハ此限ニ在ラス
　③ 前二項ニ掲ケタル積荷ノ利害関係人ト雖モ共同海損ヲ分担スル責ヲ免ルルコトヲ得ス

問7 船舶所有者の堪航能力担保について，どの法規に規定されているか。

答 ＜商法第 738 条＞
　　船舶所有者ハ傭船者又ハ荷送人ニ対シ発航ノ当時船舶カ安全ニ航海ヲ為スニ堪フルコトヲ担保ス

問8 救助義務がある場合とは，どのような場合か。商法第 800 条には，義務なくして救助をした場合には救助料を請求できると規定されているが，救助に対して義務が発生するのは，どのような場合か。

答 ・遭難信号に応答し，遭難船舶の船長から救助を求められた場合
　　・救難機関から救助に赴くように要請された場合
　　・遭難者の所在に，到着した他の船舶から救助の要請があった場合

問9 海難救助料が請求できない場合とは，どのような場合か。

答 ＜商法第 800 条, 第 809 条, 第 814 条＞
- 故意または過失により海難を惹起した場合
- 正当な事由により救助を拒まれたにかかわらず, 強いて救助に従事した場合
- 救助した物品を隠匿し, またはみだりにこれを処分したとき
- 救助をしたときより 1 年を経過したとき (請求権の時効)
- 人命のみ救助した場合

問 10 複数の船荷証券の対応について, どの法規に規定されているか。

答 ＜商法第 770 条＞
傭船者又ハ荷送人ハ船長又ハ之ニ代ハル者ノ請求ニ因リ船荷証券ノ謄本ニ署名シテ之ヲ交付スルコトヲ要ス
＜商法第 771 条＞
陸揚港ニ於テハ船長ハ数通ノ船荷証券中ノ一通ノ所持人カ運送品ノ引渡ヲ請求シタルトキト雖モ其引渡ヲ拒ムコトヲ得ス
＜商法第 772 条＞
陸揚港外ニ於テハ船長ハ船荷証券ノ各通ノ返還ヲ受クルニ非サレハ運送品ヲ引渡スコトヲ得ス
＜商法第 773 条＞
二人以上ノ船荷証券所持人カ運送品ノ引渡ヲ請求シタルトキハ船長ハ遅滞ナク運送品ヲ供託シ且請求ヲ為シタル各所持人ニ対シテ其通知ヲ発スルコトヲ要ス船長 カ第七百七十一条ノ規定ニ依リテ運送品ノ一部ヲ引渡シタル後他ノ所持人カ運送品ノ引渡ヲ請求シタル場合ニ於テ其残部ニ付キ亦同シ
＜商法第 774 条＞
二人以上ノ船荷証券所持人アル場合ニ於テ其一人カ他ノ所持人ニ先チテ船長ヨリ運送品ノ引渡ヲ受ケタルトキハ他ノ所持人ノ船荷証券ハ其効力ヲ失フ
＜商法第 775 条＞
二人以上ノ船荷証券所持人アル場合ニ於テ船長カ未タ運送品ノ引渡ヲ為ササルトキハ原所持人カ最モ先ニ発送シ又ハ引渡シタル証券ヲ所持スル者他ノ所持人ニ先チテ其権利ヲ行フ

問 11 旅客の乗り遅れに対する運賃について，どの法規に規定されているか。

答 ＜商法第 780 条＞
旅客カ乗船時期マテニ船舶ニ乗込マサルトキハ船長ハ発航ヲ為シ又ハ航海ヲ継続スルコトヲ得此場合ニ於テハ旅客ハ運送賃ノ全額ヲ支払フコトヲ要ス

問 12 用船契約の種類について述べよ。

答 裸用船契約：船舶所有者が船体だけを用船者に賃渡す契約
定期用船契約：船舶所有者が所有する船舶に船員を配乗して用船者に一定期間賃渡す契約
航海用船契約：船舶所有者が用船者から指示された港から港までの貨物を運送する契約

問 13 定期用船契約において用船者が負担するものには，どのようなものがあるか。

答 航海費用（燃料，缶水，航海に関する諸税金，水先料）

問 14 B／L には何が書かれているか。また，原油の場合の NET BBLS, GROSS BBLS とは，どういう意味か。

答 運送品の種類，運送品の数量と記号，外観状態，荷送人名，荷受人名，運送人名，船舶の名称と国籍，船積港と船積年月日，陸揚港，運送賃，作成した B／L の数，B／L の作成地と年月日
NET BBLS：原油から水，沈殿物等を控除した数量
GROSS BBLS：原油に含まれる水，沈殿物等を含んだままの荷物油の数量

15 国際公法

15-1 海洋法に関する国際連合条約

問1 不審船らしき船舶を発見したとき，どの法律に基づいて追跡できるか。また，どこまで追跡できるか。

答
- 海洋法に関する国際連合条約第111条：外国船舶（またはそのボート）が，沿岸国の領海または内水，群島水域等の管轄水域内において沿岸国の法令に違反した疑いがある場合，沿岸国は，これを領海または接続水域を超えて公海上まで追跡し，また，接続水域，排他的経済水域および大陸棚からその追跡を開始する場合は，当該水域設定により保護しようとする権利の侵害があった場合に限り，追跡し，拿捕することを認めている。
- 追跡権は，被追跡船がその旗国または第3国の領海に入ると同時に消滅する。

問2 無害通航権を行使する船舶の義務について述べよ。

答 ＜海洋法に関する国際連合条約第19条第1項，第2項＞
　通航は，一般に沿岸国の平和，秩序または安全を害しない限り，無害とされる。
《参考》
　沿岸国にとって無害でなない活動
　① 主として沿岸国の平和，安全保障上の考慮に基づくもの：武力による威嚇や武力の行使，兵器を用いる演習等，情報収集，航空機・軍事機器等の発進等
　② 主として沿岸国の法秩序の維持を考慮したもの：出入国管理，漁業，汚染防止，電波管理，調査・測量に関する法令に違反する活動
　③ その他，通航に直接関係がない活動

問 3 外国船が，何の通報もせずに津軽海峡を通航することはできるか。また，関門海峡ではどうか。

答 津軽海峡においては，海峡中央部が公海となっているので，何も通報しなくても通航できる。
関門海峡においては，できない。理由は，関門海峡は日本国の内水であり，主権がおよぶので，国内法（海上交通安全法）に従った通航をしなければならない。無害通航ではないと認められるときは，外国船舶の出入り，航行を制限あるいは禁止することができる。

問 4 分離通航帯においては，どのような場合であっても，通航路をこれ沿って航行しなければならないか。また，IMOの定める分離通航帯は，日本にはあるか。

答 緊急の場合において，切迫した危険を避けるときは，航路に沿って航行しなくてもよい。
IMOの定める分離通行帯は，日本にはない。

15-2 STCW条約

問 1 STCW条約の目的について述べよ。

答 船員の訓練および資格証明ならびに当直に関する国際基準を設定することにより，海上における人命および財産の安全を増進すること，ならびに海洋環境保護を促進すること。

問 2 STCW条約附属書第8章（当直）には，どのようなことが規定されているか。

答 当直体制および遵守すべき原則，休息時間の設定，当直体制の編成等

問3 救命艇および救命いかだ，救命艇ならびに高速の救助艇に関する技能証明書の発給のための要件を定めている条約は何か。

答 STCW条約

15-3 国際保険規則

問1 国際保健規則の目的について述べよ。

答 国際交通に対する阻害を最小限に抑えつつ，疫病の国際的伝播の防止に最大限の効果を上げること。

15-4 MARPOL 73/78 条約

問1 MARPOL 73/78 条約の目的について述べよ。

答 船舶からの油その他の有害物質による意図的な海洋環境の汚染を完全に無くすことおよび事故による油その他の有害物質の排出を最小限にすること。

15-5 国際海上危険物規定

問1 国際海上危険物規程の目的について述べよ。

答 SOLAS条約第Ⅶ章の危険物の運送に関する基本原則に基づき，危険物を運送する場合に人命および運送機器の安全を確保する立場から，個品運送される危険物の容器，包装，標札，積載方法，隔離等の具体的詳細な運送の国際的統一基準を定めること。

問2 IMDGコードとは何か。

答 IMDGコード（International Maritime Dangerous Goods Code：国際海上危険物規則）とは，国際的な危険物の輸送における安全性を確保するために，国際連合に設置された国際連合危険物輸送専門家委員会により，2年毎に出されている勧告のことをいう。危険物の定義，容器の基本基準要件，試験規定および運送基準等が定められている危険物海上運送の基本書。

15-6 国際航海船舶及び国際港湾施設の保安の確保等に関する法律

問1 教育，訓練，操練，演習とは何か。

答
- 教育（education）：人に教えて知能を付けること。人間に他から意図をもって働きかけ，望ましい姿に変化させ，価値を実現する活動
- 訓練（training）：実際にある事を行って習熟させる実践的教育活動
- 操練（drill）：実際の状況を想定して行う訓練
- 演習（exercise）：物事に習熟するために練習を行うこと，またその練習

＜上記についての実施間隔＞
- 船舶にあっては，3カ月毎（過去3カ月間に実施した操練に参加した乗組員が3／4を下回った場合は，その日から1週間以内）に操練をする
- 埠頭施設にあっては，3カ月ごとに基本訓練をする
- CSO（船舶保安管理者），PFSO（埠頭保安管理者）にあっては，1年毎（18カ月を超えない範囲）に演習をする（国内法では「要連絡・調整の操練」，「水域保安管理者その他の関係者との連携に係る埠頭訓練」という）

参 考 文 献

青木　孝監修『図解 気象・天気のしくみがわかる事典』成美堂出版（2009）
明渡範次『基本 航海力学』海文堂出版（1983）
安斎政雄『新・天気予報の手引（新改訂版）』クライム（2005）
大塚龍蔵『高層天気図の利用法―実地に即した高層天気図の見方（改訂6版）』クライム（2006）
オーシャンライフ編集部編『航海機器辞典―ハイテクツール基礎用語解説』オーシャンライフ（1993）
海上保安庁監修『海上衝突予防法の解説』海文堂出版（2004）
海上保安庁監修『海上交通安全法の解説』海文堂出版（2008）
海上保安庁監修『港則法の解説』海文堂出版（2008）
海上保安庁警備救難部航行安全課監修『図解 海上交通安全法（六訂版）』成山堂書店（1999）
海上保安庁警備救難部航行安全課監修『海上交通安全法100問100答（2訂版）』成山堂書店（2001）
海上保安庁交通部安全課監修『海上衝突予防法100問100答 （二訂版）』成山堂書店（2007）
海上保安庁交通部安全課監修『図解 海上衝突予防法（八訂版）』成山堂書店（2008）
海上保安庁交通部安全課監修『港則法100問100答（三訂版）』成山堂書店（2008）
川瀬好郎『舶用機関概論』海文堂出版（1973）
航海科口述試験研究会編『航海科一級・二級 航海 口述標準テスト』海文堂出版（1990）
航海科口述試験研究会編『航海科一級・二級 運用 口述標準テスト』海文堂出版（1992）
航海科口述試験研究会編『航海科一級・二級 法規 口述標準テスト』海文堂出版（1990）
白木正規『百万人の天気教室（8訂版）』成山堂書店（2003）
新訂航海ハンドブック編集委員会編『新訂 航海ハンドブック（改訂版）』成山堂書店（1981）
杉本末雄, 柴崎亮介編『GPSハンドブック』朝倉書店（2010）
東京海洋大学海技試験研究会編『海技士1N 徹底攻略問題集』海文堂出版（2009）
西　修二郎『図説GPS―測位の理論』日本測量協会（2007）
西谷芳雄『電波計器（五訂増補版）』成山堂書店（2002）
日本海技協会編『船長の職責と指揮統率（船長ハンドブック 第1巻）』成山堂書店（1983）

日本海技協会編『船長の運航安全管理（船長ハンドブック 第 4 巻）』成山堂書店
　　（1987）
日本海技協会編『船長の運航技術管理（船長ハンドブック 第 5 巻）』成山堂書店
　　（1985）
日本海技協会編『入出港と荷役管理（船長ハンドブック 第 6 巻）』成山堂書店（1986）
日本海技協会編『海難の処置と応急救難（船長ハンドブック 第 7 巻）』成山堂書店
　　（1982）
日本サルヴェージ㈱技術室編『海難の処置と応急マニュアル』成山堂書店（1995）
野原威男 原著，庄司邦昭 著『航海造船学（二訂版）』海文堂出版（2010）
長谷川健二『天文航法』海文堂出版（1994）
長谷川健二，平野研一『地文航法』海文堂出版（2003）
福井　淡，岩瀬　潔『図説 海上衝突予防法』海文堂出版（2009）
福井　淡，岩瀬　潔『図説 海上交通安全法』海文堂出版（2010）
福井　淡，岩瀬　潔『図説 港則法』海文堂出版（2010）
福地　章『海洋気象講座（十訂版）』成山堂書店（2009）
福地　章『高層気象と FAX 図の知識』成山堂書店（2005）
本田啓之輔『操船通論』成山堂書店（2008）
松本吉春，市瀬信夫，本田啓之輔『新訂 航海科提要（上巻）』海文堂出版（1957）
松本吉春，市瀬信夫，本田啓之輔『新訂 航海科提要（下巻）』海文堂出版（1957）
山縣侠一『曳船とその使用法（二訂版）』成山堂書店（2004）
VLCC 研究会『VLCC に関する十章—操船のポイント』成山堂書店（1980）
「海技と受験 海技士コース（353 号〜 445 号）」海文堂出版（1988 〜 1995）
海上保安庁ウェブサイト
　　　https://www.kaiho.mlit.go.jp/info/kouhou/h27/k20151021/k151021-2.pdf
総務省行政管理局「法令データ提供システム」
　　　http://law.e-gov.go.jp/cgi-bin/idxsearch.cgi

【編者紹介】

藤本昌志（ふじもと しょうじ）
1991年，神戸商船大学商船学部航海学科卒業，神戸商船大学乗船実習科修了，日本郵船株式会社入社，航海士として海上勤務。1999年より神戸商船大学助手として海上交通法，海事行政，海事教育などの研究，教育に従事。2005年，大阪大学大学院法学研究科博士後期課程修了。2007年，神戸大学大学院海事科学研究科准教授。2022年，教授，附属練習船海神丸船長。博士（法学），一級海技士（航海）。

ISBN978-4-303-41600-3

海技士1・2N 口述対策問題集

| 2012年 8月20日 初版発行 | © S. FUJIMOTO 2012 |
| 2023年12月10日 4 版発行 | |

編　者　藤本昌志　　　　　　　　　　　　　　　　　検印省略
発行者　岡田雄希
発行所　海文堂出版株式会社

本　社　東京都文京区水道2-5-4（〒112-0005）
　　　　電話 03（3815）3291代　FAX 03（3815）3953
　　　　http://www.kaibundo.jp/
支　店　神戸市中央区元町通3-5-10（〒650-0022）
日本書籍出版協会会員・工学書協会会員・自然科学書協会会員

PRINTED IN JAPAN　　　　　印刷　東光整版印刷／製本　プロケード

JCOPY ＜出版者著作権管理機構 委託出版物＞
本書の無断複製は著作権法上での例外を除き禁じられています。複製される場合は，そのつど事前に，出版者著作権管理機構（電話 03-5244-5088, FAX 03-5244-5089, e-mail: info@jcopy.or.jp）の許諾を得てください。